AF345135

PALÉONTOSTATIQUE JURASSIQUE

ÉTUDES GÉOLOGIQUES

SUR

LA FRANCHE·COMTÉ SEPTENTRIONALE

PALÉONTOSTATIQUE JURASSIQUE

PAR

M. le docteur Albert GIRARDOT

BESANÇON

LIBRAIRIE CENTRALE VEUVE CHARLES MARION

64, Grande-Rue, 64

1905

PRÉFACE

Nous nous sommes proposé de tracer un tableau, aussi
complet que possible, de la faune jurassique de la Franche-
Comté septentrionale, et nous avons dû, pour y parvenir,
puiser nos renseignements, en dehors de nos propres observations, dans tous les travaux publiés sur la géologie et la
paléontologie de cette région. Nous avons été amené, ainsi,
à citer beaucoup d'espèces que nous ne connaissons pas [1],
et dont plusieurs n'ont jamais été figurées ; par suite, nous
n'avons pas toujours pu contrôler l'exactitude des noms génériques donnés par les auteurs que nous avons consultés,
ni répartir toutes les espèces indiquées par eux dans les
nouvelles subdivisions des anciens genres. C'est pour cette
raison que nous avons maintenu comme genres plusieurs
groupes, actuellement scindés, tels que les *Belemnites*, *Nerinea*, *Ostrea*, etc., dont nous ne connaissons qu'un nombre
trop restreint d'espèces, parmi toutes celles qui ont été signalées dans nos assises.

Les listes que nous avons formées ainsi sont encore à la
fois incomplètes et trop longues : nous n'avons pu y faire
figurer plusieurs fossiles, recueillis par nous et non encore
décrits, et nous avons dû aussi en éliminer d'autres que nous

[1] Nous n'avons pas tenu compte, il est presque inutile de le dire, des indications invraisemblables.

avions cependant déjà cités ailleurs, parce que leur détermination, tout en nous paraissant exacte, n'est pas toutefois à l'abri de la critique, en raison de l'état défectueux des échantillons qui les représentent. D'un autre côté, malgré tous nos soins, beaucoup de synonymies nous ont échappé, cela est probable, et bien des espèces que nous avons inscrites comme douteuses devront disparaître de notre catalogue, parce qu'elles y figurent déjà sous un autre nom ; mais ce sont là des inconvénients peu sérieux auxquels il sera facile de remédier dans la suite.

Cet ouvrage a été divisé en trois parties : la première comprend la liste des fossiles recueillis sur notre territoire ; la seconde, leur distribution dans les étages et les sous-étages du Lias et de l'Oolithe ; la troisième, enfin, l'exposé de considérations diverses sur la faune et la flore jurassiques de la contrée. Les chiffres que nous donnons dans cette dernière partie n'ont de valeur absolue que pour le moment présent, ils seront très certainement modifiés par la découverte de nouvelles espèces ou la suppression, pour cause de synonymie ou pour tout autre motif, de quelques-unes de celles que nous avons citées. Comme ces chiffres sont surtout destinés à montrer les liaisons qui existent entre les faunes des différents étages, et à mettre en évidence la proportion assez notable des espèces communes à deux ou à plusieurs d'entre eux, les modifications qu'ils subiront ne changeront pas beaucoup le résultat final, d'autant plus que leur importance augmentera plutôt qu'elle ne diminuera dans l'avenir.

Besançon, 1er septembre 1904.

ÉTUDES GÉOLOGIQUES

LA FRANCHE-COMTÉ SEPTENTRIONALE

PALÉONTOSTATIQUE JURASSIQUE

INTRODUCTION

Les assises jurassiques de la Franche-Comté septentrionale ont été déjà l'objet de nombreux travaux qui renferment, sur leur faune, des renseignements importants, et d'autant plus précieux que beaucoup de gisements fossilifères, jadis très riches, sont actuellement épuisés ou même ont complètement disparu, et qu'un grand nombre d'espèces, trouvées autrefois dans la région, n'y seront peut-être plus jamais recueillies à l'avenir. Il est dès lors bien évident que certaines questions de stratigraphie, d'association ou de succession de faunes, deviendront plus tard très difficiles à résoudre, si l'on n'a pas conservé le souvenir exact des fossiles rencontrés antérieurement dans ce pays. Comme, d'un autre côté, les indications qui les concernent sont éparses, actuellement, dans plus de cent publications, dont quelques-unes, déjà rares aujourd'hui, le seront bien davantage par la suite, il est à craindre que dans quelques années, la solution de ces problèmes ne puisse même plus être tentée. C'est pourquoi nous avons pensé qu'il serait utile, pendant qu'il en est temps encore, de faire pour ainsi dire, l'inventaire de toutes ces espèces et d'en dresser un catalogue méthodique, en indiquant soigneusement la localité et le niveau géologique où chacune d'elles a été observée, l'auteur de l'observation, et l'écrit où il l'a consignée.

Déjà, en 1898, nous avons présenté à la Société d'émulation du Doubs une première notice sur ce sujet [1], mais depuis d'importants travaux publiés par MM. de Loriol, Cossmann et Petitclerc, pour ne citer que ces auteurs, sont venus augmenter considérablement nos connaissances sur notre faune, et il nous a semblé nécessaire de signaler les nombreuses adjonctions et les corrections que nos listes de fossiles doivent subir de ce fait. Aussi nous sommes-nous décidé non seulement à continuer l'étude commencée en 1898, mais à la reprendre entièrement et à la refondre. Nous avons cherché en outre à la simplifier, en réduisant les indications paléontologiques qu'il nous paraît peu utile de donner en détail, dans un ouvrage de ce genre ; nous voulons, en effet, faire œuvre seulement de stratigraphe et non de paléontologiste, et pour ce motif, nous nous bornerons à indiquer les espèces, suivant l'usage habituel des géologues, avec assez de clarté, cependant, pour éviter toute confusion et permettre d'en retrouver facilement la description. La paléontostatique nous semble ressortir autant, si ce n'est plus, de la stratigraphie qu'elle complète que de la paléontologie ; c'est pourquoi nous donnons ce travail comme une continuation de nos *Études géologiques sur la Franche-Comté septentrionale.*

[1] *Les Mollusques du système Oolithique* Séance du 11 mai 1898.

DIVISIONS STRATIGRAPHIQUES

On distingue actuellement trois groupes dans le terrain jurassique : le Lias ou *éojurassique*, l'Oolithe inférieure ou *mésojurassique*, et l'Oolithe supérieure ou *néojurassique*. Cette division excellente, quand elle s'applique aux formations du monde entier, ou d'un pays de quelque étendue, alors que l'on tient seulement compte des grandes zones paléontologiques, sans se préoccuper des faciès, devient moins avantageuse et d'un emploi moins facile, lorsqu'elle a trait aux assises d'une contrée restreinte comme la nôtre, où les variations locales dans l'allure des dépôts ne peuvent être négligées. Dans cette région, en effet, si le Lias se sépare assez nettement de l'Oolithe, au point de vue pétrographique, comme au point de vue de la faune, l'Oolithe se prête plus difficilement à un partage en deux masses clairement distinctes. Où tracer, en effet, la ligne séparative? Serait-ce entre la formation calcaire inférieure et les couches à *Am. anceps*, début de l'assise marneuse moyenne? Mais on laisserait ainsi dans le niveau inférieur la zone à *Am. macrocephalus* que représente chez nous le Cornbrash; si, au contrairaire, on faisait passer cette ligne entre le Cornbrash et le Forest-marble, on séparerait du Bathonien une couche qui s'y relie intimement, par toutes ses affinités pétrographiques et paléontologiques. C'est pour ces motifs que nous préférons revenir au mode de division, anciennement adopté par les géologues français, du terrain jurassique en deux grands groupes, le système Liasique et le système Oolithique.

Nous exposons dans le tableau suivant les subdivisions que nous avons établies, pour chacun de ces groupes, qui correspondent d'ailleurs à celles adoptées par le service de la carte géologique détaillée; nous indiquons en outre les abréviations que nous emploierons pour les désigner au cours de cette étude.

SYSTÈME LIASIQUE

1. INFRA LIAS.   Abréviations.

RHÉTIEN, *bene bed*, zone à *Av. contorta* . . . . Rh

HETTANGIEN, zone à *Am. planorbis* et *Am. angulatus*. H

2. LIAS.

LIAS INFÉRIEUR ou SINÉMURIEN . . . . S
Calcaires à Cardinies et *Am. multicostatus* . . . . S_1
Calcaires à Gryphées et *Am. bisulcatus* . . . . . S_2
Marnes à *Am. raricostatus* (Marnes de Balingen) . . S_3

LIAS MOYEN, ou LIASIEN, ou CHARMOUTHIEN L
Calcaires à Bélemnites et *Am. Davœi* et *Am. capri-*
cornus. . . . . L_1
Marnes à concrétions et *Am. margaritatus* . . . . L_2
Marnes à Plicatules et *Am. spinatus* . . . . . . L_3

LIAS SUPÉRIEUR ou TOARCIEN . . . . T
Schistes à Posidonomyes et *Am. Lythensis* (Schistes
de Boll) . . . . T_1
Marnes à *Trochus* et *Am. Thouarsensis, Am. insignis.* T_2
Marnes micacées et calcaires marneux à *Am. opalinus.* T_3

SYSTÈME OOLITHIQUE [1]

BAJOCIEN . . . . B
Oolithe ferrugineuse à *Am. Murchisonœ*. . . . . . Bj_1
Calcaire à Entroques. . . . . , ... Bj_2
Calcaires à Polypiers et *Am. Humphriesianus.* . . . Bj_3

BATHONIEN . . . . Bt
Vésulien, zone à *Ost. acuminata.* . . . . Bt^1
Grande Oolithe . . . . Bt_2

CORNBRASH C
Marnes de Champforgeron . . . . C_1
Calcaires et marnes à *Am. macrocephalus* et *Wald. digona.* C_2

---

[1] Voir, pour plus de détails sur les divisions de ce groupe, notre *Système oolithique*, p. 387 et suiv.

Abréviations.

CALLOVIEN . . . . K

   Marno-calcaires et Marnes à *Am. anceps.* . . . . K_1

   Marnes à *Am. athleta* . . . . K_2

OXFORDIEN . . . . O

   Marnes à *Am. Renggeri.* . . . . O_1

   Marno-calcaires à *Ph. exaltata* . . . . O_2

   Argovien (1) . . . . Arg.

RAURACIEN . . . . R

   Glypticien à *Hemicid. crenularis, Glypt. hieroglyphicus.* R_1

   Dicératien à *Dic. arietina* et Nérinées. . . . . R_2

ASTARTIEN . . . . A

   Calcaires inférieurs . . . . A_1

   Marne moyenne. . . . . A_2

   Calcaires supérieurs . . . . A_3

PTÉROCÉRIEN . . . . Pt

   Ptérocérien marneux . . . . Pt_1

   Ptérocérien calcaire . . . . Pt_2

VIRGULIEN (2) V

   Marnes et calcaires inférieurs . . . . V_1

   Calcaires supérieurs . . . . V_2

PORTLANDIEN . . . . Po

   Calcaires inférieurs . . . . Po_1

   Dolomie portlandienne . . . . Po_2

PURBECKIEN . . . . Pb

---

(1) L'Argovien se divise lui-même en : couches de Birmensdorf, Arg_1; couches d'Effingen, Arg_2; couches du Geissberg, Arg_3.

(2) Plusieurs géologues réunissent le Ptérocérien et le Virgulien pour en former un seul étage, le Kimméridien que nous désignons à l'occasion par l'abréviation *Kim*.

INDICATIONS BIBLIOGRAPHIQUES ET ABRÉVIATIONS

Les indications bibliographiques que nous donnons sont de deux sortes, les unes ont trait à la position stratigraphique des espèces, les autres à leur description et à leur représentation figurée.

Pour les premières, nous inscrivons le nom de l'auteur, immédiatement après celui de la localité, ou ceux des localités où il a observé l'espèce, en le faisant suivre, s'il y a lieu, de la date de la publication, représentée par les deux derniers chiffres du millésime pour les années antérieures à 1900. Quand un auteur n'a écrit sur la région qu'un seul ouvrage, ou qu'un ouvrage principal, dans lequel sont fondus d'autres moins importants, nous nous bornons à citer son nom, et nous indiquons seulement les dates pour distinguer les divers travaux d'un même auteur [1] concernant la contrée ; nous ne mentionnons pas non plus le titre ni la date d'un livre, quand il est désigné clairement par le nom de la localité citée. Quand la même espèce est signalée à des niveaux différents, par le même auteur, dans le même lieu, nous n'inscrivons le nom de l'auteur qu'une seule fois, à la suite de la première citation. Nous ne mentionnons ni auteur ni ouvrage après une désignation de localité, lorsque l'auteur de l'espèce citée est aussi celui de l'observation, et que cette observation se trouve consignée dans l'ouvrage indiqué avec son nom, après celui de l'espèce dont il est question ; quand l'observation

---

(1) Lorsque le nom d'Etallon est écrit simplement, sans date ni titre d'ouvrage, cette indication doit être rapportée à ses *Etudes paléontologiques sur le Jura graylois*; de même le nom de Contejean, sans autre mention, désigne son *Kimméridien*.

est rapportée dans un autre écrit de l'auteur de l'espèce, nous faisons connaître cet écrit, par sa date ou son titre abrégé.

Pour les secondes indications, nous inscrivons le nom de l'auteur, en toutes lettres, puis le titre de l'ouvrage, en abrégé, ou la date de sa publication.

En outre des abréviations que nous avons déjà fait connaître, il en est d'autres que nous employons fréquemment, et dont nous donnons ci-dessous la liste.

t.	pour	tome.		tc. et cc.	pour	très commun.
p.	—	page.		ac.	—	assez commun.
pl.	—	planche.		ar.	—	assez rare.
fg.	—	figure.		r.	—	rare.
n°	—	numéro.		tr. et rr.	—	très rare.
c.	—	commun.				

Nous marquons par un astérisque les synonymes que l'on doit rejeter (1), et nous indiquons les espèces douteuses et les niveaux douteux, par un point d'interrogation placé avant leur nom. Un point d'interrogation placé à la suite d'un nom de genre signifie que l'attribution à ce genre nous paraît incertaine.

(1) Nous indiquons seulement les synonymies employées dans les écrits concernant la région.

PREMIÈRE PARTIE
LISTE PALÉONTOSTATIQUE

SYSTÈME LIASIQUE

VERTÉBRÉS

REPTILES (1)

MEGALOSAURUS

obtusus Henry 1875. — Rh : Moissey.
sp. indet. — Rh : Miserey, Henry 75.

SIMOSAURUS

sp. indet. — Rh : Moissey Henry 75.

ICHTHYOSAURUS

sp. indet. — Rh : Moissey Henry 75. — T : Creveney Petitclerc. — T2 : environs de Salins Marcou.

TREMATOSAURUS

Alberti Plieninger, Henry 1875. — Rh : Moissey.

1, Nous réunissons les Amphibiens aux Reptiles, sous cette dernière désignation, pour éviter de multiplier, peu utilement, le nombre des divisions.

POISSONS

SAURICTHYS

aculeatus Henry 1875. — Rh : Beure.
striatulus Henry 1875. — Rh : Nans-sous-Sainte-Anne Beure Boisset.
subulatus Henry 1875. — Rh : Nans-sous-Sainte-Anne Beure Boisset.

PYCNODUS

priscus Agassiz. *Pois. foss.* — Rh : notre région Henry 75.

SARGODON

cuneatus Henry 1875. — Rh : Beure Merey.
incisivus Henry 1875. — Rh : Miserey Beure.
tomicus Plieninger, Henry 1875. — Rh : Miserey.

LEPIDOTUS

gigas Agassiz. — T1 : Fonteny près Salins Marcou.
sp. indet. Henry 1875. — Rh : Beure.

COLOBODUS

milium Henry 1875. — Rh : Nans-sous-Sainte-Anne Beure.

TETRAGONOLEPIS

serratus Henry 1875. — Rh : notre région ?

AMBLYURUS

novus Henry 1875. — Rh : Boisset.

DAPEDIUS

inornatus Henry 1875. — Rh : notre région ?

SEMIONOTUS

inornatus Henry 1875. — Rh : Boisset.

GYROLEPIS

Alberti Agassiz *Poissons fossiles*. — Rh : Beure Boisset Henry 75.

tenuistriatus Agassiz *Pois. foss.* — Rh : Beure Boisset Henry 1875.

sp. nov. Henry 1875. — Rh : Beure.

PYGOPTERUS

concavus Henry 1875. — Rh : Boisset Miserey Vorges, c.

ACROLEPIS

sp. aff. **Sedwickii** Agassiz *Pois. foss.* — Rh : Beure Henry 75.

NEMACANTHUS

monilifer Agassiz *Pois. foss.* — Rh : Boisset Henry 75.

SPINAX

ellipticus Henry 1875. — Rh. Boisset.
laevis Henry 1875. — Rh : Boisset.

STROPHODUS

sp. indet. Henry 1875. — Rh : Moissey.
aff. **subreticulatus** Agassiz *Pois. foss.* — T2 : environs de Salins Marcou.

ACRODUS

sp. indet. Henry 1875. — Rh : Beure.
acutus Agassiz *Pois. foss.* — Rh : Beure Miserey, Henry.
minimus Agassiz *Pois foss.* — Rh : Boisset Nans-sous-Sainte-Anne Beure Miserey Henry 75.
nobilis Agassiz *Pois foss.* — Rh : Beure Henry 75.
tricuspidatus (*Thectodus*) Plieninger Henry 1875. — Rh : Boisset, Nans.

FASCIODUS

pectinatus Henry 1875. — Rh : Boisset.

HYBODUS

apicalis Agassiz *Pois. foss.* — Rh : Boisset Henry 75.

cuspidatus Agassiz *Pois. foss.* — Rh : Beure Miserey Henry 75.

minor Agassiz *Pois foss.* — Rh : Beure Boisset Henry 75.

minor Quenstedt *Jura.* — Rh : Boisset Henry 75.

novus Henry 1875. — Rh : Boisset.

sp. indet. Henry 1875. — Rh : Moissey.

M. Henry a rencontré, en outre, sur divers points de la région, dans le *bene bed*, à la base du Rhétien, des débris nombreux de poissons qu'il n'a pu déterminer exactement, par suite de leur mauvais état de conservation, en particulier : des écailles, à Nans-sous-Sainte-Anne ; des empreintes de peau de placoïdes à Nans et à Beure, et des os, à Mailleroncourt-lez Charette et au Boisset.

CRUSTACÉS

PALINURUS

sp. indet. Marcou *Jura salinois.* — L 3 : environs de Salins

MOLLUSQUES

CÉPHALOPODES

BELEMNITES

abbreviatus Miller 1823 ; d'Orbigny, *Pal. franc.*, identifie
cette espèce à *brevis* Blainville, et à *breviformis* Voltz. — L :
Haute-Saône Thirria ; Saulx Petitclerc 85, — T : Haute vallée du
Doubs (Carteron). d'Orbigny ; Salins Résal ; Creveney Petitclerc — T 2 : Salins Marcou ; Besançon Rollier ; Miserey Beure
nobis — T 3 : Haute-Saône Thirria ; Besançon Rollier ; feuille
de Montbéliard Kilian. Cette espèce a été désignée sous le nom
d'*abbreviatus* par d'Orbigny et Résol, sous celui de *breviformis*
par MM. Thirria, Petitclerc, Rollier et Kilian, et sous celui de
brevis par Marcou.

acuarius Schlotheim 1820 — L 3 : Salins Marcou — T : Nans
Beure Résal — T 1 : Besançon Rollier — T 2 : feuille de Langres Rigault — T 3 : feuille de Montbéliard Kilian.

acutus Miller 1823 — S : Besançon (Voltz) d'Orbigny *Pal.
franc.* ; Nans Beure Besançon Résal ; Salins d'Orbigny 50 —
S 2 : Salins Marcou ; Montbéliard Contejean 62 ; Belfort Parisot ;
feuille de Montbéliard Kilian — Aresches L. Girardot — S 3 :
Salins Besançon, 66, Marcou ; Aigrevaux Petitclerc 88 — L :
Beure Morre Résal — L 1 : Pinperdu Ogérien ; feuille de Gray
Bertrand.

' **apicicurvatus** Blainville synonyme de *compressus*.

' **breviformis** Voltz synonyme de *B. abbreviatus*.

' **brevis** Blainville synonyme p. p. de *B. acutus*, p. p. de B.
abbreviatus.

Bruguierianus d'Orbigny *Pal. franc.* 1 p. 84 pl. 6 fig 1-6
(non pl. 7) — L : Haute-Saône Thirria ; Montbéliard Contejean 62
— L 1 : Belfort Bronn *Let. geog.* ; Besançon Rollier ; Pinperdu Lau-

— 14 —

rent — L 2 : Besançon Rollier ; feuille de Montbéliard Kilian —
L 3 : Fallon Bronn ; Haute-Saône Thirria ; Salins Marcou ; Pinperdu Ogérien ; département du Doubs partout Résal ; Saulx
Petitclerc. MM. Kilian, Rollier, Petitclerc, Thirria et Bronn l'indiquent sous le nom de *paxillosus* Schlotheim.

canaliculatus Schlotheim 1820 — 1 : Creveney, rr, Petitclerc.

clavatus Blainville 1827 — S 3 : Salins Besançon Marcou —
L : Haute-Saône Thirria — L 1 : Besançon Rollier ; Belfort Parisot — L 2 : Belfort ; feuille de Montbéliard Kilian — L 3 : Saulx
Petitclerc 85 ; feuille de Gray Bertrand — L 1 : Pinperdu Laurent
1903, partout commune.

compressus Blainville 1827 — L : Haute-Saône Thirria —
L 1 : Besançon Rollier, sous la désignation de *B. apicicurvatus*
— T : Morre Miserey Résal ; Besançon (Gevril) d'Orbigny *Pal.
franc.;* Creveney Petitclerc 85 ; Haute-Saône Thirria — T 2 :
Salins Marcou — L 1 : Belfort, Collot 97.

conoïdeus Oppel *Juraformation* — T 3 : feuille de Montbéliard Kilian.

curtus d'Orbigny *Pal. franc.* décrite sous le nom de *brevirostris* et figurée sous celui de *curtus* — T : Beure Salins Résal
— T 2 : Pinperdu Marcou.

Davaei Sowerby — L 1 : Besançon Rollier.

' **digitalis** Blainville synonyme de *B. irregularis.*

elongatus Miller 1823 — L : Pouilley, *nobis* — L 1 : Besançon, Rollier ; Mouthier Fauverger Kilian 94 ; feuille de Montbéliard. Cette espèce a été figurée par Zieten, *Wurtemberg* pl. 24
fig. 3, sous le nom de *trisulcatus* et, pl. 21 fig. 5, sous celui
d'*oxyconus;* plusieurs paléontologistes la considèrent comme
identique à *tripartitus.*

exilis d'Orbigny *Pal. franc.* pl. 11 fig. 6-12 (*non* pl. 15) —
T : Besançon d'Orbigny 50 ; Creveney Petitclerc 85.

irregularis Schlotheim 1813 — T 2 : Salins Besançon, c,
Marcou ; Salins Arguel Résal ; feuille de Gray Bertrand ; feuille
de Montbéliard Kilian ; Auxon-Dessus *nobis* — T : Haute-Saône
Thirria ; Fallon Bronn ; Creveney Petitclerc 85.

' **longissimus** Miller synonyme de *B acuarius.*

? **niger** Lister synonyme de *B. Bruguierianus* pour plusieurs paléontologistes. Cependant MM. Bleicher et Collot l'indiquent sous ce nom dans le Liasien inférieur de Belfort.

Nodotianus d'Orbigny *Pal. franc.* — T : Besançon 50.

Oppell Mayer — S 3 : Besançon Rollier.

papillatus Zieten *Wurtemberg* — L 1 : Besançon Rollier.

· paxillosus Schlotheim synonyme de *Bruguierianus*.

· pyramidalis Zieten synonyme de *B. acutus*.

Quenstedti Oppel *Juraformation* — T : Creveney, ar, Petitclerc 85 — T 3 : Besançon Rollier.

rhenanus Oppel *Juraformation* — T 3 ; Besançon Rollier ; feuille de Montbéliard Kilian.

· subdepressus Voltz synonyme de *B. umbilicatus*.

Tessonianus d'Orbigny *Pal. franc.* T (T 3 probable) : Belfort Parisot.

tripartitus Schlotheim ; d'Orbigny figure cette espèce, *Pal. franc.* pl. 8, sous le nom de *tripartitus* et le décrit, p. 90, sous celui d'*elongatus* — T : Belfort Parisot — T 2 feuille de Montbéliard Kilian ; Besançon Rollier ; Pinperdu Laurent 1903. Voir *elongatus*.

umbilicatus Blainville 1827 — L : Fleurey-lez-Faverney Thirria ; Belfort Besançon d'Orbigny *Pal. franc.* ; Salins 50 ; Miserey Pelousey Résal ; Montbéliard Contejean 62 ; Cubry *nobis* — L 1 : Pinperdu Ogérien ; Belfort Collot ; Salins L. Girardot — L 2 : Salins Marcou. Thirria qui la signale aussi dans le Liasien (*nobis*) de la Haute-Saône et la désigne sous les noms de *B. ventroplanus* et de *B. subdepressus ;* elle y est assez répandue.

unisulcatus Blainville 1827 — T : Beure Résal — T 2 : Salins Marcou ; Salins Aresches L. Girardot.

· ventroplanus Voltz synonyme de *B. umbilicatus*.

virgatus Mayer — L 1 : Belfort Collot 97.

AMMONITES

aalensis (*Harpoceras Ludwigia*) Zieten *Wurtemberg* — T 3 : Salins Marcou ; Belfort Parisot ; Besançon Rollier ; feuille de Gray Bertrand ; Aresches L. Girardot.

— 16 —

acutus Sowerby, synonyme de *margarilatus*.

amalteus gigas Quenstedt synonyme de *A. Engelhardti*.

angulatus (*Schlotheimia*) Schlotheim *Petrefactk.* — H : Vorges Miserey Beure Champvans Henry ; Poupet Laurent — S 1 : Salins Beure Marcou ; Pinperdu Ogérien ; feuille de Montbéliard Kilian.

annulatus (*Coeloceras Dactyloceras*) Sowerby 1818 — T : Saulx, le Vernois Petitclerc 85.

arietes Schlotheim synonyme de *bisulcatus*.

arietiformis (*Cycloceras*) Oppel 1853 — L 1 : Salins L. Girardot.

armatus (*Deroceras*) Sowerby 1815, d'Orbigny *Pal. franc.* — L : Beure Deprat.

Bechei (*Aegoceras Liparoceras*) Sowerby 1821 — L : Miserey Gondenans-les-Moulins Moissey Résal.

bicarinatus. (*Harpoceras Leioceras*) Zieten *Wurtemb.* — T : Creveney, ar, Petitclerc.

bifer (*Aegoceras Microceras*) Quenstedt *Cephalop.* — S : Belfort Parisot — S 3 : Salins, Marcou ; Villars-sous-Dampjoux (feuille de Montbéliard) Kilian

bifrons (*Harpoceras Hildoceras*) Bruguière 1789 — T : Arguel Morre Vorges Résal ; Besançon, (Gévril) d'Orbigny 50 ; Creveney Petitclerc, ar ; Beure Deprat — T 1 : Fallon Bronn *Let. geog.* ; feuille d'Ornans Kilian — T 3 : Morre Bronn ; Salins Besançon Marcou, r ; Montbéliard Contejean 62.

binus (*Harpoceras Ludwigia*) Sowerby 1815 — T : Salins Besançon, cc, Marcou. Pour d'Orbigny, *Paleont. franc.*, t. 1, p. 367, cette espèce serait identique à *Murchisonae* Sow. ; assimilation douteuse.

Birchi (*Aegoceras Microderoceras*) Sowerby 1820 — S : Aigrevaux, rr, Petitclerc.

bisulcatus (*Arietites*) Bruguière 1789 — S 2 : partout très répandue et citée par tous les auteurs, mais assez généralement sous le nom de *Bucklandi*.

Boucaultianus (*Schlotheimia*) d'Orbigny *Pal. franc.* — S : Besançon Pouilley Resal ; Vesoul Petitclerc 88, rr.

Braunianus (*Coeloceras ?*) d'Orbigny *Pal. franc.* — T (*T 2* probablement) : Salins, r, Marcou.

Brookii (*Arietites Asteroceras*) Sowerby 1818 — S 3 : Salins, rr, Marcou. D'Orbigny ne la différencie pas de *stellaris*.

' **Bucklandi** Sowerby, synonyme de *bisulcatus*.

Calypso (*Phylloceras*) d'Orbigny *Pal. franc.* — T : Arguel Résal.

capricornus (*Aegoceras Microceras*) Schlotheim 1820, synonyme de *Dudressieri* d'Orbigny *Pal. franc.* — L : Beure Salins Marcou, sous ce dernier nom ; Beure Arguel Résal — L 1 : feuille de Montbéliard Kilian ; Belfort Collot 97 [1].

Carusensis (*Arietites ?*) d'Orbigny *Pal. franc.* — S 2 : Salins, rr, Marcou.

Charmassei (*Schlotheimia*) d'Orbigny *Pal. franc.* — H : Vorges Henry — S : Pouilley Résal; Belfort Parisot — S 3 : Pouilley *nobis*.

' **Collenotii** d'Orbigny *Pal. franc.*, synonyme d'*oxynotus*.

comensis (*Harpoceras Hildoceras*) de Buch 1831 — T : Creveney Petitclerc.

communis (*Coeloceras Dactyloceras*) Sowerby 1815 — T 2 : Besançon Rollier.

complanatus (*Leioceras*) Bruguière 1789 — T : Salins Marcou ; (Germain) d'Orbigny *Pal. franc.* : Vorges Arguel Déservillers Salins Résal — T 1-2 : Montbéliard Contejean 62.

concavus (*Harpoceras Leioceras*) Sowerby 1815 — T (T 3) : Salins Marcou ; (Germain) d'Orbigny *Pal. franc.* et 50 ; Vorges Arguel Salins Résal.

Conybeari (*Arietites Discoceras*) Sowerby 1816 — S : Haute-Saône Thirria ac; Arguel Beure Pouilley Nans Misercy Résal. — S (S 2) Salins Marcou; d'Orbigny *Pal. franc.* et 50 — S 3 : Beure *nobis*.

cornucopiae (*Lytoceras*) Young et Bird 1822 — T : Creveney Petitclerc, r ; Otto Hug considère cette espèce comme identique à *fimbriatus*.

costula (*Ludwigia*) Reinecke 1818 — T : Creveney Petitclerc 85.

---

[1] D'Orbigny avait dédié cette espèce au comte d'Udressier, dont il orthographiait mal le nom : et si on voulait reprendre sa dénomination, il conviendrait d'écrire *Am. Udressieri* et non *Dudressieri*.

crassus (*Coeloceras*) Young et Bird *Geol. survey Yorksh.* — T (T 2) : Creveney Petitclerc — T 2 : Besançon Rollier ; Aresches Salins L. Girardot.

Davaei (*Aegoceras Deroceras*) Sowerby 1822 — L : Miserey Barbin Morre Salins Gondenans-les-Moulins Résal ; Beure Deprat — L 1 : Salins Marcou ; feuille de Besançon Bertrand ; feuille de Montbéliard Kilian ; Belfort Bleicher ; Collot 97.

Desplacei (*Coeloceras*) d'Orbigny *Pal. franc.* — T 2 : Besançon Rollier.

discoïdes (*Harpoceras Leioceras*) Zieten 1830 — T : Morre Vorges Salins Résal — T (T 2 probable) : Salins Marcou ; (Germain) d'Orbigny *Pal. franc* et 50.

  ' **Dudressieri** voir *Udressieri*.

  ' **elegans** Sowerby synonyme de *complanatus*.

Engelhardti (*Amalteus ?*) — L 2 : Salins Marcou.

Erbanensis (?....) Hauer. — T : Creveney Petitclerc.

Eseri (*Harpoceras Grammoceras*) Oppel *Juraform.* — T 2 : feuille de Montbéliard Kilian.

  ' **falcifer** Sowerby, synonyme de *serpentinus*.

fallaciosus (*Harpoceras Grammoceras*) Bayle, est peut-être synonyme de *radians* — T : Beure Deprat — T 2 : Aresches L. Girardot.

fallax (*Hammatoceras*) Benecke — T 2 : Besançon Rollier.

fimbriatus (*Lytoceras*) Sowerby 1817 — S 3 : Salins Marcou, r. — L : Haute-Saône Thirria ; Fallon Conflans Bronn *Let. geognost;* Salins d'Orbigny 50 ; Montbéliard Contejean 62 ; Beure Deprat — L 3 : feuille de Montbéliard Kilian.

fluitans (*Leioceras*) Dumortier — T 2 : Besançon Rollier — T 3 . Belfort (Nickles) Bleicher 97.

geometricus (*Arietites*) Oppel *Juraform.* — S : environs de Vesoul Petitclerc 88 — S 1 : Beure Deprat ; Besançon Rollier — S 2 : Aresches Salins L. Girardot — S 3 : Pinperdu Laurent 1903.

  * **Germaini** d'Orbigny synonyme de *hircinus*.

globosus (*Cymbites*) Zieten *Wurtemb.* — S : Miserey Petitcler — S 2 : Besançon Rollier.

Henleyi (*Aegoceras Liparoceras*) Sowerby 1817 — L : Pelousey Résal.

hircinus (*Lytoceras Pleuracanthites*) Schlotheim *Petrefac-tenk.* 1820, généralement désignée sous le nom de *Germaini* d'Orb. –- L : Beure Deprat — T (T 2) : Vorges Arguel Salins Pinperdu, c, Marcou ; mêmes indications Résal ; Salins d'Orbigny 50 — T 2 : Pinperdu Ogérien ; Belfort Parisot ; Aresches L. Girardot ; Miserey *nobis.*

insignis (*Hammatoceras*) Schübler, Zieten *Wurtemb.* — T : Besançon Salins, cc, Marcou ; Salins (Germain) d'Orbigny *Pal. franc.;* Besançon 50 ; Morre Arguel Besançon Vorges Salins Résal — T 2 : feuille de Montbéliard Kilian ; Aresches L. Girardot ; Miserey *nobis;* Pinperdu Laurent 1903 — T 2 (peut-être T 3) : Montbéliard Contejean 62

iserensis (*Harpoceras Hildoceras*) Oppel *Juraformation.* — T 2 : Morre Rollier.

Johnstoni (*Psiloceras*) Sowerby *Min Conch.* — S 1 : feuille de Montbéliard Kilian.

jurensis (*Lytoceras*) Zieten 1830 — T 2 : Salins, r, Marcou ; Belfort Parisot ; Besançon Rollier ; feuille de Montbéliard Kilian.

Kridion (*Arietites*) Hehl, Zieten 1830 — S : Salins Marcou, c ; (Germain) d'Orbigny *Pal. franc.;* Arguel Pouilley Beure Miserey Nans, près de Rougemont, Résal ; Belfort Parisot — S 1 : feuille de Montbéliard Kilian.

lacunatus (*Reineckia*) Buckman *in* Murchison 1845 — S : Aigrevaux Miserey Petitclerc 88, rr. — S 2 : Besançon Rollier — S 3 Salins L. Girardot.

Lascombei (*Phylloceras*) Sowerby 1817 — L : Pelousey Résal ; Saulx Petitclerc 85.

* **lenticularis** de Buch, synonyme de *sternalis.*

Levesquei (*Harpoceras Grammoceras*) d'Orbigny *Pal. franc.* — T : Morre Résal ; Salins Marcou, c — T 2 : Pinperdu Ogérien sous ce nom et sous celui de *solaris.*

Lotharingicus (*Harpoceras*) Branco — T 3 : Belfort (Nickles) Bleicher 97.

Lythensis (*Harpoceras*) Young et Birds *Geol. survey Yorksh.* — T : Creveney, ac, Petitclerc — T 1 : Besançon Rollier ; feuille de Montbéliard Kilian.

mactra (*Ludwigia*) Dumortier — T 3 : Besançon Rollier ; Belfort (Nickles) Bleicher 97.

margaritatus (*Amalteus*) Montfort 1808 — L 1 : Belfort Collot 97 — L 2 : partout très commune.

masseanus (*Cycloceras*) d'Orbigny *Pal. franc.* — T (T 2) Salins Marcou, c — T 2 : Miserey *nobis.*

metallarius — T 2 : feuille de Montbéliard Kilian.

Moreanus (*Schlotheimia*) d'Orbigny *Pal. franc.* — H : Rozière-sur-Amance Vorges Henry — S : Arguel Besançon Résal ; Belfort Parisot.

mucronatus (*Coeloceras*) d'Orbigny *Pal. franc.* — T : Morre Arguel Salins Vorges Résal ; Creveney Petitclerc — T (T 2) : Pinperdu Aresches Marcou ; Salins d'Orbigny 50 — T 2 : Pinperdu Ogérien ; Aresches Salins L. Girardot.

' **multicostatus** (*Arietites*) Sowerby 1824 — S 1 : feuille de Montbéliard Kilian. Cette espèce est considérée par d'Orbigny comme identique à *bisulcatus.*

natrix (*Arietites*) Schlotheim, Zieten *Wurtemberg* — S 3 : Salins Marcou — L 1 Belfort Parisot,

Nilssoni (*Phylloceras*) Hébert — T 2 : Aresches L. Girardot.

Nodotianus (*Arietites*) d'Orbigny *Pal. franc.* — S 2 : Salins Marcou ; d'Orbigny 50.

Normanianus (*Harpoceras Grammoceras*) d'Orbigny *Pal. franc.* — L 1 ; Belfort Parisot. M. Collot l'indique, au même lieu et au même niveau, comme cf. *normanianus.*

obtusus (*Arietites Asteroceras*) Sowerby 1817 — S : Miserey Petitclerc — S 2 : Besançon Rollier ; Pouilley *nobis.*

opalinus (*Harpoceras Ludwigia*) Reïnecke — T 3 : Salins Marcou ; Besançon d'Orbigny *Pal. franc.* ; Montbéliard Contejean 62 ; Pinperdu Ogérien ; Besançon Rollier ; Belfort Bleicher 97 ; indiquée généralement sous le nom de *primordialis.*

Orbignyi (*Grammoceras*) Buckmann — T 2 : Belfort (Nickles) Bleicher 97.

oxynotus (*Oxynoticeras*) Quenstedt *Cephalop.* — S 3 : Salins Marcou rr ; L. Girardot ; Pouilley *nobis.* Marcou cite, dans la même couche (Marnes de Balingen), *Am-Collenotii* et *Am-oxynotus* que d'Orbigny considère comme identiques.

planicosta (*Aegoceras Microceras*) Sowerby 1814 — S 3 : Besançon Salins, r, Marcou ; Pinperdu Ogérien ; Miserey Petit-clerc 88 — L : Morre Barbin Résal ; Beure Deprat.

planorbis (*Psiloceras*) Sowerby 1824 — H : Miserey Henry ; Poupet Laurent — S : Belfort Parisot ; Salins Besançon Marcou, sous le nom de *psilonotus*.

' **primordialis** Schlotheim synonyme d'*opalinus*.

* **psilonotus** Quenstedt synonyme de *planorbis*.

radians (*Horpoceras Grammoceras*) Reinecke Schlotheim 1820 — T : Besançon, cc, Marcou ; (Gevril) d'Orbigny *Pal. franc.* ; Montbéliard Contejean ; Belfort Bleicher ; Arguel Résal ; Creveney, ar, Petitclerc. — T 2 : Besançon Rollier ; *nobis* ; Pin-perdu Laurent 1903.

Raquinianus (*Coeloceras*) d'Orbigny *Pal. franc.* — T : Salins (Germain) d'Orbigny ; Beure Arguel Miserey Résal — T 2 : Salins Marcou ; Pinperdu Ogérien.

raricostatus (*Arietites Ophioceras*) Zieten *Wurtemberg.* — S : Arguel Résal ; Belfort Parisot ; environs de Vesoul Petit-clerc 88 ; Beure Deprat — S 3 : Salins Marcou ; Pinperdu Ogé-rien ; feuilles de Gray et de Besançon Bertrand ; Miserey Petit-clerc 88 ; feuille de Montbéliard Kilian.

rotiformis (*Arietites*) Sowerby 1824 — S : environs de Ve-soul Petitclerc 88, r.

' **rotula** Reinecke synonyme de *margaritatus*.

Scipionianus (*Arietites Agassiziceras*) d'Orbigny *Pal. franc.* — S : Salins d'Orbigny 50 ; Arguel Résal.

serpentinus (*Harpoceras Grammoceras*) Reinecke, Schlo-theim 1820 — T : Haute-Saône Thirria ; Mouthier Résal ; Belfort Parisot ; Beure Deprat — T 2 : Salins, r, Marcou ; feuille de Gray Bertrand ; Pinperdu Laurent 1903.

' **solaris** Zieten (*non* Phillips) synonyme de *Levesquei :* d'Or-bigny *Pal. franc.* l p. 230, 231.

spinatus (*Amalteus Platopleuroceras*) Bruguière 1789 — L 3 : partout très répandue.

stellaris (*Arietites Asteroceras*) Sowerby 1815 — S : Salins d'Orbigny 50 ; Nans, près Rougemont, Résal.

sternalis (*Phylloceras ?*) de Buch, d'Orbigny *Pal. franc.* —

T : Besançon Salins Marcou, ar ; d'Orbigny ; Morre Salins Résal — T 2 : Aresches L. Girardot.

˙**Stockesi** Sowerby synonyme de *margaritatus*. Thirria a indiqué, sous ce nom, plusieurs espèces voisines de *margaritatus* qu'il a confondues avec elle.

striatulus (*Harpoceras*) Sowerby 1823 ; identifiée par d'Orbigny à *radians* — T 2 : feuille d'Ornans Kilian — T 3 : feuille de Montbéliard.

subarmatus (*Aegoceras Deroceras*) Young et Bird 1822 — S 3 : Salins Marcou — T 1 : Besançon Rollier.

sublineatus (*Lytoceras*) Oppel *Juraform.* — T : Creveney, ac, Petitclerc. Espèce très voisine de *cornucopiæ*.

submuticus (*Deroceras*) Oppel *Juraform.* rencontrée par M. Laurent à Pinperdu, mélangée dans des éboulis avec d'autres espèces liasiques.

subplanatus (*Leioceras*) Oppel *Juraform.* — T2 : feuille de Montbéliard Kilian ; Salins Aresches L. Girardot.

subserrodens (*Harpoceras*) Branco. — T 3 : Belfort (Nickles) Bleicher 97.

Thouarsensis (*Harpoceras Grammoceras*) d'Orbigny *Pal. franc.* — T : Salins Marcou; Besançon d'Orbigny ; Arguel Morre Salins Résal; Creveney Petitclerc. — T 2 : Pinperdu Ogérien; feuille de Montbéliard Kilian ; Aresches L. Girardot; Beure, Miserey *nobis*.

tortilis (*Psiloceras*) d'Orbigny *Pal. franc.* — II : Vellemin-froy Mailleroncourt Henry — S : Salins Marcou ; d'Orbigny 50; Arguel Besançon Pouilley Résal.

Turneri (*Arietites*) Sowerby 1827 — S 3 : Salins, rr, Marcou.

˙**Udressieri** d'Orbigny, synonyme de *capricornus*.

variabilis (*Harpoceras*) d'Orbigny *Pal. franc.*, espèce voisine de *serpentinus* — T : Salins Marcou; (Germain) d'Orbigny ; Arguel Vorges Salins Résal; Creveney Petitclerc.

˙**Walcotti** Sowerby synonyme de *bifrons*.

NAUTILUS

˙ **aratus** Schlotheim synonyme de *N. intermedius*.

inornatus d'Orbigny *Pal franc.* — S 2 : Salins Marcou —
— L 1 : Belfort Parisot — T : Salins d'Orbigny 50.

intermedius Sowerby 1816 — S 2 : Salins Besançon Pouilley
Marcou, ac.

'**latidorsatus** d'Orbigny *Pal. franc.* (*non* Schlotheim) synonyme de *toarcensis*.

semistriatus d'Orbigny *Pal. franc.* — T : Salins Marcou
(T 1 probablement).

striatus Sowerby 1817 — S (S 2 probablement) : Morre
Pouilley Arguel Nans Résal; Belfort Parisot; environs de Vesoul
Petitclerc — S 2 : feuille de Montbéliard Kilian — L 3 : Salins,
rr, Marcou.

toarcensis d'Orbigny *Prodrome* — T : Salins Marcou; Creveney Petitclerc, sous le nom de *latidorsatus* d'Orbigny — T 2 :
Besançon Rollier.

GASTROPODES

ACTÆONINA

glabra H. Coquand — L : Arguel Résal.

PURPURINA

Patroclus d'Orbigny 1847 indiquée dans le *Prodrome*, I,
p. 248, comme *Turbo* et figurée, *Pal. franc.*, II, pl. 329, fig. 9-11,
comme *Purpurina* — T : Salins Besançon d'Orbigny 50; Arguel
Résal; Creveney Petitclerc — T 2 : Belfort Parisot; Besançon
Rollier; Aresches L. Girardot.

Philiasius d'Orbigny 1847; ainsi que la précédente, indiquée
comme *Turbo*, *Prodrome*, I, p. 248, et figurée comme *Purpurina*,
Pal. franc., II, pl. 329, fig. 12-14 — T : Besançon d'Orbigny 50;
Chapelle des Buis Mouthier Résal.

ALARIA

Parisoti Piette *Pal. franc.* — T (T 2 probablement) : Belfort
Parisot.

PTEROCERA

subpunctata Münster, Goldfuss 1843 — L : Salins d'Orbigny 50.

CERITHIUM

armatum Goldfuss 1843 — T : Salins Besançon d'Orbigny 50 — T 2 : Besançon Rollier ; feuille de Montbéliard Kilian.
elongatum Zieten *Wurtemberg* (*non* Sowerby), indiqué comme *Turritella* — L : Belfort Parisot.
etalense Piette — H : Pouilley Vorges Henry.
Semele d'Orbigny 1847 — H : Miserey Henry.
sinemuriense Martin 1860 — H : Pouilley Velleminfroy Henry.

NERINEA

sp. Marcou — L 1 : Salins.

BOURGUETIA

striata Sowerby, d'Orbigny 1847, sous la désignation de *Phasianelle striata* qui lui a été généralement continuée. — S et L : Belfort Parisot.

CHEMNITZIA

globosa Marcou, d'Orbigny 1847 — S : Salins Marcou ; d'Orbigny *Pal. franc.*, et 50 ; Miserey Résal.

LITTORINA

arduennensis Piette *Pal. franc.* — H : Beure Vorges Miserey Pouilley Résal.
clathrata Deshayes, d'Orbigny, *Pal. franc.*, II, p. 326, pl. 326 fig. 1, décrit et figure cette espèce sous la dénomination de *Turbo Philenor* d'Orbigny 1847, synonymie indiquée par Oppel, *Juraformation*, p. 91 — H : Miserey Pouilley Henry.

duplicata Sowerby 1817. Ce gastropode, après avoir été appelé par Sowerby *Trochus duplicatus*, fut ensuite placé dans le genre *Turbo*, par Goldfuss en 1843, puis décrit en 1847 par d'Orbigny sous le nom de *Turbo subduplicatus* et aussi sous celui de *Turbo Palinurus*. — T 2 : partout, très commun, et cité par tous les auteurs, sous l'une ou l'autre de ces dénominations.

NATICA

minima Henry 1875 — Rh : Miserey.
subangulata d'Orbigny 1847 — S : Belfort Parisot.

TURRITELLA

Deshayesea Terquem *Paléont. Hettange* — H : Vorges Henry.
echinata de Buch — T : Environs de Besançon et de Salins Marcou ac.
Humberti Martin 1860 — H : Pouilley Henry.

STRAPARODUS

involutus H. Coquand — T : Morre Résal.
Renaudi H. Coquand — T : Morre Bolandoz Résal.

UMBONIUM

delphinuloïdes H. Coquand — L : Arguel Résal.

TROCHUS

' **anglicus** Sowerby 1816 synonyme de *Pleurotomaria anglica*.
' **duplicatus** Sowerby synonyme de *Littorina duplicata*.
Eolus d'Orbigny 1847 — S (S 2 probablement) : Belfort Parisot.
monoplicus d'Orbigny 1847 — L : Arguel Résal.

sinistrorsus Deshayes, Terquem *Paléont. Hettange* — II : Miserey Henry.

' **subduplicatus**, synonyme de *Littorina duplicata*.

Vesunticus Thurmann — T : Besançon Salins, c, Marcou.

TURBO

capitaneus Münster Goldfuss 1844 — T : Salins Besançon d'Orbigny *Pal. franc.*, et 50 ; Nans Pouilley Arguel Résal — T 2 : Besançon Rollier ; Aresches L. Girardot — T 3 : Besançon Salins Marcou.

Chavanni Henry 1875 — II : Miserey.

inornatus Terquem et Piette 1865 — II : Miserey Pouilley Henry.

lævis Henry 1875 — II : Pouilley. Buvignier, *Statistique*, p. 306, désigne déjà sous ce nom un petit gastropode du Rauracien que d'Orbigny avait antérieurement appelé *Turbo Erinus*. Il serait, croyons-nous, préférable, pour éviter toute confusion, de dénommer *Turbo Henrici* celui de l'Infra-Lias.

Midas d'Orbigny 1847 — L : Arguel Résal.

nudus Münster Goldfuss 1844 — T : Creveney, r, Petitclerc.

' **Palinurus** d'Orbigny, synonyme de *Littorina duplicata*.

parvus Henry 1875 — II : Miserey.

Pietti Martin 1860 — II : Vorges Miserey Henry.

' **subduplicatus**, synonyme de *Littorina duplicata*.

triplicatus Martin 1860 — II : Vorges Henry.

vicinalis Henry 1875 — II : Pouilley.

PHASIANELLA

nana Terquem *Paléont. Hettange* — II : Velleminfroy Henry.

TROCHOTOMA

Chanoisi Henry 1875 — II : Vorges.

PLEUROTOMARIA

anglica Sowerby, Defrance 1826 — S : Salins d'Orbigny 40 ; Montbéliard Contejean 62 ; Arguel Miserey Résal ; Belfort Parisot environs de Vesoul, ar, Petitclerc. Sowerby rapportait ce fossile au genre *Trochus*, aussi est-il dénommé *Trochus anglicus* par plusieurs géologues, entre autres par M. Thirria qui le place dans son Lias supérieur, dans une assise qui doit être rapportée, croyons-nous, au Lias moyen ou même à la partie supérieure du Sinémurien.

basilica Chappuis et Dewalque 1855 — H : Vorges Henry. Les auteurs décrivent cette espèce sous le nom de *principalis* et la figurent sous celui de *basilica ; Foss. des ter. second. du Luxembourg*, p. 94, pl. 13, fig. 2.

coepa Deslongchamps 1848 — S : Besançon Résal.

expansa Sowerby, d'Orbigny 1848 — H : Vorges Miserey Henry.

gigas Deslongchamps 1848 — S (S 2 probablement) : Salins Marcou ; d'Orbigny ; Besançon Résal.

Marcousana d'Orbigny 1847 — S : Salins d'Orbigny *Pal. franc.* et 50 ; Franois Nans Résal.

multicincta Schübler, Zieten 1830 — L 1 : Belfort Parisot.

planula Terquem et Piette 1865 — H : Vorges Henry.

princeps Kock, Deslongchamps 1848 — T (T 2 probablement) : Belfort Parisot.

Rouzeti Henry 1875 — H : Beure Miserey.

Terquemi Martin 1860 — H : Pouilley Henry.

zonata Goldfuss 1844 — S (S 2) : Salins, r, Marcou.

DENTALIUM

giganteum Phillips 1839 — L 3 : Belfort Parisot.

PELECYPODES

LYONSIA

Parandieri Coquand et Pidancet — L : Arguel Résal.
unioïdes Goldfuss, d'Orbigny 1847 — L 3 : Belfort Parisot.

THRACIA

Neptuni Goldfuss *Petrefact.* — S : Beure Résal ; Espèce
rapportée aussi aux genres *Sangunolaria* et *Cypricardia*.

ANATINA

præcursor Quenstedt. — S (S 2 probable) : Belfort Parisot.

MYACITES ?

oxynoti Quenstedt *Jura* — S 3 : Besançon Rollier.

PLEUROMYA

crassa Agassiz 1845 — S (S 2 très probable) : Salins, r, Marcou.
Galathea Agassiz 1845 — S 2 : Salins, r, Marcou.
liasina Schubler, d'Orbigny 1847 — S : Besançon Résal ;
Belfort Parisot — S 1 : Besançon Rollier.
striatula Agassiz 1845 — S (S 2 très probable) : Salins, Besançon Marcou ; Salins Arbois d'Orbigny, 50 ; Beure Pouilley
Nans Résal ; Belfort Parisot ; environs de Vesoul Petitclerc 88.

MACTROMYA

liasina Agassiz — S 3 : Salins, r, Marcou ; Ogérien.

HOMOMYA

ventricosa Agassiz 1845 — S (S 2 tres probable) : Salins, r, Marcou ; Arguel Pouilley Beure Résal.

GONIOMYA

Engelhardti Agassiz 1845 — S 3 : Salins, r, Marcou.

PHOLADOMYA

* **ambigua** Zieten, synonyme de *P. Idea*.

castellinensis d'Orbigny 1847 — S (S 2 probable) : Beure Résal.

decorata Zieten *Wurtemb.* — S (S 2) : Salins Marcou — L 1 : Belfort Parisot.

foliacea Agassiz 1845 — L 3 : Salins Marcou, r.

glabra Agassiz 1845 — S : Belfort Parisot — S 3 : Salins, rr, Marcou.

Idea d'Orbigny 1847 ; synonyme de *Ph. ambigua* Ziet., *non* Sow. — S : Belfort Parisot sous le nom d'*ambigua* Ziet.

prima Quenstedt *Jura* — H : Miserey Henry.

Rœmeri Agassiz *Études, Crit.* p. 42 — S (S 2 probable) : Besançon Résal.

reticulata Agassiz 1845 — S 3 : Salins, rr, Marcou ; Ogérien.

Urania d'Orbigny 1847, synonyme de *Voltzii* Agassiz, *non* Rœmer — S 3 : Salins Pouilley Marcou ; Salins Ogérien. — L : Pinperdu, d'Orbigny 50 ; Montbéliard Contejean 62 ; Beure Pouilley Miserey Résal. Cette espèce a été désignée, par la plupart des auteurs, sous le nom de *Ph. Voltzii* Agass.

PANOPEA ?

depressa Martin 1860 — Rh : Beure Henry.

montignyana Martin 1860 — Rh : Beure Henry.

subelongata d'Orbigny 1847 — S : Belfort Parisot.

ARCOMYA

oblonga Agassiz 1845 — L 3 : Salins Marcou.

CYTHEREA

rhetica Henry 1875 — Rh : Pouilley Beure ; Poupet Laurent 1903.

VENUS

liasina Coquand et Pidancet — L : Arguel Résal.
trigonellaris Schlotheim *Petrefact.* — S (S 1) : Salins Marcou.

CYPRINA

antiqua Münster d'Orbigny 1847 — L : Belfort Parisot.
pumila Coquand et Pidancet — L : Arguel Résal.

CARDITA

Austriaca Hauer — R : Servigny Henry.

CARDIUM

cloacinum Quenstedt *Jura* — R : Vorges.
musculosum Quenstedt *Jura* — S 2 : Besançon Rollier.
oxynoti Quenstedt *Jura* — S 2 : Besançon Rollier.
submulticostatum d'Orbigny 1847 - L 2 : Belfort Parisot.
Terquemi Martin 1860 — H : Beure Vorges Miserey Henry.

UNICARDIUM

cardissoïdes Phillips, d'Orbigny 1848 — S : Belfort Parisot.
inversum Goldfuss, d'Orbigny 1847 — L : Belfort Parisot.
Janthe d'Orbigny 1847 — L : Salins d'Orbigny 50 — L 3 : Besançon Rollier.

LUCINA

? **liasina** Agassiz, Petitclerc 1888 — S 3 : environs de Vesoul

pumila Münster, d'Orbigny 1847 — S 3 : Miserey Rollier — L : Arguel Résal — L 3 : Belfort Parisot.

ASTARTE

Heberti Terquem et Piette 1865 — H : Miserey Henry.
opalina Quenstedt *Jura* — T : Beure Deprat.
postera Henry 1875 — H : Vorges Beure.
saulensis Terquem et Piette 1865 — H : Beure Henry.
subtetragona Münster, Rœmer 1842 — T : Arguel Résal.
Voltzii Hœninghausd., Goldfuss 1839 — T : Vesoul d'Orbigny 50 ; Arguel, Morre Résal ; Creveney Petitclerc ; Belfort Bleicher 97 — T 1 : Haute-Saône Thirria — T 3 : Montbéliard Contejean 62 : feuille de Montbéliard Kilian. Marcou indique cette espèce à la partie supérieure du Lias inférieur (marnes de Balingen).

CARDINIA

acuminata Martin 1860 — H : Beure Miserey Henry.
concinna Sowerby ; Agassiz 1846 — S : Besançon Beure Morre Pouilley Miserey Nans Résal ; Belfort Parisot — S 1 : Salins Marcou.
contracta Martin 1860 — H : Beure Henry.
convexa Rœmer 1836 — S : Salins d'Orbigny 50 — H : Beure Henry.
Desoudini Terquem *Paléont. Hellange* — H : Miserey Henry.
' **elongata** Dunker, synonyme de *securiformis*.
hybrida Sowerby, Agassiz 1845 — S ; L 1 : Belfort Parisot.
insignis Martin 1860 — H : Beure Miserey Henry.
' **lamellosa** Goldfuss, synonyme de *sublamellosa* d'Orbigny ; voir cette espèce.

Listeri Sowerby, Agassiz *Études crit.*, p. 222 — S : Belfort Parisot.

Morisi Terquem *Paléont. Hettange* — H : Beure Henry.

quadrangularis Martin 1860 — H : Beure Miserey Henry.

securiformis Agassiz 1845 — H : Beure Henry — S 1 : Besançon Salins, c, Marcou — S : Beure Morre Miserey Pouilley Nans Résal.

sublamellosa d'Orbigny *Prodrome*, I, p. 217, synonyme de *Cytherea lamellosa* Goldfuss, *non Sanguinolaria lamellosa* Goldfuss. Cette dernière espèce, qui appartient au Dévonien, est désignée par d'Orbigny (*Prodrome*, I, p. 76) sous le nom de *Cardinia lamellosa*. Nous pensons qu'il est préférable, pour éviter toute confusion, de donner à l'espèce du Lias le nom de *Cardinia sublamellosa* d'Orb. — H : Miserey Vorges Venisey Henry — S : environs de Vesoul Petitclerc 88, dénommée par ces deux auteurs *Card. lamellosa* Goldf.

sulcata Agassiz 1845 — S : Salins Marcou.

trapezium Martin 1860 — H : Miserey Henry.

? trigona Martin 1860 — H : Miserey Henry ; échantillon douteux.

TRIGONIA

Castani Henry 1875 — Rh : Miserey Henry.

navis Lamarck *Encyclop. meth.* — T : Beure Deprat.

postera Quenstedt *Jura* — Rh : Beure Champvans Servigney, Henry.

pulchella Agassiz 1840 — T : Salins, rr, Besançon, ac, Marcou ; Arguel Morre Résal. — T 2 : feuille de Montbéliard Kilian.

pumila Coquand et Pidancet — L : Arguel Résal.

Rebouli Henry 1875 — Rh : Champvans Henry.

MYOPHORIA

Emmerichi Winkler 1861 — Rh : Pouilley Beure Henry 1875.

Reziæ Stoppani 1865 — Rh : Champvans Miserey Henry.

LEDA

acuminata Goldfuss, d'Orbigny 1847 — L : Arguel Résal.

Borsoni Stoppani 1865 — Rh : Miserey Pouilley Henry.

' **claviformis** Sowerby, synonyme de *rostralis*.

* **complanata** Goldfuss, synonyme de *Doris*.

Delila d'Orbigny 1847 — T : Morre Arguel Résal.

Diana d'Orbigny 1847, synonyme de *Nucula mucronata* Goldf. *non* Sow. — T : Besançon d'Orbigny 50 ; Morre Résal, sous cette dernière désignation.

Doris d'Orbigny 1847, synonyme de *Nucula complanata* Goldf. *non* Phil. — S 3 : Besançon Rollier — L : Arguel Résal — L (L 3) : Belfort Parisot ; Saulx Petitclerc ; indiquée généralement sous le nom de *Leda complanata* Goldf.

inflexa Rœmer, d'Orbigny 1847 — S 3 : Besançon Rollier.

lacryma Sowerby, d'Orbigny 1847 — T : Salins, r, Marcou ; — T 2 : Pinperdu, cc, Ogérien.

palmæ Sowerby, d'Orbigny 1847 — S 3 : Besançon Rollier.

rostralis Lamarck, d'Orbigny 1847, synonyme de *Nucula claviformis* Sow. — Rh : Champvans Henry sous le nom de *Leda claviformis* Sow. — L 3 : Montbéliard Contejean ; Saulx Petitclerc ; feuille de Montbéliard Kilian. — T : Haute-Saône Thirria ; Salins Besançon Marcou ; Salins d'Orbigny 50 ; Morre Résal ; Aresches L. Girardot ; Beure Deprat.

subovalis Goldfuss, d'Orbigny 1848 — L : Arguel Résal — L (L 3) : Saulx Petitclerc — T : Salins Marcou.

NUCULA

claviformis Sowerby 1824 — T 3 : Belfort Bleicher 97.

' **Eudora** d'Orbigny, synonyme de *N. Hammeri*.

Hammeri Goldfuss *Petrefact.* — T : environs de Besançon et de Salins, cc, Marcou ; Morre Beure Résal — T 2 : Montbéliard Contejean 62 ; feuille d'Ornans et feuille de Montbéliard Kilian ; Pinperdu Laurent 1903 — T 3 : Belfort Bleicher 97.

Hausmanni Rœmer 1836 — T : Aresches Salins Besançon

d'Orbigny 50 — Beure Morre Résal — T 2 : Aresches L. Girardot.

* **mucronata** Goldfuss, synonyme de *Leda Diana*.

Phalante d'Orbigny 1847 — L : Arguel Résal.

variabilis Sowerby 1824 — S 3 : Rollier Besançon — L 3 : Belfort Parisot.

PECTUNCULUS

pumilus Coquand et Pidancet — L : Arguel Résal.

ARCA

cancellina d'Orbigny 1847 ; *Prodrome*, I, p. 280 — L 3 : Belfort Parisot — T : Belfort.

Collenoti Martin 1860 — H : Vorges Henry.

elongata Sowerby, d'Orbigny 1847 — S 3 : Besançon Rollier.

* **inæquivalvis** Goldfuss, synonyme de *subliasina*.

Münsteri Goldfuss *Petrefact.*, Zieten 1830 — S 3 : Besançon Rollier — L 3 : Belfort Parisot.

parvula Münster, d'Orbigny 1847 — L 3 : Belfort Parisot.

pulla Terquem *Paléont. Hettange* — H : Beure Miserey.

subliasina d'Orbigny, synonyme de *A. inæquivalvis* Goldfuss *non* Linné — L : Besançon d'Orbigny 50 — L 3 : Saulx Petitclerc — T : Salins Besançon, cc, Marcou ; Belfort Parisot.

Veziani Henry 1875 — H : Miserey.

PINNA

diluviana Schlotheim Zieten 1830 — H : Vorges Henry.

fissa Goldfuss 1838 — L 3 : Belfort Parisot.

folium Phillips 1839 — S : environs de Vesoul, Petitclerc, 88.

Hartmanni Zieten 1830 — H : Miserey Henry — S : Salins Marcou, r ; Beure Besançon Miserey Résal.

opalina Goldfuss — T : Belfort Parisot.

semistriata Terquem *Paléont. Hettange* — H : Beure Henry.

similis Chapuis et Dewalque 1853 — H : Pouilley Henry.

MYOCONCHA

oxynoti Quenstedt, *Jura*, p. 109, pl. 13, fig. 34 — L : Belfort Parisot.

scalprum d'Orbigny 1847, *Prodrome*, I, p. 218 — S : Salins, 50 ; Arguel Résal.

MODIOLA

oxynoti Quenstedt *Jura,* p. 109, pl. 13, fig. 27 et 28 — S 3 : Besançon Rollier.

scalprum Phillips 1839 ; d'Orbigny *Prodrome*, I, p. 236 — H : Vorges Henry — S : Salins Marcou; Fallon Bronn, *Let. geog.*

MYTILUS

dichotomus Terquem *Paléont. Hettange* — H : Miserey Henry.

glabratus Dunker, Henry 1875 — Rh : Beure Miserey.

gryphoïdes Schlotheim — T : Belfort Parisot.

Gueuxii d'Orbigny 1850 — S : environs de Salins.

INOCERAMUS

cinctus Goldfuss 1838 — T : Belfort Parisot.

dubius Sowerby 1818 — T : Creveney Petitclerc — T 1 : feuille de Montbéliard Kilian.

fuscus Quenstedt *Jura* — T : Creveney Petitclerc.

GERVILIA

Hartmanni Münster Goldfuss 1838 — T 3 : Belfort Collot 97.

Galcazzi Stoppani, Henri 1875— Rh 2 : Pouilley Henry.

oxynoti Quenstedt *Jura* — S 3 : Besançon Rollier.

MONOTIS

papyria Quenstedt *Jura* — S : environs de Vesoul Petitclerc 88.

POSIDONOMYA

Bronnii Voltz, Goldfuss 1838 — T 1 : Haute-Saône Thirria ;
Besançon Salins Marcou ; Belfort Parisot ; Pinperdu Ogérien ;
Creveney Petitclerc ; Besançon Rollier ; Aresches L. Girardot.

Voltzii — T 1 : feuille de Montbéliard Kilian.

AVICULA

contorta Portlock 1843, Henry 1875 — Rh : Beure Miserey
Pouilley Henry ; feuille de Montbéliard Kilian.

Dunkeri Terquem *Lias inf. de l'est de la France* — Rh :
Moissey Miserey Pouilley Henry.

elegans Münster, Goldfuss 1838 — T : Belfort Parisot.

' inæquivalvis Goldfuss, synonyme de *sinemuriensis*.

Münsteri Bronn, Goldfuss 1838 — S (S 2 très problable) :
Salins Marcou.

præcursor Quenstedt, Henry 1875 — Rh : Champvans ;
feuille de Montbéliard Kilian.

sinemuriensis d'Orbigny 1847 ; synonyme de A. *inæquivalvis* Goldfuss (*non :* Sowerby, Phillips, Zieten) — S : Haute-
Saône Thirria ; Fallon Bronn ; Besançon Beure Pouilley Miserey
Résal ; Belfort Parisot ; Vesoul, cc, Petitclerc ; désignée comme
inæquivalvis par tous les auteurs, sauf par le dernier.

PECTEN

acutiradiatus Münster, Goldfuss 1835 — L : Beure Miserey
Résal.

æquivalvis Sowerby 1816 — S : Haute-Saône Thirria ;
Fallon Bronn *Let. geog.* — L : partout Résal ; Salins d'Orbigny
50 ; Montbéliard Contejean 62 — L 2 : feuille de Montbéliard
Kilian — L 3 : Salins Marcou ; Aresches L. Girardot.

? ambiguus Münster Goldfuss *Petrefact.* — S (S 2) : Salins,
rr, Marcou.

calvus Goldfuss 1836 — L 1 : Belfort Parisot.

· cingulatus Goldfuss 1836, synonyme de *Philenor*.

cloacinus Quenstedt *Jura* — Rh : Belfort Lucien Meyer.

comatus Münster, Goldfuss *Petrefacta* — T 2 : feuille de Langres Rigault.

disciformis Schübler Zieten 1830 — S (S 2 probablement) : Salins, c, Marcou ; Belfort Parisot.

Hehlii d'Orbigny 1847 — S : Arguel Beure Miscrey Nans Pouilley Résal ; Belfort Parisot ; environs de Vesoul, c, Petitclerc 88.

lens Sowerby 1818 — S : Belfort Parisot — S 3 : Haute-Saône Thirria.

· paradoxus, synonyme de *pumilus*.

Philenor d'Orbigny 1847, synonyme de *P. cingulatus* Goldf. (*non* Phillips) — L : Arguel Résal, sous ce dernier nom.

priscus Schlotheim, Goldfuss 1835 — S : environs de Vesoul Petitclerc 88 — S 2 : Besançon Rollier — L 1 (S 3 probablement) : Belfort Parisot.

pumilus Lamarck 1819, synonyme de *P. personatus* Goldfuss et de *P. paradoxus* Münster — T 3 : partout cc.

sabinus d'Orbigny 1847 — S : Belfort Parisot.

strionalis Quenstedt *Jura* — S 3 : Besançon Rollier.

textorius Schlotheim, Rœmer 1836 — S : Montbéliard Contejean 62 ; Salins Marcou ; Beure Pouilley Nans Résal ; Belfort Parisot ; environs de Vesoul Petitclerc 88 — T 2 : Besançon Rollier.

valoniensis Defrance, Henry 1875 — Rh : Beure Miscrey Vorges Pouilley.

velatus Goldfuss 1836. *Petrefacta*, t. II, p. 45, pl. 90, fig. 2 — L 1 : Belfort Parisot — T (T 2 probablement) : Creveney Petitclerc.

LIMA

acuticosta Münster, Goldfuss 1836 — S : environs de Vesoul Petitclerc 88 — S 3 : Besançon Rollier.

amœna Terquem *Paléont. de Hettange* — S : Belfort Parisot.

antiquata Sowerby 1818 — H : Vorges Henry — S : Salins d'Orbigny 50 ; Beure Résal ; environs de Vesoul Petitclerc 88 — S 3 : Haute-Saône Thirria.

duplicata Sowerby 1827, Deshayes — S (S 2 probablement) : Salins Besançon Marcou ; Belfort Parisot ; environs de Vesoul Petitclerc 88 — L 1 : Belfort Parisot.

Echo d'Orbigny 1847 — S : Salins d'Orbigny 50 ; Besançon Résal.

edula d'Orbigny 1847 — H : Velleminfroy Henry — S : Morre Miserey Résal.

Erina d'Orbigny 1847 — L : Pinperdu 50 ; Beure Salins Résal.

Erosne d'Orbigny 1847 — H : Venisey Henry — S : Besançon Résal.

Eryx d'Orbigny 1847 — S : environs de Vesoul, ar, Petitclerc 88.

Galathea d'Orbigny 1847 — T : Belfort Parisot ; Creveney Petitclerc:

gigantea Sowerby 1814, Deshayes — H : partout cc, Henry — S : Salins Marcou ; Besançon Pouilley (Pidancet) Marcou ; Montbéliard Contejean 62 ; environs de Vesoul Petitclerc 88 — S 2 : feuille de Langres Rigault ; Besançon Rollier ; feuille de Montbéliard Kilian ; Pinperdu Laurent — S 3 : Haute-Saône Thirria — L 1 : Belfort Parisot — T : Creveney, rr, Petitclerc.

Gueuxii d'Orbigny 1847 — S : Besançon Résal.

Hermanni Voltz, Goldfuss 1836 — S 2 : feuille de Montbéliard Kilian — L : Beure Vaufrey Salins Résal ; Belfort Parisot — L 3 : Salins Marcou.

Hettangensis Terquem *Paléont. de Hettange* — H : Vorges Pouilley Miserey Henry 75.

liasina Terquem — S : environs de Vesoul, Petitclerc 88, rr.

pectiniformis Schlotheim 1820, Bronn 1851 — S 2 : Belfort Parisot ; Besançon Rollier.

pectinoïdes Sowerby 1815, Deshayes — T : Creveney Petitclerc.

* **proboscidea** Sowerby 1821, synonyme de *pectiniformis*.

punctata Sowerby 1815, Deshayes — H : Vorges Henry — S : Salins Besançon Marcou ; Belfort Parisot ; environs de Vesoul Petitclerc 88 — L 1 : Belfort — T : Creveney Petitclerc.

succincta Schlotheim 1813 — S : environs de Vesoul Petitclerc 88, r. D'après Oppel (*Juraformation*), cette espèce serait identique à *L. antiquata* Sow., dont le nom devrait disparaître.

toarcensis Deslongchamps — T : Creveney Petitclerc, rr. — T 2 : Besançon Rollier.

tuberculata Terquem *Paléont. de Hettange*. — H : Vorges Henry.

valoniensis Defrance, Henry 1875 — H : Vorges.

PLICATULA

hettangensis Terquem *Paléont. de Hettange* — H : Beure Miserey Champvans Henry.

intusstriata Emmerich 1853 — Rh : Beure Henry — H : Beure Velleminfroy.

Neptuni d'Orbigny 1847 — T : Creveney Petitclerc, rr.

spinosa Sowerby 1819, *Min. Conch*, t. III, p. 79, pl. 245 — L 3 : partout très commune. M. Henry (*infra-Lias*, p. 445) signale *Harpax spinosus* Sorw., sans autre indication, dans l'Hettangien de Pouilley ; est-ce bien la même espèce ? comme nous le croyons.

ANOMIA

opalina Quenstedt *Jura* — L 1 : Belfort Parisot.

Schafhaulti Winkler 1861 — Rh : Beure Henry.

striatula Oppel *Juraformation*, p. 107 — Rh : Beure Miserey Henry — H : Miserey.

OSTREA

arcuata Lamarck — S 2 : partout, extrêmement commune.

anomia Terquem *Paléont. de Hettange* — H : Champvans Vorges Henry.

arietis Quenstedt *Jura* — S : Belfort Parisot.

cymbium Lamarck 1819 — S 3 : Salins Marcou — L : Montbéliard Contejean 62 — L 1 : Belfort Parisot ; feuille de Langres Rigault ; Salins L. Girardot — L 2 : Belfort.

irregularis Münster Goldfuss 1835 — H : Velleminfroy Henry — L 1 : Belfort Parisot.

'incurvata Sowerby, synonyme de *O. arcuata*.

læviuscula Münster Goldfuss *Petrefacta*, t. II, p. 20, pl. 79, fig. 6 — S : Besançon Pouilley Résal.

Marmorai Haime 1855 — H : Vorges Henry.

marsignyana Martin 1840 — Rh : Beure Henry.

obliqua Sowerby — S 2 : Haute-Saône Thirria — S 3 : Aresches, L. Girardot — L : Beure Morre Salins Kéral — L 1 : feuille de Montbéliard Kilian.

MOLLUSCOIDES

BRACHIOPODES

WALDHEIMIA

` **Causoniana** d'Orbigny, synonyme de *W. indentata*, pp, et
de *W. Cor* pp.

cor Lamarck 1819, synonyme de *W. Causoniana* d'Orb. pp,
de *W. ovatissima* Quenst. pp, et de *vicinalis arietis* Quenst. —
S : Belfort Parisot; environs de Vesoul Petitclerc 88 — S 2 : Besançon Rollier — S 3 : feuille de Montbéliard Kilian.

cornuta Sowerby 1825, synonyme de W. *lampas* Sow. — L :
Salins d'Orbigny 50; Pouilley Résal; — L 1 : feuille de Montbéliard Kilian; Pinperdu Laurent 1903 — S : Beure Deprat.

indentata Sowerby 1825, synonyme de *W. ovatissima* et de
W. Causoniana pp. — S : Beure Besançon Résal; Belfort Parisot.

` **lampas** Sowerby, synonyme de *W. cornuta*.

` **marsupialis** Zieten (*non* Schlot.), synonyme de *W. perfo-
rata;* l'espèce de Schlotheim est synonyme de *W. digona*.

numismalis Lamarck 1819 — S 3 : Besançon Salins Marcou
— L : Salins d'Orbigny 50; Pouilley Pelousey Morre Beure
Résal; Montbéliard Contejean 62; feuille de Gray Bertrand —
L 1 : Belfort Parisot; feuille de Montbéliard Kilian; Pinperdu
Laurent 1903 — L 2 : Belfort.

` **ovatissima** Quenstedt, synonyme de *W. indentata*.

perforata Piette 1856, synonyme de *marsupialis* Ziet. — S :
Besançon Résal.

quadrifida Lamarck 1819 — S 3 : Salins Marcou — L : Beure
Deprat — L 1 : Pinperdu Laurent.

Sarthacensis d'Orbigny 1847 — T : Besançon d'Orbigny 50.

` **vicinalis arietis** Quenstedt, synonyme de *W. cor*.

TEREBRATULA

basilica Oppel — S : environs de Vesoul, ar, Petitclerc 88.
subpunctata Davidson 1851 — S : Flagy, ac, Petitclerc 88.
sp Henry 1875 — H : Vorges.

RHYNCHONELLA

Amalthei Quenstedt *Handb. Petref.* 1852 — ? S ; L 1-2 : Belfort Parisot — L 3 : Châtillon, Haas *Krit. Beit.* 1889 — T 2 : Besançon Haas.

belemnitica Quenstedt *Jura* — S 2 : Belfort Parisot; Besançon Haas *Krit. Beit.* 1889.

cynocephala Richard 1840. *Bull. Soc. géol.* — T : Beure Deprat.

Deffneri Oppel 1860 — S 2 : Miserey Haas *Krit. Beit.* 1889.

Douvillei Haas *Kritisch. Beit.* 1889 — L 3 : Besançon Haas.

furcillata Theodori, de Buch 1834 — L : Salins d'Orbigny 50 — L 2 : Belfort Parisot.

jurensis Quenstedt *Jura* — T 2 : Pinperdu Haas *Krit. Beit.* 1889.

Moorei Davidson 1852 — S (S 2 probabl.) : Belfort Parisot.

oxynodi Quenstedt Oppel *Juraform.* — S : environs de Vesoul Petitclerc 88

plicatissima Quenstedt *Handb. Petref.*, Henry 1875 — H : Beure Champvans.

rimosa de Buch 1831, d'Orbigny 1847 — S 2 ; S 3 : Pinperdu Salins Marcou — L 1-2 : Belfort Parisot.

aff. **rimosa** de Buch — T : Salins Marcou ar.

scalpellum Quenstedt *Handb.* 1852 — L 3 : Châtillon près de Besançon Haas *Krit. Beit.* 1889.

Schimperi Haas 1881 — S : Miserey Haas *Krit. Beit.* 1889.

serrata Sowerby 1825, d'Orbigny 1850 — L 2 : Belfort Parisot.

spinosa Schlotheim 1813, Davidson 1851 — T : Belfort Parisot.

tetraedra Sowerby 1812, d'Orbigny 1847 — L 2 : Belfort Parisot.

variabilis Schlotheim 1813, d'Orbigny 1850 — S : Belfort Parisot ; environs de Vesoul, c, Petitclerc 88 — S 2 : feuille de Montbéliard Kilian — S 3 : Salins Marcou — L : Besançon Résal ; Saulx Petitclerc 85 — L 1 : Belfort Collot 97 ; Saulx Petitclerc 85 — L 1-2 : Belfort.

SPIRIFERINA

Hartmanni Zieten, d'Orbigny 1847 — S : Beure Deprat — L : Salins d'Orbigny 50 — L 1-2 : Belfort Parisot.

octoplicata Sowerby, voir *Münsteri*.

Münsteri Davidson 1851 — S : Salins, rr, Marcou ; Belfort Parisot, sous le nom de *Spirifer octoplicatus* Sow. Davidson, *Oolit. and Lias. Brachiop.*, 1851, p. 26, indique qu'il a attribué par erreur en 1847 à *Sp. octoplicatus* Sow., espèce de Carbonifère, des individus du Lias qui ne lui appartiennent pas et qu'il décrit sous le nom de *Münsteri*. Marcou et Parisot ont certainement partagé l'erreur de Davidson.

pinguis Zieten *Wurtemb.* — S : Nans Beure Besançon Résal ; Vesoul, r, Petitclerc 88 ; Montbéliard Contejean 62 — S 3 : feuille de Montbéliard Kilian.

rostrata Schlotheim, Zieten *Wurtemb.* — S : environs de Vesoul, ar, Petitclerc 88 — S 3 : Salins Marcou ; feuille de Montbéliard Kilian — 62 : Besançon Rollier.

Walcotti Sowerby 1822, d'Orbigny 1847 — S : Salins d'Orbigny 50 ; Pouilley Besançon Beure Arguel Miserey Résal ; Montbéliard Contejean 62 ; Belfort Parisot ; environs de Vesoul Petitclerc 88 ; feuille de Langres Rigault ; feuille de Gray Bertrand — S 2 : Besançon Rollier ; feuille de Montbéliard Kilian — S 3 : feuille de Montbéliard.

verrucosa de Buch d'Orbigny 1847 — S 3 : Salins, r, Marcou, feuille de Montbéliard Kilian.

LINGULA

tenuis Henry 1875 — Mérey près Besançon dans le Rhétien inférieur.

BRYOZOAIRES

IDMONEA

? **ramosa** Michelin d'Orbigny 1847 — T : Creveney Petitclerc.
Cette espèce est rangée dans le Cénomanien par d'Orbigny.

ANNÉLIDES

SERPULA

filaria Goldfuss *Petrefact.* — H : Vorges Henry.

filiformis (*Galeolaria*) Terquem et Piette 1865 — H : Beure Miserey Vorges Velleminfroy Henry.

flaccida Schlotheim Goldfuss *Petrefact.* — H : Beure Henry.

gordialis Schlotheim 1820 — T : Creveney, rr, Petitclerc.

nodifera Terquem et Piette 1865 — H : Miserey Henry.

aff. ramentum Dum. — T : Creveney, rr, Petitclerc 85.

segmentata Dum. — T : Creveney, ac, Petitclerc 85.

tricarinata Goldfuss *Petrefact.* — T : Creveney, rr, Petitclerc.

Marcou signale des débris de serpules dans les trois étages du Lias, aux environs de Salins.

HAIMEINA

Michelini Terquem *Paléont. de Hettange* — H : Vorges Beure Henry.

sporadea Henry 1875 — H : Beure.

TALPINA

serpula Henry 1875 — H : Beure Miserey Velleminfroy,

squamosa Terquem et Piette 1865 — H : Beure Henry.

ÉCHINODERMES

ECHINOIDES

HYBOCLYPUS

sp. Parisot — T : Belfort.

DIADEMOPSIS

buccalis Agassiz, Desor 1856 — II : Vorges Miserey Henry.
sp. Henry 1875 — II : Velleminfroy Miserey.

CIDARIS

arietis Quenstedt, *Handb. Petref.* — L 2 : Belfort Parisot.
liasina Marcou *in* Agassiz *Cat. syst.* 1847 — S 3 : Salins Marcou.

sp. MM. Parisot et Petitclerc ont signalé chacun un *Cidaris*, d'espèce non déterminée, dans le Sinémurien, le premier à Belfort, le second aux environs de Vesoul.

ASTEROIDES

Débris d'Ophiures — II : Poupet Laurent 1903.

CRINOIDES

PENTACRINUS

angulatus Oppel — II : Pouilley Vorges Velleminfroy Henry.

basaltiformis Miller 1821 — L : Belfort Parisot — L 1 : Belfort Collot 97 — T : Salins Besançon, cc, Marcou ; Salins d'Orbigny 50.

lævis Miller 1821 — L : environs de Besançon d'Orbigny 50.

liasinus d'Orbigny 1847 — L : Salins.

Oceani d'Orbigny 1847 — L : Salins.

punctiferus Quenstedt. *Handb. Petref.* — T : Belfort Parisot.

scalaris Goldfuss 1832 — S : Belfort Parisot ; Beure Deprat — L (L 3) : Saulx Petitclerc.

subangularis Miller 1821 — S 3 : Salins Marcou.

? subteres Münster Goldfuss 1833 — L ; T : Haute-Saône Thirria ; l'auteur a certainement confondu cette espèce avec la suivante.

subteroïdes Quenstedt *Jura* — L : Belfort Parisot.

tuberculatus Miller 1821 — S 2 : partout commun — S 3 : feuille de Montbéliard Kilian.

vulgaris Schlotheim 1820 — T : Creveney, rr, Petitclerc.

ZOOPHYTES

CORALLIAIRES

THECOCYATHUS

mactra Edwards et Haime 1848 — T 2 : partout commun.

MONTLIVAULTIA

rodana de Ferry — H : Miserey Henry.
sinemuriensis d'Orbigny 1848 — H : Vorges Miserey
Henry — S : environs de Vesoul, ar, Petitclerc 88.
sp. Henry 1875 — H : Miserey.

ASTRÆA ?

liasina Marcou *Jura salinois* — S : Salins, ar.

ANTHOPHYLLUM ?

sp. Marcou *Jura salinois* — S : Salins, rr.

SPONGIAIRES

STELLISPONGIA

fasciculata d'Orbigny 1847 — T : Besançon 50.

HIPPALIMUS ?

clavatulus d'Orbigny 1847 — T : Besançon 50.

VÉGÉTAUX

Débris végétaux — H : Poupet Laurent 1903.

Tiges de ? dicotylédonées, indéterminables — S : Environs de Salins Marcou.

Empreintes végétales, mal définies — S : Flagy près de Vesoul Petitclerc 88.

Bois fossile — S 3 : Pinperdu Laurent 1903.

Odontopteris cycadea — S 3 : Gendrey Ogérien.

Sphærococcites crenulatus — S 3 : Salins Marcou.

Empreintes végétales, indéterminables — L : Belfort Parisot.

Bois fossile — T : Creveney Petitclerc.

Chondrites, Empreintes — T 3 : Aresches L. Girardot.

SYSTÈME OOLITHIQUE

VERTÉBRÉS

REPTILES

MACHIMOSAURUS

Hugii Meyer, Etallon *Jura grayl.* — Pt : Chargey-lez-Autrey.

TELEOSAURUS

sp. indet. — Po 1 : feuille de Pontarlier Bertrand.

EURYSAURUS

Raincourti Gaudry. *Mém. Acad. des sciences* — Bj (Bj2) :
(Gevrey, de Raincourt) Petitclerc 94 ; environs de Vesoul.

EMYS

Jaccardi ? — Po 1 : feuille d'Ornans Kilian.

PLESIOSAURUS

sp. indet. Bj 1 : Pisseloup Petitclerc 85.

ICTHYOSAURUS

sp indet. Bj : environs de Salins et d'Arbois, Marcou — Bj 1
Pisseloup Petitclerc 85 — K 1 : Sacquenay Etallon *Jura grayl.*

— V 1 : Aroz Traves Petitclerc 88 — V **2** : Beaujeu Etallon *Jura grayl*.

Des ossements de tortue ont été signalés dans le Portlandien inférieur de la région de Pontarlier par M. Bertrand, et des os de reptiles ont été recueillis, au même niveau, à Gray par Etallon. M. Parisot a reconnu la présence de vertèbres de Sauriens dans le Callovien à *A. anceps* et dans l'Astartien inférieur de Belfort, et Etallon dans l'Astartien moyen d'Oyrières.

POISSONS

PYCNODUS

gigas Agassiz *Pois. foss.* — Po : Aiglepierre, Marcou — Po 1 : feuille d'Ornans Kilian.

Hugii Agassiz *Pois. foss.* — A : Belfort Parisot — Kun : (Pt 1) : Trois-Chatels (Pidancet) Marcou.

Picteti Etallon, Pictet *Jura Neu.* — V 2 : Arc, rr, Etallon *Jura grayl*.

sp. indet. — C 1 : Laissey Henry — R 2 : Belfort Parisot — V 2 : Beaujeu Etallon *Jura grayl*. — Po 1 : feuille de Pontalier Bertrand.

GYRODUS

jurassicus Agassiz *Pois. foss.* — Po : Suziau, près Salins, Marcou.

LEPIDOTUS

gigas Agassiz *Pois. foss.* — A : Belfort Parisot.
sp. indet. — Po 1 : feuille de Pontalier Bertrand.

SPHÆRODUS

gigas Agassiz *Pois. foss.* — Po : Aiglepierre, Suziau Marcou.

ODONTASPIS

aff. subula Pictet, *Ter. crét. de Sainte-Croix* — Bj 2 : la Providence Coulevon Petitclerc 94.

sp. indet. — V : Aroz Traves Petitclerc 88.

SPHENODUS

longidens Agassiz *Pois. foss.* — O 2 : notre région Choffat 78 ; Belfort Parisot ; Authoison Petitclerc. — O 2 : Tarcenay (Pidancet) Marcou.

STROPHODUS

personati Quenstedt *Jura* — C 2 : Belfort Parisot.

reticulatus Agassiz *Pois. foss.* — Bj 1 : Coulevon Petitclerc 1900 — C 2 : Palente Henry — Po 1 : feuille d'Ornans Kilian.

subreticulatus Agassiz *Pois. foss* — Pt : Mont-Saint-Léger Petitclerc 85 — V : Aroz Traves 88 — Po (Po 1) : Besançon (Pidancet) Marcou.

sp. indet. — Bj : la Providence Petitclerc 1900 — Kr : Orain, r, Etallon — O 1 : Authoison Petitclerc — R 1 : Saint-Albin, près Scey-sur-Saône, Petitclerc 1900 — Pt : Mont-Saint-Léger 85.

ACRODON

sp. indet. — K 1 : Belfort Parisot.

NOTIDANUS

Münsteri Agassiz *Pois. foss.* — Arg : environs de Salins Marcou.

Des dents de poissons ont été recueillies aussi dans le Bajocien inférieur des environs de Salins par Marcou, dans l'Oxfordien inférieur de Quenoche par nous, et dans l'Astartien moyen, à Dole par M. Jourdy et à Étalans par nous.

CRUSTACÉS

PROSOPON

rostratum Meyer, Quenstedt *Hand. der Petref.* — Bj 1 :
Comberjon Petitclerc 1900.

ERYMA

insignis Oppel. *Ueber juras. Crust. (Palaeont. Mitth.)* — O 2
(Chailles) : Grandvelle Pierrecourt, r, Etallon *Jura grayl.* sous le
nom d'*ornata* Oppel.

' **ornata** Oppel synonyme d'*insignis*.

ornata Quenstedt *Jura* (l'auteur écrit *ornati*), Oppel. *Wür-
temb. natur. Jahres.* 1861 — Bt ; O 1 : Belfort. Parisot sous la
désignation de *Glyph. ornati*.

Perroni Etallon, *Note sur les Crust. jurass.* sous le nom
d'*Enoploclytia Perroni*, Oppel *Ueber jurass. Crust. (Pal. Mitth.)*
— O 2 (Chail.) : Mailley Rosey Chariez, c, Etallon *Jura grayl.*

Thirriai Etallon. *Note sur les Crust. jurass.* — V 1 : Arc, rr,
Jura grayl.

ventrosa Oppel. *Ueb. juras. Crust. (Pal. Mitth.)* — O 2
(Chail.) : Mailley Rosey Chariez Calmoutier, c, Etallon ; Petitclerc collection ; Haute-Saône. Bronn *Leth. geogn. ;* Besançon
Rollier, rapporté par ces deux derniers auteurs au genre *Gly-
phea*.

sp. Etallon *Jura grayl.* — V 1 : Chargey-lez-Autrey, rr.

sp. Petitclerc 1885. *Espèce nouv. de Crust.* — O 2 (Chail.) :
Dampierre-sur-Linotte.

GLYPHÆA

Bedelta Quenstedt Jura — Bj : Belfort Parisot.

Etalloni Oppel. *Ueb. juras. Crust. (Pal. Mitth.)* — O 2 (Chail.) : Calmoutier, rr, Etallon ; région de Vesoul. Petitclerc, collection.

Münsteri Voltz, Meyer *Bronn Jahrb.* 1836 — O 2 (Chail.) : Chariez Maizières (H.-S.) Fretigney, r, Etallon ; Petitclerc collection.

* **ornati** Quenstedt, synonyme de *Eryma ornata* Quenst.

Perroni Etallon, *Note sur les Crust. juras.* — R 1 : Neuvelle, rr, Etallon.

Regleyana Desmarest Meyer *Bronn Jahrb.* 1835 — O 2 (Chail.) : Ferrières-lez-Scey Bronn *Let. geogn. ;* Calmoutier, Rosey Maizières (H.-S.) Chariez Fretigney Ferrières-lez-Scey, c, Etallon ; Petitclerc collection ; feuille de Montbéliard Kilian.

rostrata Phillips, Bronn *Leth. geogn.* — O 2 (Chail.) : Ferrières-lez-Scey Fretigney Bronn.

Udressieri Meyer *Bronn Jahrb.* 1836 — O 2 (Chail.) : Besançon Bronn *Leth. geogn ;* Bregille Torpes Résal ; Franois, rr, Etallon ; Petitclerc collection.

* **ventrosa** Meyer, synonyme d'*Eryma ventrosa.*

ORHOMALHUS ?

araricus Etallon *Crustacés* — O 2 (Chail.) : Percey-le-Grand, rr, Etallon.

corallinus Etallon *Crustacés* — R 1 : Neuvelle, rr, Etallon.

macrochirus Etallon *Crustacés* — A 1 : Nans-sous-Sainte-Anne, r, Choffat, 75.

Oppeli Etallon *Crustacés* — Po 1 : Gray, rr, Etallon.

Pidanceti Etallon *Jura grayl.* — R 2 : Theuley, rr.

portlandicus Etallon *Crustacés* — Po 1 : Gray, rr, Etallon.

virgulinus Etallon *Crustacés* — V 1 : Arc, rr, Etallon.

sp. Petitclerc *Faune Kimméridienne* 1888 — V : Aroz-Traves.

ERYON

Perroni Etallon *Crustacés. Bul. Soc. géol.* 1858 — O 2 (Chail.) : Calmoutier, rr, Etallon.

? GAMMARUS

sp. Etallon *Jura grayl.* — A 2 : région de Gray.

sp. Etallon *Jura grayl.* — Po 1 : Arc, Gray.

Des débris de Crustacés, pinces ou fragments de pinces, ont été signalés dans les divers lieux et niveaux suivants — Bj 1 : Comberjon Coulevon Petitclerc 94 ; 1900. — C 2 : Besançon (Pidancet) Marcou — O 1 : Montaigu Petitclerc — O 2 ; A : Belfort Parisot.

MOLLUSQUES

CÉPHALOPODES

BELEMNITES

abbreviatus Miller 1823 — Bj 1 : Haute-Saône Thirria ; Belfort Parisot ; Pisseloup Petitclerc 85 ; Coulevon Longevelle 94 ; Morre *nobis ;* désignée aussi sous les noms de *brevis* et de *breviformis.*

*** acutus** Miller synonyme *d'abbreviatus.*

*** apiciconus** Blainville synonyme de *sulcatus.*

astartinus Etallon *Lethea Brunt.* — R 1 : Nans Choffat 75. — A 2 : feuille de Montbéliard Kilian.

Blainvillei Voltz 1830 — Bj 1 : Déservillers Résal ; Salins *nobis.*

*** breviformis** Voltz synonyme de *B. abbreviatus.*

*** brevis** Blainville synonyme de *B. abbreviatus.*

calloviensis Oppel *Juraformation.* — K 1 : Orain Percey Etallon, ar, sous le nom de *Kelloviana.*

canaliculatus Schlotheim 1820 — Bj 2 : Longevelle Petitclerc 1900 — Bt 1 : Salins Marcou. — C 2 : Belfort Parisot.

clucyensis Mayer — K 1 : Clucy Epeugney Dournon Choffat — O 1 : notre région Choffat ; Ferette Kilian 85 — O 2 : Glères.

ellipticus Miller 1823 — Bj 2 : Coulevon, Longevelle Petitclerc 94 ; d'Orbigny considère cette espèce comme identique à *B. giganteus* Schlot.

excentralis Young et Bird 1822. — K 1 : Orain, rr, Etallon — O 1 : Besançon *nobis* — O 2 : Tarcenay, désignée comme *excentricus* dans les deux citations.

*** excentricus** Blainville 1827, voir *excentralis.*

giganteus Schlotheim 1813 — Bj 1 : très commune partout.

gingensis Oppel *Juraformation* — Bj 2 : Longevelle Coulevon

Comberjon Petitclerc 94 ; feuille de Montbéliard Kilian 91 ; Belfort Bleicher 97.

hastatus Montfort 1808, Blainville 1827 — K 1-2 ; O 1 : partout très commune — O 2 : partout plus rare ; a été désignée aussi comme *monosulcus* et *semihastatus*.

˙ **kelloviana** Oppel, Etallon 1862, synonyme de *Calloviensis*.

latesulcatus Voltz, d'Orbigny *Paléont. univers.* — K : Haute-Saône Thirria ; Clucy Fonteny Mémont d'Orbigny 50 ; Montbéliard Contejean 62 ; Besançon Rollier ; *nobis* — K 2 : feuille d'Ornans Kilian — O 1 : Haute-Saône Thirria ; Gray Etallon, rr.

˙ **longus** Voltz synonyme de *giganteus*.

˙ **monosulcus** Bauh. syn. de *hastatus*.

opalinus Quenstedt *Jura* — Bj 1 : Belfort Parisot.

pressulus Quenstedt *Jura* — O 1 : notre région Choffat 78, c ; Besançon Rollier. — O 2 : Fontenois-lez-Montbozon Besançon, c, Choffat. — Arg (R 1 *nobis*) : Bief-des Laizines.

Royerianus d'Orbigny *Pal. franc.* — R 1 : Champlitte, rr, Étallon.

Sauvanausus d'Orbigny *Pal. franc.* — K 2 ; O 1 : Besançon Rollier.

˙ **semihastatus** Münster synonyme d'*hastatus*.

˙ **semisulcatus** Münster — K ; O : Haute-Saône Thirria, par suite de confusion avec *hastatus*.

spinatus Quenstedt *Cephalop.* — Bj 1 : Belfort Parisot — Bj 3 : Besançon Rollier.

sp. indet. — A 2 : Étalans *nobis*.

subclavatus Voltz *Belemn.*, Quenstedt *Jura* — Bj 1 : Belfort Parisot.

subgiganteus Branco *Der untere dogger* — Bj 2 : Longevelle, rr, Petitclerc 94.

subhastatus Zieten *Wurtemb.* — K 1 : Dournon Choffat 78.

sulcatus Miller 1823 — Bj 1 : Haute-Saône Thirria, sous le nom d'*apiciconus* ; Bj 2 : Coulevon, rr, Petitclerc 94.

Trautscholdi Oppel *Paléont. Mitth.* — Bj 2 : Coulevon Montcey Petitclerc 94.

tripartitus Schlotheim *Petrefact.* — Bj 1 : Morre *nobis*.

unicanaliculatus Hartmann, Zieten 1830 — Bj 1 : Déservillers Résal ; Belfort Parisot.

AMMONITES

Achilles (*Perisphinctes*) d'Orbigny 1847 — Arg : chaines du Chaumont et du Gros Taureau (feuille d'Ornans) Kilian — R 1 : Champlitte Neuvelle, r. Étallon ; Montbéliard Contejean 62 ; Belfort Parisot ; Fertans Musée de Besançon ; Besançon Rollier — A 1 : Montbéliard Contejean 59 ; Avet, rr, Étallon ; Dole *nobis*. — A 3 ; Pt 1 : Montbéliard Contejean.

alternans (*Cardioceras*) de Buch, *Petrif. remarq.* — O 2 (Arg) : Salins Ogérien ; Levier Résal.

cf. alternatus (*Sonninia*) Buchmann 1893 — Bj 1 : Comberjon Petitclerc 1900.

anceps (*Reineckia*) Reinecke, d'Orbigny. *Pal. franc.* — K 1 : partout, ac — K 2 : feuille d'Ornans Kilian — O 1 : Montaigu Petitclerc, r.

annularis (*Peltoceras*) Reinecke, Schlotheim 1820 — K 1 : Besançon Rollier — O 1 : partout peu commune.

cf. arbustigerus (*Perisphinctes*) d'Orbigny 1845 — Bt 2 : Maiche Kilian.

arduennensis (*Peltoceras*) d'Orbigny *Pal. franc.* — K 2 : Besançon Choffat 78 — O 1 : partout ac — O 2 : Gy Pierrecourt Étallon ; Glères Kilian.

arolicus (*Harpoceras*) Oppel *Palæont. Mitth.* — O 1 : Montaigu Petitclerc — Arg : Salins Oppel 1866 ; feuille de Pontarlier Bertrand ; environs de Morteau (feuille d'Ornans) Kilian ; — Arg (R 1 : *nobis*) : Dournon Choffat 78 ; indiquée par ce dernier auteur comme *cf. arolicus*.

athleta (*Peltoceras*) Phillips 1829 — K 2 : partout, ac — ? O 1 : Belfort Parisot.

athletulus (*Peltoceras*) Ch. Mayer 1886 — O 1 : Montaigu Tarcenay Petitclerc 86.

? andax (*Creniceras*) Oppel 1863, simple variété de *Renggeri* — O 1 : Scey-sur-Saône Petitclerc.

Babeanus (*Aspidoceras*) d'Orbigny 1847 — K 2 : Salins

d'Orbigny 50 — O 1 : partout, ar — O 2 : Besançon Rollier.

Backeriæ (*Perisphinctes*) Sowerby 1827 — K 1 : Mémont d'Orbigny 50 : Salins Marcou ; Orain Percey, r, Étallon ; Velloreille *nobis* — O 1 : Gy, Oiselay Étallon. Nous avons indiqué, par erreur, cette espèce dans l'Oxfordien en 1898, le confondant avec *perisphinctoïdes*. Voir cette espèce et *Subbackeriæ*.

' **Banksii** Sowerby synonyme de *coronatus*.

? **Bavouxi** (*Harpoceras*) Coquand et Pidancet. — Bj 1 : Musée de Besançon, Corcondray Résal. Très voisine de *Murchisonæ*, si elle ne lui est identique.

Baugieri (*Oppelia*) d'Orbigny 1836 — K 1 : Besançon Rollier.

Baylei (*Oppelia*) Coquand 1856 — O 1 : Tarcenay Résal.

bernensis (*Perisphinctes*) de Loriol 1898 — K 2 : Velloreille Besançon *nobis* — O 1 : partout, cc.

'**Bernouilli** Merian synonyme de *polyschides*.

Berryeri (*Perisphinctes ?*) Lesueur 1847 — Pt : Mont-Saint-Léger Petitclerc 85.

bicostatus (*Oppelia Neumayria*) Stahl 1824 ; identifiée par Quenstedt à *bipartitus* Zieten (*Jura* p. 530) — K (K 1) : Orain, rr, Étallon ; Mémont d'Orbigny 50 ; Besançon Choffat 78 ; Musée de Besançon — K 2 : Besançon Rollier. Cette espèce est plus répandue dans la zone à *Am. anceps*, mais elle se trouve encore dans la zone c *Am. athleta :* elle a été signalée aussi dans l'Oxfordien inférieur de Belfort par M. Parisot.

' **bipartitus**, voir *bicostatus*.

biplex *Perisphinctes*) Sowerby 1821 — A 3 : Fresne-Saint-Mamès *nobis* — Pt : Mont-Saint-Léger Petitclerc 85 — V : Aroz 88. Plusieurs auteurs ont confondu cette espèce avec *plicatilis* et l'indiquent, par erreur, dans l'Oxfordien.

bradfortensis (*Leioceras*) Buckmann — Bj 1 : Belfort Collot 97.

Braikenridgii (*Stephanoceras*) Sowerby 1817 — O (O 2 probablement) : Belfort Besançon Bronn *Leth. geogn.*

Brigthii (*Harpoceras, Hecticoceras ?*) Pratt 1841 — K 1 : Epeugney Choffat 78 : Besançon Rollier — O 1 : Besançon Choffat ; Rollier ; Montaigu Petitclerc ; feuille de Montbéliard Kilian.

** **Brochii** Sowerby synonyme de *Brongniarti*.*

Brongniarti (*Stephanoceras*) Sowerby 1817 — Bj 1 : Calmoutier Thirria ; Belfort Parisot.

calcaratus (*Oppelia*) H. Coquand 1856 — O 1 : Besançon, Coquand ; Résal ; Musée de Besançon. M. Petitclerc a recueilli à Montaigu, au même niveau, une forme très voisine de cette espèce, si ce n'est elle-même.

calloviensis (*Cosmoceras*) Sowerby 1815 — K 1 : Besançon Dournon, Choffat 78.

canaliculatus (*Ochetoceras*) Münster, Zieten 1830 — Arg : environs de Salins Oppel 66 ; environs de Morteau (feuille d'Ornans) Kilian ; Boujailles *nobis*. Citée par M. Deprat dans l'Oxfordien de Trepot 1902?

caprinus (*Peltoceras*) Schlotheim *Petrefact.* — O 1 : Maiche Kilian.

' **Castor** Reinecke, synonyme de *Duncani*.

Chapuisi (*Sphæroceras*) Oppel *Juraformation* — O 1 : notre région Choffat 78, ar.

chatillonense (*Hecticoceras*) P. de Loriol 1898 — O 1 : Besançon Quenoche Tarcenay Mont-de-Laval, c, *nobis*.

' **Chauvinianus** d'Orbigny, synonyme de *Pottingeri*.

cœlatus (*Hecticoceras*) Coquand et Pidancet, P. de Loriol 1898 — O 1 : Besançon Résal ; Authoison, c, Petitclerc ; *nobis* ; feuille de Montbéliard Kilian.

' **communis** Sowerby, synonyme d'*annularis*.

concavus (*Harpoceras*) Sowerby 1815 — Bj 2 : Comberjon Petitclerc 94 ; Villars-sous-Dampjoux (feuille d'Ornans) Kilian ; feuille de Montbéliard ; Belfort Nicklès — Bj 1 : Pisseloup Petitclerc.

Constantii (*Peltoceras*) d'Orbigny 1847 — K : Orain Étallon, c — O 1 : Authoison Petitclerc — O 2 : Corcelle *nobis* 82.

Contjeani (*Perisphinctes*) Thurmann *Let. Brunt.* — V 1 : Montbéliard Contejean — V 2 : Arc, rr, Étallon.

contractus (*Sphæroceras*) Sowerby 1825 — Bj 2 : Longevelle Petitclerc 94.

' **convolutus** Schlotheim, synonyme de *plicatilis*.

˙ **convolutus ornati** Quenstedt, synonyme d'*annularis*.

cordatus (*Cardioceras*) Sowerby 1813 — O 1 : partout, cc — O 2 : partout, ac. Étallon l'a signalée par erreur, croyons-nous, dans le Callovien des environs de Gray ; cependant plusieurs auteurs l'ont indiquée parmi les fossiles de la zone à *Am. athleta*, mais en dehors de notre région. Cette espèce est assez variable dans les détails de son ornementation : M. Choffat, en 1878, et M. de Loriol en 1898, en ont décrit, le premier trois et le second six types principaux qui se retrouvent chez nous.

cornu (*Harpoceras Ludwigia*) Buckman 1881 — Bj 2 : Mouthier (feuille d'Ornans) Kilian ; Longevelle Petitclerc 94 et 1900.

corona (*Aspidoceras?*) Quenstedt *Cephalop.* et *Jura*, p. 617, pl. 76. fig. 10 — O 1 : Montaigu Petitclerc.

coronatus (*Stephanoceras*) Bruguière 1789 — K 1 : partout, ac, désignée aussi sous le nom de *Banksii*.

af. **corrugatus** (*Sonninia*) Sowerby 1824 — Bj 1 : Comberjon, r, Petitclerc 1900 — ? Bj 2 : Belfort Nicklès 97.

cf. **crassiuscula** (*Sonninia*) Buckman — ? Bj 3 : Belfort Nicklès 97.

˙ **crenatus** Bruguière, synonyme de *Renggeri*.

cristagalli (*Amalteus*) d'Orbigny 1844 — O (O 1) : Malans, Fontaine-Écu, près Besançon, Résal.

˙ **cristatus** Sowerby, synonyme de *Renggeri*.

curvicosta (*Perisphinctes*) Oppel *Juraform.* — K 1 : Dournon Clucy Choffat 78 — O 1 : Montaigu Petitclerc ; feuille de Montbéliard Kilian ; Besançon Rollier.

Cymodoce (*Perisphinctes*) d'Orbigny 1847 — Pt 1 : Montbéliard Contejean ; Fresne-Saint-Mamès Petitclerc 88.

decipiens (*Perisphinctes*) Sowerby 1821 — Pt 1-2 ; V 1 : Montbéliard Contejean — V 1 : Chargey-lez-Autrey, rr, Étallon ; feuille de Montbéliard Kilian.

decipiens (*Harpoceras*, Buckman. *Monog. inf. Oolit. Amm.* — Bj 2 : Villars-sous-Dampjoux Haute-Pierre Petitclerc 94 ; feuille de Montbéliard Kilian.

decipiens (*Harpoceras*) var. **simile** Buckman *Monog. inf. Oolit. Amm.* — Bj 2 : Villars-sous-Dampjoux Petitclerc 94.

cf. decorus (*Sonninia*) Buckman 1893 — Bj 1 : Comberjon, rr, Petitclerc 1900.

delemontanus (*Harpoceras*) Oppel *Palæont. Mitth.* — O 1 ; O 2 : Besançon Rollier — O 2 : Salins Choffat 78 ; notre région.

densicostatus (*Perisphinctes*) Mayer espèce voisine de *plicatilis* — O 1 : Besançon Rollier.

denticulatus (*Oppelia*) Zieten 1830 — O 1 : notre région Choffat 78 ; Montaigu Petitclerc ; Besançon Rollier ; Glères Kilian.

Desori (*Harpoceras*, *Hyperlioceras*) Mœsch 1867 — Bj 1 : Comberjon Petitclerc 1900 — Bj 2 : Coulevon Longevelle Mouthier-Hautepierre Petitclerc 94 ; feuille d'Ornans Kilian.

discites (*Harpoceras*, *Hyperlioceras*) Waagen 1867, var. **subdiscoïdes** Buckman 1888 — Bj 2 : feuille de Montbéliard Kilian ; Comberjon Coulevon Longevelle Petitclerc 94.

discus (*Oxynoticeras*) Sowerby 1813 — Bj 1 : Salins Marcou. M. Parisot l'indique, par erreur sans doute, dans le Callovien de Belfort.

dominans (*Sonninia*) Buckman 1892 — Bj 1 : Comberjon Petitclerc 1900, rr.

dominatus (*Sonninia*) Buckman 1894 — Bj 1 : Comberjon Petitclerc 1900.

Duncani (*Cosmoceras*) Sowerby 1817 — K : Haute-Saône Thirria ; Bronn 35 ; Percey-le-Grand Etallon, rr ; Belfort Parisot ; Besançon Avanne Résal — K 1 : feuille de Montbéliard Kilian (sous le nom de *Castor*) ; Velloreille *nobis*.

Edwardianus (*Witchellia*) d'Orbigny 1845 — Bj 1 : Comberjon, rr, Petitclerc 1900.

episcopalis (*Oppelia*) P. de Loriol 1898 — O 1 : Authoison Besançon Tarcenay les Combettes, c, *nobis*.

Erato (*Haploceras*) d'Orbigny 1847 — O 1 : Besançon Salins, d'Orbigny 50 ; Besançon Tarcenay Chatillon, Résal ; Montaigu Petitclerc ; Tarcenay *nobis*.

Erinus (*Perisphinctes*) d'Orbigny 1847 — V 1 : Montbéliard Contejean ; feuille de Montbéliard Kilian.

Eucharis (*Oppelia*) d'Orbigny 1847 — O 1 : Salins Besançon, d'Orbigny 50 ; Rollier ; Chatillon Besançon, Résal ; Trepot Deprat 1902.

Eudoxus (*Reineckia*) d'Orbigny 1847 — V 2 : Chargey, rr, Étallon.

Eugenii (*Pelloceras*) Raspail *Ammonites* — O 1-2 : partout ac.

Eumelus (*Perisphinctes*) d'Orbigny 1847 — V : Chariez Aroz-Traves, Petitclerc 88 — V 1 : feuille de Montbéliard Kilian.

Eupalus (*Perisphinctes*) d'Orbigny 1847 — Pt : Chargey, rr, Étallon.

faustus (*Aspidoceras*) Byle. — O 2 : Besançon Tornquist *Ueber Macrocephaliten in terr. à chailles*. M. Deprat indique cette espèce dans l'Oxfordien de Trepot.

ferrugineus (*Parkinsonia*) Oppel *Juraform.* — Bt 2 : Maiche Kilian 85; feuille de Montbéliard 91.

? fimbriatus (*Lytoceras*) Sowerby 1817 — Bj 1 : Haute-Saône Thirria ; Calmoutier Bronn. *Lethea geogn.* Cette espèce est du Lias moyen.

˙ fonticola Menke synonyme d'*hecticus*.

Fraasi (*Reineckia*) Oppel *Palæont. Mitth.* — K 1 : Besançon Epeugney Dournon Choffat 78.

˙Fromentelli Coquand et Pidancet, synonyme d'*Eucharis*.

*** funatus** Oppel. L'auteur indique cette espèce comme identique à *triplicatus* Quenstedt (*Juraformation*, p. 550), que M. Grossouvre donne comme synonyme de *subbackeriæ* d'Orbigny (*Bull. Soc. géol.*, 3e série. T. XVI, p. 397), voir *Subbackeriæ*.

funiferus (*Amaltheus ?*) Phillipps *Yorck*, synonyme de *Galdrynus* d'Orbigny — K (K 1) : Sacquenay Etallon, rr.

cf. furticarinatus (*Witchellia*) Quenstedt *Jura* — Bj 2 : Longevelle, rr, Petitclerc 94.

Garantianus (*Cosmoceras*) d'Orbigny 1844 — Bt 1 : Andelarre Petitclerc 1902.

gi anteus (*Perisphinctes*) Sowerby 1816 — Po 1 : Gray Étallon, rr.

gigas (*Olcostephanus*) Zieten 1830 — A 3 : Pt 1 : Montbéliard Contejean — Po 1 : Gray Mantoche Marcou ; Étallon, ar ; feuille de Gray Bertrand. — Po 2 : Betterans Velesmes Étallon, ar.

cf. gingensis (*Sonninia*) Waagen 1868, *Ueber die Zone der Am. Sowerbyi* — Bj 1 : Comberjon, rr, Petitclerc 1900.

Goliathus (*Stephanoceras*) d'Orbigny 1847 — K 1 : Orain

Percey, ar, Etallon ; Clucy Choffat 78 — O 1 : Tarcenay Chalèze Musée de Besançon.

Gravesianus (*Olcostephanus*) d'Orbigny 1847 — Po (Po 1) : Chevigney Athose Résal — Po 2 : Betterans Velesmes, ar, Étallon.

Greppini (*Reineckia*)Oppel *Palæont. Mitth.* — K 1 : Besançon Rollier; feuille de Montbéliard Kilian ; Belfort les Combettes *nobis*.

hecticus (*hecticoceras*) Reinecke, Hartmann 1830 — d'Orbigny *Pal. franc.* 1, p. 432, pl. 152, fig. 1, 2, 3, 4, *non* fig. 5. — K 1 : Dournon Choffat 78 ; Maiche Glères Kilian ; Palente Velloreille *nobis* — K 2 : Glères — O 1 : Maiche Kilian ; Palente Musée de Besançon.

Heimei (*Oppelia*) P. de Loriol 1898 — O 1 : Authoison Tarcenay Besançon, r, *nobis*.

Henrici (*Oppelia*) d'Orbigny 1846 — O 1 : notre région, rr, Choffat ; Tarcenay Palente, Musée de Besançon ; Besançon Rollier.

Hermione (*Amalteus ?*) d'Orbigny 1847 — O (O 1 probablement) : Besançon d'Orbigny 50.

Hersilia (*Harpoceras*) d'Orbigny 1847 — O 1 : Salins d'Orbigny 50 ; notre région, rr, Choffat 78 ; Tarcenay, Palente, Musée de Besançon ; Authoison Petitclerc ; Tarcenay *nobis*, r.

Herwei (*Macrocephalites*) Sowerby 1818 — K 1 : Belfort Parisot. — K 2 : feuille de Montbéliard Kilian.

hispidus (*Ochetoceras*) Oppel *Palæont. Mitth.* — Arg 1 : Arc-sous-Montenot Choffat 78.

Hommairei (*Amalteus*) d'Orbigny 1844 — K (K 1) : Morteau d'Orbigny 50.

Humphriesianus (*Cœloceras*) Sowerby 1825 — ? Bj 1 : Salins Marcou ; Belfort Parisot. — Bj 3 : Besançon Vézian 60 ; Gouhenans Petitclerc 94.

insignis (*Hammatoceras*) Schubler Zieten 1830 — Bj 1 : Belfort Parisot. Nous avons recueilli à ce niveau, aux environs de Salins, une ammonite que nous avions rapportée à cette espèce, mais qu'il nous paraît plus exact de désigner comme *subinsignis*.

`interruptus Bruguière, synonyme de *Parkinsoni*.

Irius (*Macrocephalites*) d'Orbigny 1847 — Po (Po 1) : Charquemont d'Orbigny 50.

Jason (*Cosmoceras*) Zieten 1830 — K 1 : partout ac — K 2 : feuille d'Ornans Kilian.

læviusculus (*Witchellia*) Sowerby 1824 — Bj 2 : Comberjon Petitclerc 94.

Lallierianus (*Aspidoceras*) d'Orbigny 1841 — Pt 2 : Montbéliard Contejean ; Belfort Parisot — V : Aroz Traves Petitclerc 88 — V 1 : Montbéliard ; Rigny, r, Étallon ; feuille de Montbéliard Kilian.

Lamberti (*Cardioceras*) Sowerby 1819 — K 2 : partout ac — O 1 : notre région, Choffat 78, r ; Belfort Parisot ; Montaigu Petitclerc ; feuille de Montbéliard Kilian ; Besançon Rollier ; *nobis* ; Trepot Deprat. — O 2 : Fontenois-lez-Montbozon Choffat 78.

  · **Leachii** Sowerby, synonyme de *Lamberti*.

longispinus (*Aspidoceras*) Sowerby 1825 — V 1 : partout — V 2 : Bouhans Rigny, ac, Étallon sous le nom de *verrucosus*.

lunula (*Hecticoceras, Lunuliceras*) Reinecke, Zieten *Wurtemb.* — K 1 : Orain Sacquenay, Étallon, cc ; Besançon Rollier — K 2 : feuille d'Ornans Kilian — O : Trepot Deprat — O 1 : Grandvelle Oiselay Étallon, cc ; notre région Choffat 78, cc ; Montaigu Petitclerc, cc ; Besançon Rollier — O 2 : Calmoutier Étallon, rr ; notre région Choffat.

lunuliformis (*Harpoceras ?*) Étallon *Jura grayl.* — Po 1 : Gray, rr.

  aff. **macer** (*Pœcilomorphus*) Buckman 1889 — Bj 1 : Comberjon, rr, Petitclerc 1900.

macrocephalus (*Macrocephalites*) Schlotheim 1813 — C 1 : Dole Pernet — C 2 : Montbéliard Contejean 62 ; Montrond Deprat — K 1 : Clucy Marcou ; Montbéliard Contejean 62 ; Dournon Choffat 78 ; Baume-les-Dames Belfort *nobis* ; Belfort Bleicher 97.

magnispinatus (*Sonninia*) Buckman 1892 — Bj 1 : Comberjon, r. Petitclerc 1900.

Mariæ (*Quenstedticeras*) d'Orbigny *Pal. franc.* — K 2 : Besançon *nobis* — O 1 : partout ac.

Martelli (*Perisphinctes*) Oppel *Palæont. Mitth.* — O (O 2 probablement): Trepot Deprat — O 2 : Besançon Rollier ; feuille de Montbéliard Kilian — Arg : Salins Oppel 66 ; chaines de Chaumont et du Gros Taureau (feuille d'Ornans) Kilian — Arg 1 : Arc-sous-Montenot Choffat 78. — R 1 : région de Salins Choffat. Nous avons rencontré dans l'Oxfordien supérieur de Fertans et de Tarcenay, ainsi que dans le Glypticien d'Ornans et d'Amancey, des fragments de grosses ammonites qui nous paraissent appartenir à cette espèce, bien que l'état défectueux de ces échantillons ne permette pas de l'affirmer absolument. Nous avons aussi recueilli, dans le Rauracien inférieur de Fertans, un bel exemplaire en bon état, de cinq centimètres de diamètre, qui a été déterminé au laboratoire de géologie de la Sorbonne comme un jeune *Martelli*.

mathayensis (*Harpoceras*) Kilian *Soc. émul.* Montbéliard 1890 — K 1 : Mathay.

Mathei (*Perisphinctes*) de Loriol 1898 — O 1 : Authoison Tarcenay Besançon, ac, *nobis*.

modiolaris (*Stephanoceras*) Luid., Morris 1833 — K 1 : feuille de Montbéliard Kilian — O 1 : Belfort Parisot.

Mœschi (*Perisphinctes*) P. de Loriol 1898 — O 1 : Tarcenay *nobis*.

'**Moori** Oppel, synonyme de *subbackeriæ*.

Murchisonæ (*Ludwigia*) Sowerby 1827 — Bj 1 : partout peu commune — ? Bj 3 : Montbéliard Contejean 62 — ? Bt 1 : Belfort Parisot. MM. Coquand et Pidancet ont nommé *Am. Chantransi* une espèce très voisine de celle-ci, si elle ne lui est identique, qu'ils ont recueillie aux environs de Besançon, dans le Bajocien supérieur (Résal *Statistique*, Musée de Besançon).

mutabilis (*Reineckia*) Sowerby 1823 — V 1 : Montbéliard Contejean.

nodosus (*Cœloceras*) Quenstedt *Jura*, p. 399, pl. 54, fig. 4, sous le nom de *Am. Humphriesianus nodosus* — Bj 2 : Comberjon Petitclerc 94.

Nœtlingi (*Perisphinctes*) P. de Loriol 1898 — O 1 : Besançon Nœtling 1887, *in* de Loriol 98 ; Besançon Tarcenay, ac, *nobis*.

oculatus (*Oppelia*) Bean 1829 — K 1 : Salins Marcou ; Oram, rr, Etallon — O 1 : Oiselay Pierrecourt Champlitte Grandvelle, cc, Etallon ; notre région Choffat 78, ar ; Authoison Montaigu, ac, Petitclerc ; partout Résal ; Besançon Rollier — O 2 : Calmoutier, rr, Etallon ; Palente Choffat 78 ; Glères Kilian — O : Torpes Deprat.

Odysseus (*Cosmoceras*) Mayer — K 1 : Besançon Rollier.

Oegïr (*Aspidoceras*) Oppel *Palæont. Mitth.* — Arg : Salins Oppel, 66.

* **omphaloïdes**, synonyme de *Sutherlandiæ*.

opalinoïdes (*Harpoceras*) Mayer — Bj 1 : Mouthier-Haute-Pierre, Kilian 94.

opalinus (*Harpoceras*) Reinecke 1818 — Bj 1 : Salins Marcou ; Belfort Parisot ; Calmoutier Bronn ; Pisseloup Petitclerc. .

* **Oppeli** Etallon, synonyme de *Subbackeriæ*.

Orion (*Perisphinctes*) Oppel *Juraform.* — K 1 : Orain Étallon, r ; Clucy Choffat 78.

ornatus (*Cosmoceras*) Schlotheim 1820 — K 2 ; O 1 : feuille de Montbéliard Kilian. D'Orbigny pense que les individus désignés sous ce nom, par l'auteur de l'espèce, doivent être rapportés en partie à *Duncani* et en partie à *Jason*.

* **ornatus rotundus** Quenstedt est, d'après d'Orbigny, le jeune de *Duncani*.

orthocera (*Aspidoceras*) d'Orbigny 1848 — V 1 : Montbéliard Contejean ; Arc-lez-Gray Maire 99 ; feuille de Montbéliard Kilian.

oxfordianus (*Œcoptychius? Œkotraustes?*) Étallon *Jura grayl.*, p. 78 — K (K 1) : Orain Sacquenay, rr.

Parkinsoni (*Parkinsonia*) Sowerby 1821 — Bt 1 : feuilles de Montbéliard et d'Ornans Kilian ; Besançon, Armand Laurent et Dr Carrey 1903 — C 2 : Belfort Parisot, sous le nom d'*interruptus*.

Parkinsoni gigas Quenstedt *Cephalop.* — Bt 2 : Belfort Parisot.

perarmatus (*Aspidoceras*) Sowerby 1822 —? K 1 : Orain Percey Sacquenay, cc, Etallon — O 1 : Gy Oiselay Pierrecourt Champlitte, ac, Étallon ; notre région Choffat 78, ac ; Authoison Montaigu, ac, Petitclerc ; Besançon Rollier ; feuille de Montbéliard Kilian — O 2 : Pierrecourt, ac, Étallon ; notre région Choffat ; Corcelle *nobis* 82 ; feuille de Montbéliard Kilian.

perisphinctoïdes (*Perisphinctes*) Sinzov 1888, P. de Loriol 1900 — O 1 : Tarcenay Besançon *nobis ;* confondue par nous antérieurement avec *Am. Backeriæ* et indiquée sous ce nom.

perisphinctoïdes Sinzov var. **armata** P. de Loriol 1900 — O 1 : Besançon Tarcenay *nobis ;* confondue par nous antérieurement avec *Am. perarmatus* et désignée sous ce nom.

? Perroni (*Harpoceras*) Coquand et Pidancet musée de Besançon — O 1 : Tarcenay Résal ; forme du groupe d'*hecticus.*

Petitclerci (*Oppelia*) de Grossouvre *Bull. Soc. géol.*, 3ᵉ série, vol. XIX, p. 259, pl. 9, fig. 2-3. — O 1 : Authoison Esprels Pennessières Petitclerc ; cet auteur l'indique aussi à Montaigu sous le nom de *vagus.*

˙ phaselus Etallon, synonyme de *Am. Oxfordianus.*

Pidanceti (*Harpoceras*) H. Coquand 1855 — O 1 : Besançon Résal.

plicatilis (*Perisphinctes*) Sowerby 1817 — O 2 : partout ac, désignée quelquefois sous le nom de *biplex* qui évidemment ne peut s'appliquer ici qu'à cette espèce — R 1 : Amancey *nobis.*

plicatissimus (*Cœloceras*) Quenstedt *Ammon. des Schwab. Jura* — Bj 1 : Champey Petitclerc 94.

polyschides (*Cœloceras*) Waagen *Ueber die Zone des Am. Sowerbyi* — Bj 2 : Vaufrey Kilian 94 ; feuille de Montbéliard sous le nom de *Bernouilli* — ? Bj 3 : Belfort Nicklès 97.

Pottingeri (*Perisphinctes*) Sowerby 1834 — K 1 : Dournon Choffat 78 D'Orbigny (*Prod.* I, p. 329) indique cette espèce comme synonyme de *Chauvinianus.*

? procerus (*Perisphinctes*) Seeb , synonyme, d'après M. de Grossouvre (*Bull. Soc. géol.*, 3ᵉ série, vol. XVI, p. 304), de *Am. arbustigerus* d'Orb. Elle a été recueillie à Dole par M. Pernet dans le Cornbrash. La détermination du fossile, faite au laboratoire de la Sorbonne, ne peut laisser de doute, mais le niveau est peut être moins certain ; elle pourrait n'appartenir qu'à la partie la plus élevée du Bathonien supérieur.

aff. promiscuus (*Perisphinctes*) Buckoski 1887 ; P. de Loriol 1896, *Mém. Soc. paléont. suisse* — O 2 : Besançon *nobis ;* espèce très voisine de celle-ci, si ce n'est elle.

propinquans (*Sonninia*) Bayle 1878 — Bj 1 : Coulevon Comberjon Petitclerc 1900 — Bj 2 : feuille de Montbéliard Kilian ; Comberjon Petitclerc 94.

pseudomutabilis (*Reineckia*) P. de Loriol 1894, Neumayer, 1875 — V : environs de Chariez Petitclerc 88.

punctatus (*Hecticoceras*) Stahl 1824 ; Bonarelli 1893 — K 1 : notre région Choffat 78 ; Orain, ar, Etallon ; Belfort Parisot ; Besançon Rollier — O 1 : notre région, c, Choffat ; Montaigu Petitclerc ; Besançon Rollier ; elle est très abondante à Authoison Petitclerc ; *nobis*. — O 2 : M. Choffat la signale dans notre région ou sur ses confins.

Puschi (*Phylloceras*) Oppel *Palæont. Mitth.* — O 1 : feuille de Montbéliard Kilian.

pustulatus (*Amalteus ?*) Reinecke ; Haan 1825 — K 1 : Belfort Parisot — O 1 : Besançon Résal ; Maiche Kilian 83.

rauracum (*Harpoceras*) Ch. Mayer 1864 ; Neumayer 1875 — O 1 : Besançon Tarcenay Authoison Quenoche Épeugney, c, *nobis*.

refractus (*Œcoptychius*) Reinecke Haan 1825. — K 1 : feuille de Montbéliard Kilian.

Renggeri (*Creniceras*) Oppel *Palæont. Mitth.* — O 1 : partout c ; elle se montre dès la partie inférieure du sous-étage, est surtout abondante dans son milieu et devient rare à sa partie supérieure. — O 2 : notre région Choffat, rr. Cette espèce est souvent citée sous le nom de *crenatus* Brug.

Richei (*Oppelia*) P. de Loriol 1898 — O 1 : Besançon Tarcenay Mont-de-Laval, ac, *nobis*.

aff. romanoïdes (*Witchellia*) Douvillé *Bull. Soc. géol.*, 3ᵉ série, vol. XIII — Bj 2 : Longevelle Petitclerc 94 ; espèce indiquée comme appartenant au groupe de *romanoïdes*.

rotundus (*Perisphinctes*) Sowerby 1821 — Pl : Chargey Etallon, ac — Po : Seveux Musée de Besançon.

rude (*Harpoceras*) Buckman *Monog. on the inf. Ool. Amm.* Bj 2 : Mouthier-Hautepierre |Villars-sous-Dampjoux Petitclerc et Kilian 94 ; feuille d'Ornans Kilian.

Sauzei (*Sphæroceras*) d'Orbigny *Pal. franc.* —? Bj 3 : Belfort Nicklès 97.

scabridus (*Harpoceras, Hecticoceras ?*) Oppel *Zone des Amm. transversarius* — O 1 : notre région Choffat 78 ; espèce voisine de *punctatus*.

scaphitoïdes (*Œkotraustes*) H. Coquand, 1855 — O 1 : Vercel Résal ; Besançon *nobis*. M. Petitclerc a rencontré à Montaigu une forme très voisine de celle-ci, si ce n'est elle.

Schillii (*Perisphinctes*) Oppel *Palæont. Mitth.* — O 2 (Arg *nobis*) : Dole Bertrand 82 — Arg : Andelot Choffat 78. Nous avons recueilli à Sombacourt, à un niveau supérieur aux couches de Birmensdorff, un fragment qui nous paraît appartenir à cette espèce.

Schlumbergeri (*Pœcilomorphus*) Haug 1892 — Bj 1 : Comberjon, r, Petitclerc 1900.

semicanaliculatus (*Harpoceras*) Étallon 1862 — V 1 : Chargey, rr.

? **semicoronatus** Étallon 1862 — Po 2 : Betterans, r.

semigigas Étallon 1862 — A 1 : Vars, rr.

? **semirotundus** Étallon 1862 — Pt : Vereux, rr.

* **serrulatus** Zieten, synonyme d'*Oculatus*.

Sowerbyi (*Sonninia*) Miller 1818 — Bj 1 : Salins Marcou ; Comberjon Petitclerc 1900.

subbackeriæ (*Perisphinctes*) d'Orbigny 1847 et *Pal. franc.* I, p. 424, pl. 148, 149, sous le nom de *Backeriæ* : l'espèce représentée par la planche 149 doit être considérée comme la véritable *Backeriæ* et celle représentée par la planche 148 comme la *subbackeriæ* — C 2 : Montbéliard Contejean 62 ; Belfort Parisot ; Besançon Rollier, sous le nom de *Moorei* — K 1 : Orain Percey Sacquenay, cc, Etallon sous le nom d'*Oppeli :* feuille de Montbéliard Kilian sous celui de *funatus*.

subclausus (*Oppelia*) Oppel *Palæont. Mitth.* — Arg (O 2 *nobis*) : Labergement-du-Navois Choffat 78 — Arg 1 : Arc-sous-Montenot.

subcostarius (*Oppelia*) Oppel *Palæont. Mitth.* — K 2 : Besançon Rollier — O 1 : Montaigu, ar, Petitclerc.

subdiscus (*Oxynoticeras*) d'Orbigny 1845 — C 2 : Belfort Parisot.

subinsignis (*Hammatoceras*) Oppel *Juraform.* — Bj 1 :

Pisseloup, Petitclerc 85; Salins *nobis;* indiquée comme *insignis.*

subradiatus (*Oppelia*) Sowerby 1823 — Bj 1 : Salins Marcou ; Montbéliard Contejean 62 — Bj 3 : Montbéliard.

subrefractus *(Œcoptychius)* Etallon 1862 — R 1 : Gray, rr.

' **subtilis** Neumayer, synonyme de *sulciferus* Oppel [1].

suevicus (*Oppelia*) Oppel *Juraformation* — O 1 : notre région Choffat ; Montaigu, ar, Besançon, ac, Petitclerc ; Besançon Rollier ; *nobis ;* feuille de Montbéliard Kilian — O 2 : Fontenois-lez-Montbozon Choffat 78.

cf. sulcatus (*Sonninia*) Buckman 1889 — Bj 1 : Comberjon Petitclerc 1900.

sulciferus (*Perisphinctes*) Oppel *Palæont. Mitth.* — K 1 : Orain Percey, ac, Etallon ; Besançon Dournon Choffat 78 ; Besançon Rollier — O 1 : Gy Champlitte Etallon, cc ; Montaigu, cc, Petitclerc ; Besançon, cc, Rollier ; feuille de Montbéliard Kilian ; feuille de Ferette. Nous avons attribué antérieurement à cette espèce les très nombreux individus que l'on doit rapporter aujourd'hui à *bernensis.*

Sutherlandiæ (*Quenstedticeras*) Murchisson *Geol. Trans.*, Sowerby 1818 — O 1 : partout — O 2 : Dournon ou environs Choffat 78.

aff. Sutneri (*Witchellia*) Branco *Der untere Dogger Deuth. Loth.* — Bj 2 : Comberjon Petitclerc 94.

tatricus (*Phylloceras*) Pusch 1837 — O 1 : Besançon Résal.

aff. Tessonianus (*Witchellia*) d'Orbigny 1845 — Bj 2 : Longevelle Petitclerc, indiquée comme appartenant au groupe de *Tessonianus.*

Thurmanni *(Perisphinctes)* Contejean 1858 — Pt 1 : Montbéliard.

Tiziani (*Perisphinctes*) Oppel *Palæont. Mitth.* — Arg. : chaines de Chaumont et du Gros Taureau (feuille d'Ornans) Kilian.

tortisulcatus (*Phylloceras*) d'Orbigny 1840 — K 1 : Besan-

---

(1) P. de Loriol, *Moll. Oxf. sup. Jura bernois*, p. 79.

çon Rollier — O 1 : notre région Choffat 78 ; Mercy-sous-Montrond Oppel 66 ; Palente Musée de Besançon ; Authoison Petitclerc ; les Piquerez Kilian 85 ; feuille de Ferette 85 ; Besançon Boujailles *nobis;* M. Deprat cite aussi cette espèce parmi les fossiles oxfordiens mélangés de Trepot 1902.

torulosus (*Lytoceras*) Schubler, Zieten 1830 — Bj 1 : Belfort Parisot.

transversarius (*Pelloceras*) Quenstedt *Cephalop.* 1847. Citée par M. Deprat parmi les fossiles oxfordiens mélangés de la marnière de Trepot.

tumidus (*Macrocephalites*) Reinecke 1818, Zieten *Wurtemb.* — K 1 : Besançon musée.

* **vagus** May., synonyme de *Petitclerc.*

'**verrucosus** Bay. et Gieb, synonyme de *longispinus.*

vindobonensis (*Cœloceras*) Griesb. synonyme d'*Humphriesianus* Bayle Petitclerc 1894 — Bj 2 : feuille de Montbéliard Kilian — Bj 3 : Gouhenans Petitclerc.

Wurtembergicus (*Parkinsonia*) Oppel *Juraform.* — K 1 : Besançon Rollier.

Yo (*Harpoceras?*) d'Orbigny 1847 — V 1 : Montbéliard Contejean ; Chariez Petitclerc 88 — V 2 : Seveux Arc Bouhans, c, Etallon.

Zignodianus (*Phylloceras*) d'Orbigny *Pal. franc.* — O 1 : notre région Choffat 78.

sp. (*Cœloceras*) Petitclerc 1900 — Bj 1 : Comberjou.

sp. (*Grammoceras*) Petitclerc 1900 — Bj 1 : Comberjon.

sp. (*Perisphinctes*) *nobis* 1896 — A 1 : Étalans, voisine d'*Achilles.*

sp. (*Macrocephalites*) *nobis* 1896 — R 1 : Ornans.

Aptychus berno-Jurensis Thurmann. *Vie d'Ab. Gagnebin,* p. 138, pl. 2, fig. 26 — K 2 : Besançon Velloreille *nobis:* feuille de Montbéliard Kilian.

Aptychus Flamandi Contejean 1858 — V 1 : Montbéliard — V 2 : Arc, rr, Etallon.

Aptychus latus Parkinson, Bronn *Let. geog.* — O 1 : Quenoche Bronn ; Montaigu Petitclerc ; Grandvelle Oiselay Pierrecourt, rr, Etallon — V : Aroz Petitclerc 88.

Aptychus lævis-latus Meyer, Oppel *Palæont. Mitth.* — O
1 : Haute-Saône Thirria.

Aptychus remus Etallon *Jura grayl.* — K (K 1) : Noiron
Percey, c — O 1 : Pierrecourt, rr.

NAUTILUS

aganiticus Schlotheim *Petrefactenk.* — K 1 : Percey Sacquenay Etallon, r.

Baberi Morris et Lycett 1850 — C 2 : Dole M. Pernet; détermination du laboratoire de la Sorbonne.

bajocensis d'Orbigny 1847 — Bj 1 : Comberjon, rr, Petitclerc 1900.

calloviensis Oppel *Juraformation*, synonyme d'*hexagonus*
d'Orbigny *non* Sowerby — K 1 : Dournon Choffat, indiqué
comme *aff. calloviensis.* — O 1 : notre région Choffat 78 : Besançon Rollier. La plupart des Nautiles signalés dans la région
comme des *hexagonus* sont en réalité des *calloviensis* (voir
hexagonus), et on peut dire que cette espèce est répandue partout
assez communément, dans le Callovien et l'Oxfordien inférieur.

clausus d'Orbigny *Pal. franc.* — Bj 1 : Salins Marcou ;
Comberjon Petitclerc 1900.

giganteus d'Orbigny 1825 — O 2 ; R 1 : Besançon Rollier
— A 1 : Montbéliard Contejean ; Autrey Ecuelle, rr, Etallon — A 3 :
Montbéliard ; Belfort Parisot — Pt : Chargey, r, Etallon — Pt 1 :
Montbéliard ; Mont-Saint-Léger Petitclerc 85 — V 1 : Montbé-
liard.

granulosus d'Orbigny *Pal. franc.* — K (K 1) : Rosureux
d'Orbigny 50 — O 1 : Salins Marcou ; Vercel Tarcenay Besançon
Résal ; Belfort Parisot ; Authoison Petitclerc ; Besançon Rollier.

hexagonus Sowerby 1825, d'Orbigny *Pal. franc.* Les espèces
des deux auteurs ne sont pas identiques — K 1 : Besançon
Clucy Marcou ; Belfort Parisot ; Montbéliard Contejean 62 —
O 1 : Besançon Busy Résal ; Consolation *nobis* — O 2 : Percey,
rr, Etallon. Il est probable que toutes les déterminations concernant cette espèce ont été faites à l'aide de l'ouvrage de d'Orbigny, sauf peut-être celles de Marcou, et que tous les individus

signalés comme *hexagonus*, ou à peu près tous, sont en réalité des *calloviensis*.

inflatus d'Orbigny *Pal. franc.*, synonyme de *subinflatus* d'Orbigny — A 3 : Montbéliard Contejean — Pt 1 : Montbéliard ; Belfort Parisot ; la Roche *nobis* — Pt 2 : Montbéliard ; désigné souvent comme *subinflatus*.

lineatus Sowerby 1813 — Bj 1-3 : Montbéliard Contejean 62.

Marcousanus d'Orbigny 1847 — Po (Po 1) : Suzian près Salins d'Orbigny 50.

Moreausus d'Orbigny *Pal. franc.* — Pt : Chargey, ar, Etallon — Pt 1 : Montbéliard Contejean ; Mont-Saint-Léger Petitclerc 85 — V 1 : Montbéliard ; Mont-Saint-Léger ; Aroz-Traves Petitclerc 88 — V 2 : Montbéliard. Cité souvent comme *Moreanus* et *Moreauanus*.

? **semiinflatus** Etallon *Jura grayl.* — V 1 : Chargey, r ; forme voisine de *Moreausus*.

? **striatus** Sowerby 1817 — Bj 2-3 : Belfort Parisot. Espèce du Sinémurien.

* **subinflatus** d'Orbigny, synonyme d'*inflatus*.

subsinnatus d'Orbigny 1847 — Bj 1 : Longevelle Petitclerc 1900 — C 2 : Belfort Parisot.

GASTROPODES

AKERA

Baugrandi P. de Loriol. — V : Aroz Petitclerc 88.

BULLA

cylindrella Buvignier 1852 — Pt 1 : Montbéliard Conte-
jean ; Belfort Parisot — Po 1 : Gray, rr, Etallon.
Dionysea Buvignier 1852 — Pt 2 : Montbéliard Contejean
— V 2 : Arc Etallon, rr.
Michelinea Buvignier 1852 — Pt 1 : Montbéliard Contejean.

HYDATINA

suprajurensis Rœmer *Nord. oolit.* — A 3 : Montbéliard
Contejean — V 1 : Chargey-lez-Autrey, ar, Etallon.

ACTÆON

Charcennensis Etallon *Jura grayl.* — R 1 : Charcenne, ac.

ACTÆONINA

acuta d'Orbigny 1847 — R 2 : la Mouille, r, Etallon ; Maiche
Kilian — A 3 : Oyrières, Etallon, rr.
astartina Etallon *Jura grayl.* — A 1 : Auvet, rr.
Benoiti Coquand — Bj 3 : Besançon Résal.
carinella Buvignier 1852 — A 3 : Autrey, rr, Etallon.
* **cincta** Contejean, synonyme de *Mariæ.*
collinea Buvignier 1852 — A 1 : Fahy, rr, Etallon — A 2 :
Montbéliard Contejean.

disjuncta (*Cylindrobullina*) Terquem et Jourdy 1871 — Bt 1 : Andelarre, r, Petitclerc 1902.

granulum Etallon *Jura grayl.* — A 3 : Autrey, rr.

humeralis (*Cylindrobullina*) Phillips 1835 — Bj 1 : Comberjon Petitclerc 1900, r.

Mariæ Buvignier 1852 — A 2 : Montbéliard Contejean, sous ce nom, et sous celui de *cincta*; Belfort Parisot, sous ce nom, et sous celui de *nuda*.

' **nuda** Contejean, synonyme de *Mariæ*.

olivacæa (*Cylindrobullina*) Terquem et Jourdy 1871 — Bt 1 : Andelarre, ar, Petitclerc 1902.

pulla Koch et Dunker 1827 — Bj 1 : Comberjon Petitclerc 1900.

Thouetensis (*Cylindrobullina*) Farge 1862, Cosmann *Gast. des ter. juras.* — Bt 1 : Andelarre Cosmann 95 ; Petitclerc 1902.

sulcifera Etallon *Jura grayl.* — O 2 : Calmoutier, ar.

CYLINDRITES

æqualis Terquem et Jourdy 1871 — Bt 1 : Andelarre Petitclerc 1902, r.

conopsis Cossmann 1895 — Bt 1 : Montarlot.

BULLINA

planospira Thurmann *Leth. Brunt*, Cosmann 1895 — V 1 : Chargey-lez-Autrey, ar, Etallon.

PURPUROIDEA

Cotteauana Etallon *Jura grayl.* — R 2 : Raucourt, ar.

gigas Etallon *Leth. Brunt.* — Pt 1 : Longeville *nobis*, r.

Lapierrea Buvignier 1852 — R 2 : Chassigny Raucourt la Mouille Etallon, ar.

CHILODONTA

bidentata Etallon *Monog. du Coral.* — R 2 : la Mouille Raucourt, r.

ROSTELLARIA

Tous les fossiles désignés par les auteurs, sous le nom de *Rostellaria*, n'appartiennent pas, en réalité, à ce genre, mais doivent être rangés parmi les *Chenopus* ou les *Alaria*.

PTEROCERA (HARPAGODES)

aranea d'Orbigny 1847 — R (R 1) : d'Orbigny 50 Besançon.

ararica Etallon *Jura grayl.* — K 1 : Orain, ac.

* **armigera** d'Orbigny, synonyme d'*Alaria cochlita*.

* **carinata** Contejean, synonyme de *Thirriæ*.

Icaunensis Cotteau 1854 — Po 2 : Noiron, ac, Etallon, sous le nom de *Neptuni*.

lævis Rœmer, d'Orbigny 1847 — Pt : Mont-Saint-Léger d'Orbigny.

* **Neptuni** Etallon, synonyme d'*Icaunensis*.

Oceani Brongniart 1821 — A 3 : Montbéliard Contejean — Pt 1-2 ; V 1-2 ; Po 1 : partout c.

portlandicus Coquand, grosse espèce désignée aussi, par le même auteur, sous les noms de *Strombus portlandicus*, *Strombus Chopardi*, *Pterocera Chopardi*, dans la collection du Musée de Besançon. Elle n'a été, croyons-nous, ni décrite ni figurée, et tous les exemplaires que nous en connaissons sont incomplets ; aussi est-il impossible de décider si elle appartient au genre *Strombus* ou au genre *Pterocera* ; nous la maintenons donc, provisoirement au moins, dans cette dernière division. — Po 1 : feuille d'Ornans Kilian, indiqué comme *Strombus* ; Fuans Remonot Charquemont Musée de Besançon — Po 2 : Morteau *nobis*.

semicarinatus Quenstedt. *Handb. Petref.* — O 1 : Belfort Parisot.

Thirriæ Contejean 1858 — A 3 : Montbéliard — Pt 1-2 : Montbéliard ; Chargey-lez-Autrey Etallon, ar. — V 1 : Montbéliard ; Chargey, ac. Espèce répandue dans le Kimméridien, mais souvent confondue avec *Oceani*, et désignée aussi sous le nom de *carinata* par M. Contejean.

CHENOPUS

anatipes Buvignier 1852 — A 2 : Belfort Parisot — Pt 1 : Montbéliard Contejean.

angulicostatus Buvignier 1852 — A 1 ; Pt 1 ; V 1 : Montbéliard Contejean — V 2 : Arc, rr, Etallon.

barrensis Buvignier 1852 — Po 1 : Gray, rr, Etallon.

calvus Contejean 1858 — Pt 1 : Montbéliard ; Belfort Parisot — Pt 2 ; V 1-2 : Montbéliard.

Dionyseus Buvignier 1852 — Po 1 : Gray, c, Etallon. M. Petitclerc signale une espèce voisine de celle-ci dans le Virgulien d'Aroz.

filosus Buvignier 1852 — Pt 1 : Montbéliard Contejean.

Galateus d'Orbigny 1847, Piette 1869 ; désigné généralement, par les géologues de notre région, sous les noms de *Rostellaria* ou d'*Aluria Wagneri*. — A 2 : la Chapelle Marcou ; Nans *nobis* — A 3 : Montbéliard Contejean — Pt 1 : Besançon *nobis* — V 1 : Chargey-lez-Autrey, rr, Etallon — V 2 : Montbéliard. M. Contejean le désigne sous le nom de *suprajurensis*.

Gaulardeus Buvignier 1852 — A 3 ; Pt 2 ; V 2 : Montbéliard Contejean.

* **monsbeliardensis** Contejean, synonyme de *musca*.

mosensis Buvignier 1852 — R 2 : Dorans (Belfort) Parisot.

* **multicostatus** Etallon, synonyme de *Raulineus*.

musca Deslongchamps 1842, Piette 1869 — A 3 ; Pt 1 ; V 1-2 : Montbéliard Contejean, sous le nom de *monsbeliardensis* — V 2 : Chargey-lez-Autrey Nantilly, ar, Etallon.

ornatus Buvignier 1852 — Pt 1 : Montbéliard Contejean.

Ponti Brongniart 1821 ; de la Bèche 1833 — A 3 : Montbéliard Contejean — Pt : Mont-Saint-Léger Petitclerc 85 — Pt 1 : Montbéliard ; Chargey-lez-Autrey, rr, Etallon ; Besançon Rollier. — V : Haute-Saône Thirria — V 1 : Chargey, ar.

Raulineus Buvignier 1852 — Po 1 : Gray, r, Etallon, sous ce nom. — Po 2 : Germigney, rr, sous celui de *multicostatus*.

Sailleteus Buvignier 1852 — A 3 : Montbéliard Contejean.

* **suprajurensis** Contejean, synonyme de *Galateus*.

Thurmanni Contejean 1858 — Pt 1 : Montbéliard — V : Mont-Saint-Léger Aroz, rr, Petitclerc 85, 88.

˙ **Wagneri** Thurmann, synonyme de *Galateus*.

APORRHAIS

intermedius Piette 1869 *Pal. franc.* — V : Aroz, ac, Petitclerc 88.

ALARIA

˙ **bispinosa** Phillips, synonyme de *cochleata* p. p. et de *Cassiope* p. p.

Cassiope d'Orbigny 1847, Piette *Gasterop.* — K 1 : Belfort Parisot.

cochleata Quenstedt, *Handb.*, Piette *Gasterop.* — K 1 : Orain Percey, ar, Etallon sous le nom de *Pter. armigera* — O 1 : Belfort Parisot ; Maiche Kilian sous la désignation de *Rostel. bispinosa*.

Danielis Thurmann, *Ab. Gagnebin* — K 1 : Besançon Velloreille *nobis* — O 1 : Salins Marcou, sous le nom de *tristis ;* notre région Choffat 78, ac ; Besançon Rollier ; *nobis ;* Montaigu, r, Petitclerc.

Gagnebini Thurmann, *Ab. Gagnebin* — O 1 : Clucy Marcou, sous le nom de *Rostel. grandis-vallis ;* notre région, ac, Choffat 78.

˙ **grandis-vallis** Thurmann, synonyme de *Gagnebini*.

hamus E. Deslongchamps 1842 — Bj 1 : Comberjon Petitclerc 1900.

lævigata Morris et Lycett. *Moll. great Oolit.* — C 2 : Belfort Parisot.

Lorieri d'Orbigny 1847, Piette *Gasterop.* — Bj 1 : Comberjon Petitclerc 1900.

Lotharingica Schlumberger 1864, Piette *Gasterop.* — Bj 1 : Comberjon Petitclerc 1900.

rarispina Schlumberger 1864 — Bj 1 : Comberjon Petitclerc 1900.

˙ **tristis** Thurmann, synonyme de *Danielis*.

trochiformis Quenstedt, *Jura* — O 1 : Quenoche *nobis*.

ˈ **Wagneri**, synonyme de *Chenop. Galateus.*

sp. Petitclerc 1902 — Bt 1 : Andelarre.

CERITHIUM

buccinoïdeum Buvignier 1852 — R 2 : Mouille Raucourt Theuley, r, Etallon.

ˈ **Buvigneri** Etallon, synonyme de *pygmæum cingendum* Sowerby et de *pygmæum* Buvignier.

cingendum Sowerby 1825 — O 1 : Authoison Montaigu Petitclerc.

clavulus Buvignier 1852 — Po 2 : Velesmes, rr, Etallon.

aff. contortum Deslongchamps 1852 — O 2 : Glères Kilian.

corallense Buvignier 1852 — R 2 : Raucourt, cc, Etallon ; Belfort Parisot.

ˈ **corallinicum** Etallon, synonyme de *pygmæum.*

Duboisanum Etallon, *Jura grayl.* — A 3 : Autrey, rr.

aff. Girardoti de Loriol 1900 — O 1 : Tarcenay Besançon, ac, *nobis*.

granulo-costatum Münster, Goldfuss *Petrefact.* — Bj 3 : Belfort Parisot.

grayense Etallon, *Jura grayl.* — Po 2 : Velesmes, rr.

inerme Buvignier 1852 — Po 2 : Velesmes, rr, Etallon.

limæforme Rœmer 1836 — R 2 : la Mouille Theuley Raucourt, r, Etallon — A 3 : Oyrières Autrey, ac. — V 1 : Montbéliard Contejean — V 2 : Arc Noidans, ac, Etallon.

mantochense Etallon, *Jura grayl.* — Po 1 : Mantoche, rr.

nodosocostatum Münster, Goldfuss *Petref.* — K 1 : Belfort Parisot ; feuille de Montbéliard Kilian.

perclathratum Etallon, *Jura grayl.* — A 3 : Oyrières, ar.

pertortum Etallon, *Jura grayl.* — A 3 : Autrey, ac.

pygmæum Buvignier 1852 — A 1 : Autrey, rr, Etallon sous le nom de *Buvignieri* — A 2 : Montbéliard Contejean — A 3 : Autrey, ac, Etallon sous le nom de *corallinicum.*

quadriseriatum E. Deslongchamps 1842 — Bj 1 : Comberjon Petitclerc 1900.

Renoïri Etallon, *Jura grayl.* — A 3 : Autrey, rr.

Rinaldi Etallon, *Leth. Brunt.* — O 2 : Glères Kilian.

russiense d'Orbigny 1845 — O 1 : notre région Choffat 78, cc.

septemplicatum Rœmer, *Nord. Oolit.* — R 2 : Belfort Parisot.

sociale Thurmann, *Leth. Brunt.* — A 1 : Charcenne Fahy, cc, Etallon — A 2 : Besançon Etalans, à la partie inférieure des marnes astartiennes, où il forme de véritables lumachelles, *nobis.*

subscalariforme d'Orbigny 1850 — Bj 1 : Comberjon Petitclerc 1900.

supracostatum Buvignier 1852 — Po 1-2 : Velesmes Gray, rr, Etallon.

tortile Deslongchamps 1843 — O 2 : Glères Kilian — R 1 : notre région Choffat 78, c.

triseriatum Deslongchamps 1842 — Bj 3 : Belfort Parisot.

NERINEA

acicula (*Nerinella*) d'Archiac 1843 — Bt : Port-sur-Saône d'Orbigny 50 — C 2 : Besançon Henry.

Acteon (*Nerinella*), d'Orbigny 1847 — A 1 : Belfort Parisot.

acutisutura (*Nerinella*) Cossmann 1898 — Bt 1-2 : Montarlot Cossmann.

allica d'Orbigny 1847 — O 2 (*Chailles*) : Gy Etallon, ac.

altenensis d'Orbigny 1847 — A 1-3 : Montbéliard Contejean.

ararica Etallon, *Leth. Brunt.* — R 2 : la Mouille, cc.

arcensis Etallon, *Jura grayl.* — V 2 : Arc, rr.

axonensis (*Bactroptyxis*), d'Orbigny 1847 — Bt 2 : Vauchoux d'Archiac *in* Cossmann 1898 — C 2 : Besançon Henry.

bacillaris (*Nerinella*) Buvignier 1852 — Po : Gray Velesmes Noiron, Musée de Dijon *in* Cossmann 1898.

Bruckneri Thurmann, *Leth. Brunt.* — A 1 et A 2 partie inférieure : partout, cc.

bruntrutana (*Ptygmatis*) Thurmann, *Leth. Brunt.* p. 94, pl. 7, fig. 39, *non* d'Orbigny *Pal. franc.* II, p. 154, pl. 283, fig. 4-5. — R 2 : partout, ac — A 1 : Montbéliard Contejean ; la Nantillère Ogérien. — A 3 : Montbéliard ; Autrey, Oyrières, ac, Etallon — Pt 1-2 ; V 2 : Montbéliard. M. Résal signale cette espèce dans le Portlandien d'Athose, de Salins et de Montbéliard, et il renvoie à la description et à la figure de d'Orbigny ; son assertion doit donc être considérée comme erronée, en ce qui touche le véritable *N. bruntrutana* de Thurmann.

? Cabanetiana (*Itiera*) d'Orbigny 1847 — R 2 : Goux-lez-Usiers, Musée de Besançon, gisement très douteux — Pt 2 coralligène : Pierrefontaine-les-Varans, une section vue sur la roche, *nobis*.

Cæcilia d'Orbigny 1847 — R 2 : la Mouille Etallon, ac ; Vellexon Queutrey, Petitclerc 88.

Calypso d'Orbigny 1847 — R 2 : l'Isle-sur-le-Doubs, cc, *nobis*.

canaliculata d'Orbigny 1847 — R 2 : la Mouille, rr, Etallon.

Castor d'Orbigny 1847 — R 1 : Ovanches, rr, Etallon — R 2 : la Mouille, ac.

Charcennensis Etallon, *Jura grayl.* — O 2 (chail.) : Charcenne, rr. — R 2 : la Mouille, rr, sous le nom de *Clioïdes*.

clavus Deslongchamps 1842 — Bj 3 : Belfort Parisot.

Clioïdes Etallon, synonyme de *Charcennensis*.

Clymene (*Itiera*) d'Orbigny 1847, de Loriol, *Moll. coral. inf.* 1880 — R 2 : Ovanches Aulx-lez-Cromary Hôpital-Saint-Lieffroy *nobis*, c.

Clytia d'Orbigny 1847 — R 2 : Belfort Parisot ; Vellexon Queutrey Petitclerc 88.

contorta Buvignier 1852 — R 1 : Charcenne *nobis* — R 2 : Belfort Parisot.

Contejeani Coquand, synonyme de *depressa*.

corallinica Etallon, *Jura grayl.* — A 3 : Autrey, r.

costulata Etallon, synonyme de *mosæ*.

Credneri Zittel, synonyme de *bruntrutana*.

cylindrica Voltz 1835 — V (V 2 probable) : Haute-Saône Thirria — Po : Vy-le-Ferroux Bronn *Jahrb.* 1836 ; Remonot Résal — Po 2 : Noiron, rr, Etallon.

Cynthia d'Orbigny 1847 — R 1-2 : Belfort Parisot.

Danusensis d'Orbigny 1847 — R 2 : la Mouille, rr, Etallon.
—. A 1 : Montbéliard Contejean ; Belfort Parisot.

Defrancei (*Nerinella*) Deshayes 1836 — R 2 : partout, ac —
A 1 : Montbéliard Contejean ; Belfort Parisot — Pt 2 : Montbéliard.

depressa (*Cryptoplocus*) Voltz *Jahrb*. 1836 — R 2 : la Mouille,
r, Etallon — A 3 : Oyrières, rr — Pt 1 : Chargey Theuley, ar. —
Pt 2 : Montbéliard Contejean — Po : Haute-Saône Thirria —
Po 2 : Moncey Pontarlier *nobis*.

Desvoydei d'Orbigny 1847 — R 2 : la Mouille, ar, Etallon ;
la Vèze Musée de Besançon.

Elea d'Orbigny 1847 — V (V 2 probable) : Besançon Résal —
Po : environs de Salins d'Orbigny 1850 — Po 1 : Mantoche
Gray, c — Po 2 : Essertenne Germigney. r, Etallon.

elegans (*Nerinella*) Thurmann 1830 — R 2 : Raucourt, c,
Etallon ; Belfort Besançon, musée de Besançon, *in* Cossmann
1898.

elongata (*Nerinella*) Voltz 1836 — A (A 3 probable) : Tré-
court Cossmann 98.

elsgaudiæ Thurmann, *Leth. Brunt.* — A 3 : Oyrières, c, Etallon — Pt 2 : Chargey-lez-Autrey, ac.

Erato (*Endiatrachelis*, d'Orbigny 1850 — A 1 : Maiche Kilian — Po : Salins Marcou — Po 1 : Remonot musée de Besançon ; Morteau Salins d'Orbigny, *in* Cossmann 1898 — Po 2 :
Noiron. r, Etallon.

' **Eudora**, synonyme de *Salinensis*.

' **exarata** Contejean, synonyme de *sexcostata*.

exilis Etallon, *Jura grayl.* — A 1 ; A 2, partie inférieure : Autrey. ar.

' **fasciata** Voltz, synonyme de *tabularis*.

fusiformis d'Orbigny 1847 — R 2 : la Mouille Theuley-lez-
Vars, ar. Etallon.

Gosæ Rœmer 1836 — R 2 : Belfort Parisot — A 3 ; Pt 2 : partout — V 2 : Montbéliard Contejean Fresne-Saint-Mamès *nobis*.
— V : Aroz Petitclerc 88.

grandis Voltz *Jahrb*. 1836 *non* Münster 1843 — Po 1-2 : partout.

·grayensis Etallon, synonyme de *Gosæ*.

Jollyana d'Orbigny 1847 — R 2 : Belfort Parisot.

jurensis (*Nerinella*) d'Orbigny 1847 — Bj 3 : Besançon Salins Résal ; Salins Cossmann 98.

lævis Voltz, Bronn *Leth. geogn.* — R 2 : Charcenne Bronn.

laufonensis Thurmann *Leth. Brunt.* — R 2 : la Mouille Ovanches, ac, Etallon.

macrogonia (*Cryptoplocus*) Thurmann, Cossmann *Gastrop. des ter. jurass.* 1898 ; synonyme de *subpyramidalis* Münster — Po 1 : Moncey, Pontarlier *nobis* ; Remonot Musée de Besançon Cossmann 98. Cette espèce est assez commune dans le Portlandien inférieur de notre région, où elle a été généralement signalée sous le nom de *subpyramidalis*.

·Mandelshoï Bronn synonyme de *bruntrutana*.

Mariæ d'Orbigny 1851 — R 2 : Amancey Résal.

monsbeliardensis (*Endiatrachelus*) Contejean, Cossmann 1898 — A 3 : Montbéliard Contejean *in* Cossmann.

Moreana d'Orbigny *Rev. zoologique* 1841, indiquée aussi comme *Moreauana* — R 2 : Ovanches Raucourt, ar, Etallon — A 3 : Oyrières, rr.

mosæ Deshayes 1831 *Coquilles caract.* — R 2 : Charcenne Thirria ; Montbéliard Contejean 62 — A 1 : Theuley-lez-Vars, rr, Etallon sous le nom de *costulata* — A 3 : Montbéliard.

multistriata Etallon *Jura grayl.* — A 3 : Vaite, rr.

Mustoni Contejean 1858 — Lumachelles à Astartes, de l'Astartien inférieur et de la base de l'Astartien moyen : Montbéliard Contejean ; Besançon *nobis* ; Belfort Parisot.

nodosa Voltz 1836 *Jahrb.* — R 2 : Belfort Parisot ; L'Isle-sur-le-Doubs Valleroy, petits individus dans les lumachelles à Nérinées, *nobis* ; Raincourt, cc, Etallon.

ornata d'Orbigny 1849 — A 1 : Montbéliard Contejean.

aff. ornata d'Orbigny 1847 — R 1 : Besançon Choffat 78.

Perroni Etallon *Jura grayl.* — Po 1 : Champvans, rr.

perstricta Etallon *Jura grayl.* — Po 2 : Gray, rr.

·Pidanceti H. Coquand synonyme de *depressa*.

Pidanceli Etallon *Jura grayl.* — Pt 2 : Chargey, ac.

punctata Bronn *Jahrb.* 1836 — Po : Vy-le-Ferroux.

pyramidalis (*Cryptoplocus*) Münster, Goldfuss *Petrefact.* Cossmann 1898. — Po 1 : Remonot Musée de Besançon *in* Cossmann.

Revoni Etallon *Jura grayl.* — Po 1-2 : Velesmes Noiron Germigney, ac.

Rinaldina Etallon *Leth. Brunt.* — Po 2 Morteau Etallon, variété d'*Erato.*

Roemeri (*Nerinella*) Etallon *Leth. Brunt. non* Phillips — R 2 : la Mouille Theuley Francourt, ac.

' **Roemeri** Phillips, synonyme de *turritella.*

rupellensis d'Orbigny 1847 — R 1 : Charcenne, ac, Etallon.

salinensis d'Orbigny 1850 — V 2 : Aux Viellains près d'Avoudrey *nobis* — Po 1-2 : partout ac.

santonensis d'Orbigny 1851 — Po 1 : Roche Musée de Besançon.

scalaris (*Nerinella*) d'Orbigny 1847, Cossmann 1898 — Bt : Montarlot Cossmann.

scalata (*Nerinella*) Voltz *Jahrb.* 1837 — R : Champlitte Cossmann 98 — R 1 : Charcenne *nobis* — R 2 : la Mouille Franois, r, Etallon.

sculpta Etallon *Jura grayl.* — R 2 : la Mouille, ar.

semicylindrica Etallon *Jura grayl.* — Pt 2 : Chargey-lez-Autrey, rr.

? semiturritella Etallon *Jura grayl.* — R 2 : Theuley, rr. Espèce très voisine de *Cæcilia*, si elle ne lui est identique.

sequana Thirria *Jahrb.* 1835 — R 2 : Haute-Saône Thirria ; Charcenne Bronn *Leth. geogn* ; Besançon Résal.

sexcostata (*Aptyxiella*) d'Orbigny 1847 Cossmann 1898. — A 1 : Montbéliard Contejean — A 3 : Montbéliard ; Dole Jourdy. — Pt : Mont-Saint-Léger Petitclerc. M. Contejean décrit et désigne cette espèce (*Kimmer.* p. 233, etc.) sous le nom d'*exarata.*

' **sinensis** Etallon synonyme de *subpyramidalis.*

speciosa Voltz *Jahrb.* 1836 — R 2 ; Montbéliard Contejean 62 ; Belfort Parisot — A 3 : Montbéliard Contejean 58 ; Oyrières, r, Etallon — Pt 2 ; V 2 : Montbéliard.

styloïdea Contejean 1858 — R 1 : Belfort Parisot — A 3 : Montbéliard Contejean ; V 1 : Montbéliard : feuille de Montbéliard

Kilian ; Belfort Parisot ; la Nantillère Ogérien - V 2 . Arc Etallon, ac ; Montbéliard.

subbruntrutana d'Orbigny 1847 — R 2 : Dorans (Belfort) Parisot.

subelegans Etallon *Coral. Haut-Jura.* — R 2 : Charcenne, cc.

subcylindrica d'Orbigny 1847 — A 3 : Montbéliard Contejean — V 2 ; Montbéliard.

subpyramidalis (*Cryptoplocus*) Münster, Goldfuss *Petrefact.* — R ; A : Haute-Saône Musée de Dijon, Cossmann 98.

' **subspeciosa** Etallon, synonyme de *speciosa*.

suprajurensis Voltz *Jahrb.* 1835 — R 2 : Haute-Saône Thirria ; Rey Charcenne Bronn 37 ; la Mouille Franois Etallon, ac ; Belfort Parisot ; Vellexon Queutrey Petitclerc 88 — A 3 : Montbéliard Contejean ; Maiche Kilian — Pt : Mont-Saint-Léger Petitclerc 85 ; Aroz 88 — Pt 1-2 : Montbéliard ; Belfort — V : Aroz — V ; Po : Haute-Saône Thirria.

tabularis (*Nerinella*) Contejean, Cossmann, 1898, synonyme de *fasciata* Voltz — C 2 : Besançon Henry, indiquée comme aff. *fasciata* — A 1-2 : Montbéliard Contejean, sous les deux dénominations ; Belfort Parisot ; Besançon *nobis* ; lumachelles à Astartes.

terebra Zieten *Wurtemb.* — R : Po : Haute-Saône Thirria. Quenstedt (*Jura*, p. 765) identifie cette espèce avec *depressa*, cependant *terebra* a ses tours de spire plus hauts que ceux de *depressa* et légèrement concaves en dehors.

tortispira Etallon, *Jura grayl.* — Po 1 : Mantoche Gray, ac.

Thurmanni Etallon *Mon. Cor.* — R 2 : la Mouille, r.

trinodosa Voltz *Jahrb.* 1836 — Po 1 : partout, ac.

' **turriculata** d'Orbigny synonyme de *contorta*.

turritella (*Nerinella*) Voltz *Jahrb.* 1836 — R 2 : Theuley-lez-Vars, cc, Etallon ; Raucourt Champlitte Cossmann 98 ; Belfort Parisot — A 1 : Montbéliard Contejean ; Belfort. — V 2 : Montbéliard.

Ursicina Thurmann *Leth. Brunt.* — R 1 : Ovanches, rr, Etallon — R 2 : Raucourt, rr ; feuille de Montbéliard Kilian.

vertebralis Etallon *Jura grayl.* — R 1 : Ovanches Marnay, ar — R 2 : la Mouille, r.

virginea Etallon *Jura grayl.* — O 2 (Chailles) ; Mailley Gy, ac.

Visurgis Rœmer *Nord. Oolit.* — R 2 : Montbéliard Contejean ; la Mouille, Theuley, ac, Etallon ; Belfort Parisot — A 3 ; Pt 2 : Montbéliard.

vittata Etallon *Jura grayl.* — V 1 : Arc, ac.

PSEUDONERINEA

? **blauenensis** de Loriol. *Moll. Coral. inf.* — R 2 : Fontenois-lez-Montbozon *nobis*. Détermination douteuse par suite du mauvais état de l'échantillon recueilli.

MELANIA

astartina Etallon *Jura grayl.* — A 1 : Ecuelle, r.

? **cristallina** Thurmann — Kim : Aiglepierre, c, Marcou.

Renaud-Comti Thurmann *Leth. Brunt.* — A 1 : Dole Jourdy.

BOURGUETIA

Saemanni Oppel *Juraform.* synonyme de *striata* Saemann, *non* Sowerby, *non* Goldfuss. — Bj 3 : Besançon Rollier ; Accolans Petitclerc 94. — Oolithe inférieure : Charriez Bronn *Leth. geogr.* p. 394, indiquée par lui comme *Phasianella striata*.

striata Sowerby 1813 — Bj 1-2-3 : partout — R 1 : Marnay Neuvelle, ar. Etallon ; Nans Choffat 78 ; Ornans *nobis* 82 — A 1 : partout dans l'est de la région — A 3 : La Gauffre *nobis* ; Montbéliard Contejean ; généralement désignée sous le nom de *Phasianella striata*. Elle a été aussi recueillie, dans le Callovien et dans l'Oxfordien, aux environs de Besançon, par M. Coquand, qui lui a donné différents noms. Voir le genre *Phasianella*.

CHEMNITZIA

abbreviata Rœmer *Nord. Oolit.* — A 1 : La Chapelle Rennes Marcou — V 1 : Chargey-lez-Autrey, rr, Etallon sous le nom d'*arcensis*.

altararis (*Pseudomelania*) Cossmann 1898 — Bj 1 : Comberjon Petitclerc 1900, c.

* **arcensis** Etallon, synonyme de *abbreviata*.

athleta d'Orbigny 1847 — R 1 : Champlitte Etallon, r : Besançon Résal.

Bellona d'Orbigny 1849 — K 1 : Orain, r, Etallon ; Belfort Parisot — ? O 1 : Besançon Résal.

bipartita (*Pseudomelania*) P. de Loriol, 1871. *Juras. sup.*, *Haute-Marne* — V : Charriez Petitclerc 88.

Bronnii Rœmer 1836 — Pt 2 : Montbéliard Contejean ; Chargey, ac, Etallon sous le nom de *Thurmanni*.

Castor Etallon *Jura grayl.* — R 2 : la Mouille, r.

Cepha d'Orbigny 1847 — R 2 : Belfort Parisot.

cephoïdes Etallon *Jura grayl.* — Pt : Chargey-lez-Autrey, r.

Charcennensis Etallon *Jura grayl.* — R 1 : Charcenne, ar.

Clio d'Orbigny 1847 — R 2 : la Mouille, ar, Etallon — A 1 : Montbéliard Contejean — A 2 : Belfort Parisot.

clioïdes Etallon *Jura grayl.* — Po 1 : Mantoche, ar — Po 2 : Noiron, ac.

corallina d'Orbigny 1850 — R 1 : Chassigny, ac, Etallon.

Danae d'Orbigny 1847 — A 1 : Montbéliard Contejean : Dole Jourdy — A 3 : Dole — V 2 : Montbéliard ; Arc Etallon, r.

Delessei Etallon *Jura grayl.* — O 2 : Gy, ac.

Delia (*Pseudomelania*) d'Orbigny 1847 — Pt 1-2 : Montbéliard Contejean ; Besançon Résal — V 1-2 : Montbéliard ; Charriez Petitclerc 88 ; Arc, Etallon sous le nom de *gigantea*, ac.

? dubiensis Coquand ; échantillon informe du Musée de Besançon — Po : Saint-Hippolyte, les Colombières, Résal.

Flamandi Contejean 1858 — A 1 : Montbéliard ; les Lavottes *nobis*.

* **gigantea** Leymeria synonyme de *Delia*.

Heddingtonensis d'Orbigny 1847 — R 1 : Chassigny Champlitte Marnay, ar, Etallon ; la Vèze Résal ; Belfort Parisot ; Besançon Rollier — A 1 : Rennes Marcou.

liesbergensis (*Pseudomelania*) P. de Loriol *Moll. du Raur. inf.* 1894 — R 1 : Besançon Vercel, *nobis*.

limbata Contejean 1858 — V 1 : Montbéliard.

lineata (*Pseudomelania*) Sowerby 1818 — Bj 1 : Comberjon
Petitclerc 1900 — Bj 2 : Belfort Parisot; Comberjon Charriez
Petitclerc 94 — Bj 3 : Belfort.

portlandica Etallon *Jura grayl.* — Po 1 : Noiron, ar.

rupellensis d'Orbigny 1847 — R 2 : la Mouille Ovanches
Theuley-lez-Vars, Raucourt, ac, Etallon.

* **Thurmanni** Etallon synonyme de *Bronnii*.

turris Deslongchamps *Mémoires* 1843 — Bj 1 : Belfort,
Parisot.

sp Petitclerc 1902 — Bt 1 : Andelarre.

RISSOA

bisuntina Contejean 1858 — A 2 : lumachelles à Astartes :
Besançon Contejean; Belfort Parisot.

granulum Etallon *Jura grayl.* — A 3 : Autrey, rr.

subclathrata Buvignier 1852 — A 2 : Montbéliard Contejean; Belfort Parisot.

NATICA

adducta Phillips *Yorks.* — Bt 1 : Salins Résal.

allica d'Orbigny 1851 — R 2 : la Mouille, r, Etallon.

amena Thurmann *Leth. Brunt.* — A 1 : Dole Jourdy.

amata d'Orbigny 1851 — R 2 : la Mouille, r, Etallon.

astartina Etallon *Jura grayl.* — A 1 : Mont-le-Franois, rr.

athleta d'Orbigny 1847 — Po 1 : partout dans l'est et le sud
de la région.

Barrotei P. de Loriol 1871 — V 1 : Traves Fresne-Saint-
Mamès, Petitclerc 86.

Barrensis Buvignier 1852 — Po 1 : Gray, ac, Etallon.

Calypso d'Orbigny 1847 — R 1 : Belfort Parisot.

calypsoïdes Etallon *Jura grayl.* — R 2 : la Mouille, r.

canaliculata Morris et Lycett 1850 — Bt 2 : Belfort Parisot.

? **Chauviniana** d'Orbigny 1847 — Bj 1 : Belfort Parisot.

* **Chopardi** Coquand synonyme de *Marcousana*.

Clio d'Orbigny 1847 — R 1 : Neuvelle, ar, Etallon.

Clytia d'Orbigny 1847 — O 2 : Besançon Résal — R 1 : Besançon Fontenois-lez-Montbozon *nobis*.

* **cochlita** Thurmann synonyme de *globosa*.

Daphne d'Orbigny 1847 — R 2 : Belfort Parisot.

Dejanira d'Orbigny 1847 — R 2 : la Mouille, ar, Etallon — Pt 2 : Montbéliard Contejean.

dubia Rœmer 1836 — A 1 : Crochot, ar, Etallon; Belfort Parisot; Dole Jourdy — Pt 1 : Montbéliard Contejean; Besançon *nobis* — V 1-2 : Montbéliard; Chargey Seveux Arc, ac, Etallon.

* **dubiensis** Coquand synonyme de *gigas*.

' **elatior** Coquand synonyme de *Marcousana*.

elea d'Orbigny 1847 — A 1 : Evillers, Musée de Besançon — Pt 1 : Montbéliard Contejean; Besançon Résal — V 1 : Montbéliard.

Eudora d'Orbigny 1847 — A 1 : partout, c — A 3 : Montbéliard Contejean; Dole Jourdy — Pt 1 : Montbéliard; Maiche Kilian; Morteau Pierrefontaine *nobis* — V 1 : Montbéliard; Clans Chargey, Gray, c, Etallon — V : Mont-Saint-Léger Aroz, ac, Petitclerc 85; 88.

Georgeana d'Orbigny 1852 — A 1 : Mont-le-Franois, rr, Etallon — Pt 1 : Montbéliard Contejean; Besançon, Musée — V 1 : Montbéliard.

gigas Bronn, Thurmann *Leth. Brunt.* — A 1 : la Chapelle, Marcou; Besançon Résal; Mamirolle Musée de Besançon — Pt 2 : Montbéliard Contejean sous le nom de *macrostoma* — V 1 : Arc, rr, Etallon; Besançon Résal, sous la désignation de *dubiensis*.

globosa Rœmer *Nord. Oolit.* — A 1 : Nans sous-Sainte-Anne *nobis* — A 3 : Montbéliard Contejean — Kim : la Chapelle Marcou — V : Mont-Saint-Léger Petitclerc — V 1 : Chargey, rr, Etallon, sous le nom de *cochlita*.

grandis Münster 1844. Goldfuss *Petref.* — A 1 : partout — A 3 : Oyrières, rr, Etallon — V 1 : Arc, rr.

Hebertana d'Orbigny 1852 — Po 1 : Mantoche, r, Etallon — Po 2 : Noiron Essertenne Betterans, r.

hemisphærica Rœmer *Nord. Oolit.* — R 1 : Belfort Pa-

risot — A 1 : Autrey, rr, Etallon — A 3 : Montbéliard Contejean
— Pt : Mont-Saint-Léger Petitclerc ; Chargey-lez-Autrey Etallon,
r. — Pt 1-2 : Montbéliard — V : Mont-Saint-Léger Aroz Petitclerc 85 ; 88. ac — V 1 : Montbéliard ; Chargey, ar. — V 2 : Montbéliard — Po 1 : Gray, ar, Etallon ; Mantoche, ac, *nobis*.

Lorieri d'Orbigny 1847 — Bj 1 : Coulevon Comberjon Petitclerc 1900 — Bj 3 : Besançon Résal.

· macrostoma Rœmer synonyme de *gigas*.

Marcousana d'Orbigny 1847 — Po 1 ; Po 2 : partout, ac.

microscopica Contejean 1858 — A 1 et A 2 : partie inférieure dans les lumachelles à Astartes : Montbéliard Contejean ;
Belfort Parisot ; Etalans *nobis*.

mosensis Buvignier 1852 — R 2 : Belfort Parisot.

obesa Contejean 1858 — Pt 2 : Montbéliard.

· perdubia Etallon, synonyme de *dubia*.

prætermissa Contejean 1858 — A 1 ; Pt 1-2 : Montbéliard.

phasianelloïdes d'Orbigny 1852 — A 3 : Montbéliard Contejean — V 1 : Arc, rr, Etallon.

· Pidanceti Coquand synonyme d'*hemisphærica*.

pseudosphærica Etallon *Jura grayl.* — Po 1 : Gray, ac —
Po 2 : Betterans Noiron, ac.

pugillum Thurmann *Leth. Brunt.* — A 1 : Dole Jourdy —
Pt 1 : Besançon *nobis* — V 1 : Avoudrey Morteau.

semiglobosa Etallon *Leth. Brunt.* — A 1 : Dole Jourdy ;
Consolation Etalans Ornans Nans *nobis* — Pt : Mont-Saint-
Léger Petitclerc — Pt 1 : Arc, rr, Etallon ; Besançon Pointvillers *nobis* — V : Aroz Petitclerc 88. Cette espèce n'est peut-être
qu'une variété de *globosa*.

sequana Coquand — A 1 : Besançon Résal.

suprajurensis Buvignier 1852 — Po 1 : Gray, r, Etallon.

Thurmanni Etallon *Leth. Brunt.* — V 1 : Chargey-lez-Autrey, ar.

turbiniformis Rœmer 1836 — A 1 : Montbéliard Contejean ;
Dole Jourdy ; Nans sous-Sainte-Anne Choffat 75 ; Besançon Or-
nans Nans Consolation *nobis* — A 2 : Dole ; Belfort Parisot —
Pt 1 : Montbéliard ; Chargey-lez-Autrey, r, Etallon ; Belfort ;

Maiche Kilian ; Besançon *nobis* — Pt 2 : Montbéliard — V : Mont-
Saint-Léger Petitclerc — V 1-2 : Montbéliard.

Veriotina Buvignier 1852 — Po 1 : Gray, rr, Etallon.

Verneuilli d'Archiac 1843 *Mém. Soc. géol.* — Bt 2 : Besançon
Rollier.

Zangis d'Orbigny 1851 — K 1 : Orain, rr, Etallon.

Zetes d'Orbigny 1851 — Bj 1 : Belfort Parisot.

sp. Petitclerc 1902 — Bt 1 : Andelarre.

PURPURINA

?astartina Etallon *Jura grayl.* sous la désignation générique
de *Fusus* — A 2 : Oyrières, rr. Ce fossile est un *Alaria* ou un
Purpurina mal conservé ; nous le plaçons dans ce dernier genre,
provisoirement au moins.

elaborata Bean, Lycett, *Ann. of Hist. Nat.*, t. VI — Bj 1 :
Comberjon Petitclerc 1900.

inflata Tawney 1850 *Dundry Gastrop.* — Bj 1 : Comberjon
Petitclerc 1900.

?Thorenti d'Archiac 1843, d'Orbigny *Prodrome* — K 2 :
Belfort Parisot. C'est une espèce de Bathonien.

XENOPHORA

pyramidata Phillips. *Yorks.* — Bj 1 : Comberjon Petitclerc
1900.

TURRITELLA

opalina (*Mathilda*) Quenstedt *Jura* — Bj 1 : Comberjon Petitclerc 1900.

portlandica Etallon *Jura grayl.* — Po 2 : Bellrans, r.

Schlumbergeri E Deslongchamps *Notes paléont.* T. I. 1863-
1869 — Bj 1 : Comberjon Petitclerc 1900.

sp. Petitclerc 1900 — Bj 1 : Comberjon.

SCALARIA

minuta Buvignier 1852 — A 1 et A 2 : partie inférieure, dans

les plaquettes à astartes, partout assez abondante, formant même
en certains endroits, comme aux environs d'Étalans, de véritables lumachelles, *nobis;* Montbéliard Contejean.

suprajurensis Contejean 1858 — V 1 : Montbéliard.

PILEOLUS

radiatus d'Orbigny 1849 — R 2 : Raucourt, r, Etallon.

NERITOPSIS

cancellata Stahl 1824, Oppel *Juraformation* — R 1 : Champlitte Etallon, r — R 2 : Raucourt Theuley-lez-Vars, rr.
delphinula d'Orbigny 1847 — V 1 : Montbéliard Contejean.
Lyautei H. Coquand — O 1 : département du Doubs Résal.
Renaudi H. Coquand — A 1 : département du Doubs,
Musée de Besançon sous la désignation de *Natica Renaudi ;* Consolation, Maiche *nobis*, ac. Cette espèce nous parait très voisine
de *Neritop. inæqualicosta*, elle ne lui est toutefois pas identique ;
elle est aussi indiquée, comme *Neritoma*, dans la collection citée.
undata Contejean 1858 — R 2 : Belfort Parisot — V 1 : Montbéliard Contejean.
sp. Petitclerc 1894 — Bj 2 : Coulevon.

NERITA

arenula Etallon *Jura grayl.* — A 3 : Autrey, ac.
canalifera Buvignier 1852 — R 2 : Raucourt, r, Etallon.
Hermanciana Etallon *Leth. Brunt.* — R 2 (*nobis*) : L'Abergement-du-Navois, Choffat 78.
jurensis Rœmer 1836 — A 3 : Montbéliard Contejean.
semipulla Etallon *Jura grayl.* — R 2 : Raucourt, rr.

TROCHUS

anguloplicatus Münster Goldfuss *Petrefact.* — R 2 : Raucourt, ar, Etallon ; Besançon Musée.

Belus (*Monodonta*) d'Orbigny 1847 — Bj 1 : Comberjon Petit-clerc 1900, ac.

crassicosta Buvignier 1852 — R 2 : Raucourt, ac, Etallon.

Dædalus d'Orbigny 1847 — R 2 : Belfort Parisot.

dimidiatus (*Ziziphinus*) Sowerby 1817 — Bj 1 : Comberjon ac, Petitclerc 1900.

Eudoxus d'Orbigny 1847 — A 1 : Autrey, r, Etallon sous le nom de *pygmeus*.

Halesus d'Orbigny 1847 — K 1 : Sacquenay, rr, Etallon.

Helius d'Orbigny 1847 — O 2 : Fontenois-lez-Montbozon Choffat, 78.

Magneti Thurmann, Oppel *Juraform.*, p. 626 (désigné comme *Turbo*); — K 1 : Besançon Rollier.

Pollux d'Orbigny 1847 — R 2 : Dorans Belfort Parisot.

˙pygmeus Etallon synonyme d'*Eudoxus* très probablement.

sequanicus Etallon *Jura grayl.* — A 3 : Autrey, Oyrières, r.

sublineatus Goldfuss *Petrefact.* — O 2 : Besançon Rollier.

?vesunticus Coquand, Musée de Besançon échantillon très mauvais — O 1 : Besançon Résal.

Zetes d'Orbigny 1852 — Bj 1 : Comberjon, rr. Petitclerc 1900.

DELPHINULA

funata Goldfuss *Petrefact.*, de Loriol, *Moll. des couches corall. inf.* 1890 — R 2 : Fontenois-lez-Montbozon *nobis*.

ATAPHRUS

Acis d'Orbigny 1847 — Bj 1 : Comberjon Petitclerc 1900.

Acmon d'Orbigny 1847 — Bj 1 : Comberjon Petitclerc 1900.

lævigatus Sowerby 1818 — Bj 1 : Comberjon, c. Petitclerc 1900.

AMBERLEYA

densinodosa Hudleston 1899 *Monog. Brit. juras. Gasterop.* — Bj 1 : Comberjon Petitclerc 1900.

ornata Sowerby 1819 — Bj : Comberjon, Coulevon Petitclerc 1900 — Bj 2 : Longevelle 94.

TURBO

araricus Etallon *Jura grayl.* — R 2 : la Mouille, r.

ædilis Münster, Goldfuss. *Petref.* Parisot 1877 — Bj 3 : Belfort.

Bathis d'Orbigny 1847 — Bj 1 : Longevelle Petitclerc 94.

Brutus d'Orbigny 1847 — Bj 1 : Coulevon Petitclerc 1900.

Buvigneri d'Orbigny 1847 — O 2 : Belfort Parisot.

capitaneus Münster, Goldfuss 1844 — Bj 1 : Salins Marcou ; Belfort Parisot.

corallensis Buvignier 1852 — A 3 : Oyrières, rr, Etallon.

epulus d'Orbigny 1847 — R 2 : Theuley Raucourt, ac, Etallon.

Erinus d'Orbigny 1847 — R 2 : Raucourt, ac, Etallon.

globatus d'Orbigny 1847 — R 1 : Fontenois-lez-Montbozon Choffat 78.

incertus Contejean 1858 — Pt 1 ; V 1 : Montbéliard.

Meriani Goldfuss 1844 — K 1 : Belfort Parisot — O 1 : partout, ac — O 2 : Besançon Choffat 78.

perornatus Etallon *Jura grayl.* — Po 1 : Gray, rr.

princeps Rœmer *Nord. Oolit.* — R 1 : Charcenne Piépape, r, Etallon.

problematicus Contejean 1858 — Lumachelles à astartes de l'Astartien inférieur, et de la base de l'Astartien moyen : Montbéliard ; Belfort Parisot.

Sejournanti Etallon *Jura grayl.* — K 1 : Orain Percey, c.

subfunatus d'Orbigny 1847 — R 2 : Theuley Raucourt, ac, Etallon ; Belfort Parisot.

tegulatus Münster, Goldfuss 1844 — R 2 : Raucourt, c, Etallon.

viviparoïdes Rœmer *Nord. Oolit.* — A 3 ; Pt 1 : Montbéliard Contejean.

PHASIANELLA

Tous les échantillons du Musée de Besançon, dénommés par Coquand : *Phasianella Loryi, Lyautei, Renaudi et sequana*, sont des *Bourguetia striata* à divers degrés de développement, et recueillis à différents niveaux : Oolithe ferrugineuse, calcaire à Polypiers, Callovien, Oxfordien, Rauracien inférieur et Astartien.

Buvigneri d'Orbigny 1847 — R 2 : Belfort Parisot.

Coquandi Contejean 1858 — A 1 : Valory Besançon.

orainsis Etallon *Jura grayl.* — K 1 : Orain, rr.

ornata Contejean 1858 — A 3 ; Pt 2 : Montbéliard.

? portlandica Thurmann Collection, Marcou 1848 — Po 1 : Aiglepierre.

*** Sæmanni** Oppel voir *Bourguetia*.

suprajurensis Etallon *Jura grayl.* — A 3 : Autrey Oyrières, rr.

DITREMARIA

discoïdea Etallon *Leth. Brunt.* — R 2 : la Mouille Franois, ar.

globulus d'Orbigny 1847 — C 2 : Belfort Parisot.

mantochensis Etallon *Jura grayl.* — Po 1 : Mantoche, rr.

mastoïdea Etallon *Leth. Brunt.* — Po 1 : Mantoche, rr.

oxfordiana Etallon *Jura grayl.* — O 2 : Gy, rr.

? portlandica Etallon *Jura grayl.* — Po 1 : Mantoche, ac. Espèce très voisine de la suivante si elle ne lui est identique, comme nous le croyons.

quinquecincta Zieten 1830, d'Orbigny 1847 — R 2 : Raucourt, ar, Etallon.

Rathieriana d'Orbigny 1847 — R 2 : la Mouille Theuley Etallon, ar.

TROCHOTOMA

sp Petitclerc 1900 — Bj 1 : Comberjon.

PLEUROTOMARIA

abbreviata Sowerby 1818 — Bj 1 : Comberjon Petitclerc 1900.

Actæa d'Orbigny 1847 — Bj 1 : Comberjon Petitclerc 1900 — Bj 2 : Longevelle 94, ac.

actinomphala E. Deslongchamps 1848 — Bj 1 : Comberjon, ar, Petitclerc 1900.

acutimargo Rœmer *Nord. Oolit.* — A 3 ; Pt 1 : Montbéliard Contejean.

Agassizii Münster, Goldfuss 1844 — R 1 : Champlitte Charcenne, ar, Etallon.

Agathis E. Deslongchamps 1848 — Bj 1 : Comberjon, ar, Petitclerc 1900.

Ajax d'Orbigny 1847 — Bj 1 : Comberjon Petitclerc 1900, rr.

Alcyone d'Orbigny 1847 — Bj 1 : Comberjon Petitclerc 1900.

Allica d'Orbigny 1847 — Bj 1 : Comberjon, rr, Petitclerc 1900.

amata d'Orbigny 1854 — Bj 1 : Comberjon Petitclerc 1900, rr.

amica Contejean 1858 — Pt 1 : Montbéliard.

amœna E. Deslongchamps 1848 — Bj 1 : Comberjon Petitclerc 1900, ac.

Amyntas d'Orbigny 1847 — Bj 1 : Comberjon, rr, Petitclerc 1900.

? Anglica Sowerby 1816, Defrance 1826 — Bj : Haute-Saône Thirria.

armata Münster Goldfuss 1840 — Bj 1 : Belfort Parisot — Bj 2 : Longevelle Petitclerc 94.

aff armata Münster — R 1 : Dournon Choffat 78.

? astartina Etallon *Jura grayl.* — A 2 : Oyrières, r.

' Bourgueti Thurmann synonyme de *Philæa.*

Cerei Etallon *Jura grayl.* — O 2 : Percey, rr.

conoïdea Deshayes 1831 — Bj 1 : Belfort Parisot — Bj 2 : Comberjon Petitclerc 94, indiqué comme *aff. conoïdea* par ce dernier auteur.

7

circumsulcata d'Orbigny 1854 — Bj 2 : Coulevon Petitclerc 94.

Cydippe d'Orbigny 1847 — K 1 : Besançon Salins d'Orbigny *Pal. franc.* ; Orain, r, Etallon ; Belfort Parisot. — ? O 1 : Lizine Besançon Résal.

Cypræa d'Orbigny 1847 — K 1 : Clucy d'Orbigny 50 ; Orain, cc, Etallon ; Belfort Parisot ; Dournon Choffat 78, indiqué comme cf. *Cypræa* — ? O 1 : Besançon Résal.

Cypris d'Orbigny 1847 — K 1 : Clucy d'Orbigny 50 ; Orain Percey, ac, Etallon — ? O 1 : Besançon Lizine Résal.

Cytherea d'Orbigny 1847 — K 1 : Quingey d'Orbigny ; Orain Percey, ac, Etallon ; Belfort Parisot — ? O 1 : Besançon Résal.

aff. discus Deslongchamps 1849. *Pleurotomaires* — O 2 : Ornans *nobis*.

Duboisana Perron, Etallon *Jura grayl.* — V 2 : Nantilly Arc, r.

elongata Sowerby 1818 — Bj 1 : Coulevon, r, Petitclerc 1900.

Gevreyi Cossmann et Petitclerc 1899, *Faune du Bajocien 1900.* — Bj 1 : Longevelle Comberjon.

glypticiana Etallon *Jura graylois.* — R 1 : Champlitte, ar.

granulata Sowerby 1818, Deslongchamps *Pleurotom.* 1848 — Bj 1 : Longevelle Comberjon Petitclerc 1900 — K 1 : Clucy Marcou ; Belfort Parisot — O 1 : Montaigu, ar, Petitclerc.

grasana d'Orbigny 1853 — R 1 : Chassigny, rr, Etallon.

Gresslyi Etallon *Jura grayl.* — O 1 : Neuvelle, rr.

gyroplata E. Deslongchamps 1848 — Bj 1 : Comberjon, rr, Petitclerc 1900.

Hesione d'Orbigny 1847 — V : Aroz Petitclerc 88 — Pt ; V : Mont-Saint-Léger.

monticulus E. Deslongchamps 1848 — Bj 1 : Comberjon Petitclerc 1900, rr.

Münsteri Rœmer 1839 — O 2 : Percey le-Grand, ar, Etallon. M. Petitclerc a recueilli cette espèce dans les couches kelloway-oxfordiennes d'Authoison, elle peut être considérée comme appartenant aussi à l'Oxfordien inférieur.

Nesea d'Orbigny 1856 — K 1 : Clucy d'Orbigny ; Sacquenay, r, Etallon.

Nyphe d'Orbigny 1856 — K 1 : Orain, rr, Etallon.

Nysa d'Orbigny 1856 — K 1 : Salins d'Orbigny; Sacquenay, rr, Etallon; Velloreille *nobis*.

ornata Sowerby 1818 Deslongchamps 1848 — Bj 2 : Coulevon Petitclerc 94.

Phædra d'Orbigny 1856 — A tous les niveaux de l'Astartien de Montbéliard Contejean — A 3 : Belfort Parisot — V 1 : Chargey-lez-Autrey, rr, Etallon.

Philæa d'Orbigny 1856 — A 3 : Montbéliard Contejean, sous le nom de *Bourgueti*. — Pt 1 : Montbéliard, même désignation; Belfort Parisot — V 1 : Chargey, rr, Etallon.

punctata Sowerby 1818, d'Orbigny 1847 — Bj 1 : Comberjon Petitclerc 1900 — Bj 2 : Coulevon 94.

reticulata Sowerby 1820, d'Orbigny 1847 — V 1 : Arc, r, Etallon.

strigosa d'Orbigny 1849 — Bj 1 : Comberjon Petitclerc 1900.

strobilus Deslongchamps 1848 — Bj 1 : Comberjon Petitclerc 1900.

sublineata Goldfuss *Petrefact.* — Bj 2 : Coulevon Petitclerc 94.

subreticulata d'Orbigny 1849 — Bj 1 : Belfort Parisot; Comberjon Petitclerc 1900.

Vielbanci d'Orbigny 1847 — K 1 : Orain Sacquenay, r, Etallon ; Besançon Résal.

sp. Petitclerc 1902 — Bt 1 : Andelarre.

EMARGINULA

paucicosta Etallon *Leth. Brunt.* — R 2 : Theuley-lez-Vars, r.

PATELLA

Humbertina Buvignier 1852 — Pt 1 : Montbéliard Contejean ; Belfort Parisot ; Morteau *nobis*.

sublævis Buvignier 1852 — R 2 : la Mouille, rr, Etallon.

suprajurensis Buvignier 1852 — Pt 1 : Montbéliard Contejean ; Belfort Parisot.

Voltzii Etallon *Jura grayl.* — R 2 : Raucourt, r.

DENTALIUM

Corneti Etallon *Jura grayl.* — Po 1 : Gray, rr.

entaloïdes E. Deslongchamps 1842 *Mém. Soc. Lin. Normand.*
— Bj 1 : Comberjon Petitclerc 1900.

jurense Etallon *Jura grayl.* — O 2 : Calmoutier Mailley, c —
R 1 : Fontenois-lez-Montbozon Choffat 78.

Normanianum d'Orbigny 1847 — V 2 : Noidans, r, Etallon.

sp. Kilian 1885 — O 2 : Glère.

PELECYPODES

TEREDO

astartinus Etallon *Jura grayl.* — A 2 : Oyrières, rr.

sp. — O 1 : Palente, fixé sur des fragments de bois fossile
empâtés de calcite, A. Laurent 1903.

PHOLAS

astræarum Buvignier 1852 — R 2 : Belfort Parisot.

GASTROCHÆNA

Moreana Buvignier 1852 — O 2 : Pierrecourt, rr, Etallon.

oviformis Etallon *Jura grayl.* — R 2 : la Mouille, rr.

sp. — Bj 1 : Morre *nobis*.

sp. — Po 2 : Morteau *nobis*.

NEÆRA

mosensis Buvignier 1852 — Po 2 : Fretigney, rr, Etallon.

CORBULA

clavus Contejean, Parisot 1877 — A 1 : Belfort.

contorta Etallon *Jura grayl.* — Po 1 : Gray, rr.

Deshayesana Buvignier 1852 — A 2 : Montbéliard Contejean ; Belfort Parisot.

dubia Contejean 1858 — A 1 : Montbéliard Contejean ; Chambornay *nobis*.

fallax Contejean, Parisot 1877 — A 1 : Belfort.

grayensis Etallon *Jura grayl.* — Po 1 : Mantoche, rr — Po 2 : Velleclaire, rr.

inflexa Rœmer *Nord. Oolit.* Dunker 1846 — Po 2 : Morteau Maillard 84 ; feuille de Pontarlier Bertrand ; feuille d'Ornans Kilian.

Perroni Etallon *Jura grayl.* — Po 2 : Bucey Noiron, r.

pisum Contejean 1858 — A 2 : partout, cc, dans les lumachelles à astartes.

vomer Contejean 1858 — A 3 : Montbéliard, r.

MYA ?

* **angulifera** Sowerby synonyme de *Goniomya proboscidea*.

decussata Contejean 1858 — V 2 : Montbéliard, rr.

fimbriata Contejean 1858 — A 3 : Montbéliard, rr.

* **Meriani** Thurmann synonyme de *Lucina rugosa*.

MACTRA

callosa Rœmer *Nord. Oolit.* — A 1 : Belfort Parisot.

ovata Rœmer Thurmann *Leth. Brunt.* — A 3 : Montbéliard Contejean ; Belfort Parisot — Pt 1 ; V 1-2 : Montbéliard.

pertruncata Etallon *Leth. Brunt.* synonyme de *truncata* Contejean — A 3 : Montbéliard Contejean ; Belfort Parisot — Pt 2 : Montbéliard.

* **Pidanceti** Coquand identique à *Cyprina Brongniarti*.

rostralis Rœmer *Nord. Oolit.* — Pt 2 : Montbéliard Contejean.

sapientium Contejean 1858 — Pt 1 : Montbéliard — Pt 2 :
Belfort Parisot — V 1 : Montbéliard ; Avoudrey *nobis* — Po 1 :
Morteau *nobis*.

 ˙ **Saussurei** d'Orbigny synonyme de *Cyprina ₎Brongniarti.*
 ˙ **truncata** Contejean synonyme de *pertruncata.*

THRACIA

corbuloides Rœmer *Nord. Oolit.* — R 1 : Vaulgrenans Marcou.

depressa Sowerby 1823, Morris 1843 — Pt 2 : Montbéliard
Contejean ; Belfort Parisot — V 1 : Montbéliard ; Chargey-lez-
Autrey r, Etallon, sous le nom de *tenuistriata* — V 2 : Montbé-
liard.

incerta Thurmann 1830, de Loriol *Jurass. sup. Haute-Marne*
— ? O 2 : notre région Choffat — Ptérocérien, Virgulien partout
à tous les niveaux, c — Po 1 : feuille d'Ornans Kilian ; Villers-le-
Lac les Auberges *nobis.*

pinguis Agassiz *Études crit.* — O 2 : Pierrecourt, ar, Etallon ; Vercel, Ornans *nobis.*

? portlandica Etallon *Jura graylois* — Po 2 : Betterans,
Bucey-lez-Gy Noiron Germigney, ar ; très probablement identique à *incerta.*

 ˙ **Studeri** Agassiz, ˙ **suprajurensis** Leymeric, ˙ **tenera**
Agassiz, ˙ **tenuistriata** Deshayes, sont synonymes d'*incerta.*

ANATINA

arcensis Etallon *Jura grayl.* — V 1 : Arc. rr.
brevirostris Parisot Belfort 1877 — V : Belfort.
caudata Contejean 1858 — A 1 : Autrey, rr, Etallon — A 3 :
Montbéliard Contejean — Pt 1 : Lavottes *nobis* — V : Belfort
Parisot — V 2 : Montbéliard Contejean ; Arc, rr, Etallon — Po 1 :
Morteau *nobis.*

expansa Agassiz *Etudes crit.* — Pt 1; V 1-2 : Montbéliard Contejean.

helvetica Agassiz 1844, d'Orbigny 1847 — Pt 1-2; V 1-2 : partout, ac — Po 1 : Fuans *nobis*, très souvent désignée sous le nom d'*Arcomya helvetica*.

aff. helvetica Agassiz — R 2 : Belfort Parisot, rr.

insignis Contejean *Kim. Suppl.* — A 1 : Dole Jourdy — A 3 : Montbéliard; Dole.

parvula Etallon *Jura grayl.* — V 1 : Arc, c.

petrea Etallon *Jur. grayl.* — O 2 : Pierrecourt, r.

piricola Etallon *Jur. grayl.* — V 2 : Arc, ar.

quadrata Etallon *Jura grayl.* — Po 1 : Gray, rr.

sequanica Etallon *Jur. grayl.* — A 3 : Autrey, cc.

siliqua Agassiz *Etudes crit.* — O 2 : Scey-en-Varais Musée de Besançon.

sinuata Agassiz, Contejean 1858 — A 1 : Montbéliard.

solen Contejean 1858 — A 1 : Fontenois *nobis* — V 1-2 : Montbéliard.

spatulata Agassiz *Etudes crit.* — V 1 : Besançon Rollier.

striata Agassiz *Etudes crit.* — A 3 : Belfort Parisot — Pt 1 : Montbéliard Contejean — V 1 : Montbéliard; Chargey-lez-Autrey, rr, Etallon; Traves Petitclerc 88; feuille de Montbéliard Kilian.

undata Phillips 1829, d'Orbigny 1847 — O : Scey-en-Varais Besançon, Résal — O 2 : Mérey-sous-Montrond Oppel 66.

versipunctata Buvignier 1852 — A 1 : Montbéliard.

CEROMYA

bajociana d'Orbigny 1847 — Bj 1 : Coulevon Comberjon Petitclerc 1900.

' capreolata Contejean synonyme d'*excentrica*.

comitatus Contejean 1858 — V 1-2 : Montbéliard — ?R 2 : Belfort Parisot.

concentrica Sowerby 1825, d'Orbigny 1847 — Bt 2 : Rans *nobis* — C 1 : Besançon Choffat 78 — C 2 : Belfort Parisot.

cornucopia Contejean 1858 — V 1-2 : Montbéliard.

excentrica Voltz, Agassiz 1842 — A 2 : Lavottes *nobis* —

Assez répandue partout et à tous les niveaux, à partir de l'Astartien supérieur, jusque dans le Portlandien supérieur, surtout abondante dans le Ptérocérien.

globosa Buvignier 1852 — V 2 : Arc, rr, Etallon.

gregaria Rœmer *Nord. Oolit.* — Bj 2 : Vesoul Petitclerc 94.

' **inflata** Agassiz synonyme d'*Isocardia striata*.

nuda Contejean 1858 — Pt 1 : Montbéliard.

' **orbicularis** Rœmer, ' **obovata** d'Orbigny synonymes d'*Isocardia striata*.

percrassa Etallon *Jura grayl.* — Po 1 : Mantoche, r.

plicata Agassiz *Etudes crit.* — Bt 1 : Maiche Résal; Besançon Musée; Rollier. — C 2 : Belfort Parisot.

sphærica Contejean 1858 — V 2 : Montbéliard.

suprajurensis Etallon *Jura grayl.* — V 1 : Chargey-lez-Autrey, rr.

Sysmondii Morris et Lycett. *Moll. great Oolit.* — C 2 : Belfort Parisot.

undulata Morris et Lycett. *Moll. great Oolit.* — C 2 : Belfort Parisot.

GRESSLYA

abducta Phillips 1829 *Geol. Yorks* — Bj 1 : Montbéliard Contejean 62; Belfort Parisot; Coulevon Petitclerc 1900 — Bj 3 : Montbéliard; Belfort. — Bt 1 : Andelarre Petitclerc 1902 — C 2 ; K 1 : Belfort.

?astartina Etallon *Jura grayl.* — A 3 : Oyrières, rr; peut être identique à *Ceromya comitatus*.

Eyricina Agassiz *Etudes crit.* — Bj 1 : Salins Marcou.

latirostris Agassiz *Etudes crit.* — Bt 1 : Pagnoz Marcou.

lunulata Agassiz *Etudes crit.* — Bt 1 : Leffond Amange *nobis* — Bt 2 : Clerval.

major Agassiz *Etudes crit.* — Bj 1 : Pisseloup Petitclerc.

peregrina Phillips *Geol. Yorks.* — Calc. roux sabl. : Maiche Kilian 94 : feuilles de Montbéliard et de Ferette — C : Montbéliard Contejean 62; Belfort Parisot.

sulcosa Agassiz *Etudes crit.* — C 1 : Besançon Henry — O :

Besançon Résal — O 2 : partout dans les marno-calcaires à la base du sous-étage, ac. — R 1 : Belfort Parisot; Saône *nobis*.

unioïdes Goldfuss d'Orbigny 1847 — Bj 1-3 : Belfort Parisot.

Zieteni d'Orbigny 1847; synonyme d'*Amphidesma recurvum* Zieten *non* Phillips — Bj 1 : Salins d'Orbigny 50 — Bj 2 : Coulevon Longevelle, r, Petitclerc 94.

PLEUROMYA

Agassizii d'Orbigny *Prodrome* — Bj 3 : Belfort Parisot; synonyme d'*Arcomya calceiformis* Agassiz *non* Phillips.

Alduinii Al. Brongniart, Agassiz *Etudes crit.* — K 1 : Orain Sacquenay, ar, Etallon, sous le nom de *Brongniartina* — Po 1 : Haute-Saône Oppel 58.

· **Andouinii** Etallon synonyme p. p. de *donacina* et p. p. de *Greslyii*.

ararica Etallon *Jura grayl.* — O 2 : Pierrecourt, rr.

aranea Agassiz *Etudes crit.* — Bj 1 : Longevelle, r, Petitclerc 94.

· **Brongniartina** d'Orbigny synonyme d'*Alduinii*.

Buvigneri d'Orbigny 1847 — R 1 : Belfort Parisot, indiquée comme *Panopea*.

calceiformis Phillips *Geol. Yorks.* — Bj 2; C 2 : Belfort Parisot.

decurtata Phillips *Geol. Yorks* — Bj 1 : Belfort Parisot — Bj 2 : Coulevon Longevelle Petitclerc 94 — Bj 3 : Belfort — Bt 1 : Andelarre Petitclerc 1902 — C 2 : Belfort — ? R 1 : Belfort.

dilatata Phillips, d'Orbigny 1847 — Bj 1 : Comberjon Petitclerc 1900.

donacina Voltz, Agassiz *Etudes crit.* — R 1 : Vercel, r, *nobis* — A 1-3; Pt; V : partout, ac.

dubiensis Coquand Musée de Besançon, sous les noms génériques de *Panopea* et de *Pholadomya*. — Po 1 : Besançon Résal.

elongata Münster, Agassiz *Etudes crit.* — Bj 1 : Salins Marcou; Pisseloup Petitclerc; Belfort Parisot, sous le nom de *subelongata* — Bj 2 : Coulevon Comberjon Longevelle, ar, Petitclerc

94 — Bj 3 : Belfort Parisot, sous la désignation déjà employée par lui.

gibbosa Phillips, d'Orbigny 1847 (*Panopea*) — Bj 3 : Aveney Besançon Résal. — C 2 : Belfort Parisot.

aff. globata Terquem *Bath. de la Moselle* — Bj 1 : Comberjon, r, Petitclerc.

gracilis Terquem *Bath. de la Moselle* — Bt 1 : Andelarre Petitclerc 1902.

? grayensis Etallon *Jura grayl.* — Po 1 : Gray — Po 2 : Noiron ; peut être synonyme de *tellina*.

Gresslyi Agassiz *Études crit.* — Pt : la Chapelle Marcou — V 1 : Montbéliard Contejean, indiquée comme *Panopea*.

ʼ **Jurassi** Etallon *non* Agassiz, synonyme p. p. de *donacina* et p. p. de *tellina*.

Jurassi Brongniart, Agassiz *Études critiques* sous le nom de *Myopsis Jurassi* — Bj 1 : Comberjon, c, Petitclerc 1900.

ovalina Rœmer d'Orbigny 1847 (*Panopea*) — A 3 : Belfort Parisot.

peregrina d'Orbigny 1845 (*Panopea*) — R 1 : Belfort Parisot.

pholadina Agassiz *Études crit.* — Bj 1 : environs de Belfort Agassiz 40.

recurva Agassiz *Études crit.* — ? Bj 3 ; Bt 2 : Belfort Parisot — O 2 : Chamesol Agassiz 40 ; Salins Besançon, Marcou ; Pierrecourt, ar, Etallon, sous le nom de *subrecurva* ; — Arg : Mont-Chatelu (feuille d'Ornans) Kilian.

robusta Agassiz d'Orbigny 1847 (*Panopea*) synonyme d'*Arcomya robusta* Agas. — A 3 : Montbéliard Contejean — Pt 1-2 : Montbéliard ; Chargey-lez-Autrey, ac, Étallon — V 1 : Arc, Chargey, r ; Belfort Parisot. — V 2 : Montbéliard.

rugosa Rœmer, d'Orbigny 1847 (*Panopea*) — A 3 : Belfort Parisot.

sinistra Agassiz *Études crit.* — Bj 1 : Belfort Parisot — ? K 1 ; R 1 : même lieu, même auteur.

sinuosa Rœmer, d'Orbigny 1847 — O 2 : notre région Choffat 78 — A 1-3 ; Pt 1 : Belfort Parisot.

subcylindrica Etallon *Jura grayl.* — V 2 : Arc, r.

*** subelongata** d'Orbigny synonyme d'*elongata*.

subelongata Etallon *Jura grayl.* — R 1 : Champlitte, r; très voisine d'*elongata* et de *tellina*.

subovalis Münster, d'Orbigny 1847 (*Panopea*) — Bj 1 : Belfort Parisot.

*** subrecurva** Etallon synonyme de *recurva*.

tellina Agassiz *Études crit.* — R 1 : Belfort Parisot — A 1 : Belfort — A 3 : Montbéliard Contejean ; Belfort — Pt 1 : Belfort ; Fresne-Saint-Mamès, Mont-Saint-Léger Petitclerc 88, 85 ; Montbéliard ; Pointvillers, *nobis*. On peut dire, d'une façon générale, que cette espèce se rencontre partout, dans le Ptérocérien — V 1-2 : environs de Gray Etallon sous le nom de *Jurassi* Et., c. — Po 1 : Thurey *nobis* — Po 2 : Villers.

tenuistriata Agassiz 1842 — Bj 1 : Salins Haute-Saône, Doubs Marcou ; Morre Pouilley *nobis ?* ; Comberjon Petitclerc 1900 — K 1 : Dournon Choffat 78.

varians Agassiz *Études crit.* — O 2 : Pierrecourt, ar, Etallon ; notre région Choffat 78 ; Consolation *nobis* — Arg 1 : Villers-sous-Chalamont — R 1 : Vercel.

Voltzii Agassiz *Études crit.* — Pt 1-2 : Montbéliard Contejean ; Belfort Parisot. — V 1 : Montbéliard ; feuille de Montbéliard Kilian ; Belfort Parisot ; Avoudrey Consolation *nobis* — V 2 : Montbéliard.

PLECTOMYA

rugosa Rœmer *Nord. Oolit.* de Loriol *Juras. sup. Haute-Marne* — V 1 : Arc, r, Etallon sous le nom de *Goniomya subrugosa* — Po 1 : Mantoche, rr, Etallon ; Morteau (feuille d'Ornans) Kilian ; Villers *nobis* — Po 2 : Noiron Etallon ; ce dernier auteur la dénomme *Goniomya Barrensis*, dans le Portlandien. On l'a désignée aussi comme *Pholadomya rugosa*, Ph. *subrugosa* Ce n'est toutefois pas elle que M. Contejean a signalée sous ce nom dans l'Astartien de Montbéliard, mais *semirugosa*.

HOMOMYA

calceiformis Phillips 1835, Schlippe *Fauna des Bath.* —

Bj 1 : Comberjon Petitclerc 1900 — Bj 2 ; C 2 : Belfort Parisot.

crassiuscula Morris et Lycett *Moll. great Oolit.* — Bj 1 : Comberjon Petitclerc 1900 — Bt 2 : Besançon *nobis.*

* **compressa** Agassiz synonyme d'*hortulana.*

gibbosa Sowerby 1813. Agassiz *Études crit.* — Bt 1 : Leffond Rainans *nobis ;* Andelarre Petitclerc 1902, cc. — Bt 2 : partout commune.

gracilis Agassiz *Études crit.* — Pt 1 : Montbéliard Contejean ; Chargey-lez-Autrey, ar. Etallon — V 1 : Chargey, ar ; Belfort Parisot. — V 2 : Bouhans, r, Etallon.

hortulana Agassiz *Études crit.* — R 1 : Vercel *nobis,* indiquée comme *cf. hortulana* — A 3 ; Pt 1-2 ; V 1-2 : partout, c — Po 1 : Pontarlier *nobis.*

obtusa Agassiz *Études crit.* — Bj 1 : Salins Marcou ; Pisse-loup Petitclerc — Bj 2 : Coulevon Longevelle Petitclerc 94 — Bj 3 : Pouilley *nobis.*

portlandica Etallon *Jura grayl.* — Po 2 : Noiron, ac.

semirugosa Etallon *Jura grayl.* synonyme de *Lutraria rugosa* Goldfuss et de *Pholadomya rugosa* Contejean — A 3 : Montbéliard Contejean ; feuille de Montbéliard Kilian — Pt 1 : Montbéliard, sous cette dernière désignation — V 1 : Arc, r, Etallon. Le nom de *semirugosa* nous paraît devoir être adopté de préférence, pour éviter toute confusion avec *Plectomya rugosa.*

Vezelayi Lajoye, d'Archiac, Schlippe *Fauna des Bathon.* — Bj 2 : Belfort Parisot — Bt 1 : Andelarre Petitclerc 1902 — Bt 2 : Belfort — C 2 : Montbéliard Contejean 62 ; Belfort. Espèce souvent confondue avec *gibbosa.*

GONIOMYA

* **barrensis** Buvignier synonyme de *Plectomya rugosa.*

constricta Agassiz *Études crit.* — O 2 : Pierrecourt, r, Etallon ; Fontenois-lez-Montbozon Choffat 78 — R 1 : Champlitte Maire 1900.

Contejeani Etallon *Leth. Brunt.* — Pt 1 : Belfort Parisot ; Etalans *nobis* — V 1-2 : Montbéliard Contejean, sous le nom de

Pholadomya Agassizii — Kim : Salins, Marcou, sous celui de *Goniomya parvula* Agassiz.

Cornuelana Buvignier 1852 — V 1 : Chargey-lez-Autrey, rr, Etallon — V 2 : Arc, rr.

Duboisi Agassiz *Études crit.* — Bj 1 : Pisseloup ; Petitclerc, c — Bj 2 : Coulevon Longevelle 94. — ? O 2 : Belfort Parisot.

inflata Agassiz *Études crit.* — O 2 : Besançon *nobis*.

major Agassiz *Études crit.* — R 1 : Vaulgrenans Marcou.

* **parvula** Agassiz synonyme de *Contejeani*.

proboscidea Agassiz *Études crit.* — O 2 : Scey-en-Varais Musée de Besançon.

pudica Contejean 1858 — A 3 : Vaite, rr, Etallon ; Montbéliard Contejean — Pt 1-2 : Montbéliard Belfort — V 2 : Arc, rr, Etallon.

sinuata Agassiz *Études crit.* — Pt : la Chapelle Besançon Marcou (Pt 1 très probable).

* **subrugosa** d'Orbigny synonyme de *Plectomya rugosa*.

sulcata Agassiz *Études crit.* — Arg 1 : Boujailles *nobis* — R 1 : Saône Dole.

aff. trapezina Buvignier 1852 — K 1 : Baume-les-Dames *nobis*.

V scripta Sowerby, Agassiz *Études crit.* — Bj 1 : Comberjon Petitclerc 1900 — O 2 : Eternoz Marcou ; Besançon Agassiz ; Dole Musée de Besançon.

PHOLODOMYA

acuminata Hartman (Zieten), Mœsch *Monog. Pholad.* — K 1 : Orain Sacquenay, ar, Etallon sous le nom de *clathrata* — O 2 : Ornans Besançon Longemaison *nobis* — O 1 : Ferette les Piquerez Kilian, sous le nom de *clathrata*, 85.

acuticostata Sowerby Mœsch *Monog. Pholad.* — A 1-3 : Montbéliard Contejean — Pt 1 : Seveux Bronn 37 ; la Nantillère Ogérien ; Montbéliard Contejean — V : Haute-Saône Thirria — V 1 : Belfort Parisot — V 1-2 : Montbéliard ; Chargey-lez-Autrey Arc, c, Etallon.

* **Agassizii** Contejean synonyme de *Goniomya Contejeani*.

  ampla Agassiz synonyme de *lineata*.

  angulosa Agassiz synonyme de *Protei*.

angustata Sowerby, Moesch *Monog. Pholad.* — Bj 1 : Colombier Comberjon Coulevon Petitclerc 1900 ; Belfort Parisot.

  bavillersensis J. Kœcklin Parisot 1877 — C 2 : Belfort.

  bicostata Agassiz synonyme de *paucicosta*.

bucardium Agassiz, Moesch. *Monog. Pholad.* — Bj 1 : Pisseloup Petitclerc, désignée comme *obtusa ;* Belfort Parisot — Bt 1 : Salins Marcou ; Leffond *nobis* — C 2 : Montbéliard Contejean 62 ; la Grand'Combe *nobis*.

canaliculata Rœmer, Mœsch *Monog. Pholad.* — O 2 : partout, ac — Arg : Sombacourt *nobis* — R 1 : Besançon Vercel Dole *nobis* — A 1 : Crochot, rr, Etallon — A 2-3 : Montbéliard Contejean, sous le nom de *tumida* et sous celui d'*obliqua* — V 2 : Bouhans Autrey, r, Etallon.

  cancellata Agassiz ; * **cardissoïdes** Agassiz synonymes de *lineata*.

carinata Goldfuss, Moesch *Monog. Pholad.* — K 1 : Montbéliard Contejean 62 ; Belfort Parisot — O (O 2 probablement) : Clucy Marcou ; Besançon Résal.

  cingulata Agassiz synonyme d'*hemicardia*.

  clathrata Münster synonyme d'*acuminata*.

  complanata Agassiz synonyme p. p. de *decemcostata* et p. p. de *canaliculata*.

compressa Sowerby Mœsch *Monog. Pholad.* — Pt 1-2 : Montbéliard Contejean ; Maiche Kilian — V 1 : Montbéliard.

concentrica Rœmer *Nord. Oolit.* — Cité par Oppel sous la désignation d'*aff. concentrica* dans la zone à *Amm. transversarius* de Salins.

  concinna Agassiz synonyme d'*hemicardia*.

  constricta d'Orbigny synonyme de *Goniomya constricta* p. p. et aussi de *Goniom. sulcata* p. p.

  cor Agassiz synonyme de *paucicosta*.

  costellata Agassiz synonyme de *fidicula*.

crassa Agassiz, Mœsch *Monog. Pholad.* — Bj 3 : Besançon Rollier — Calc. roux sableux : Maiche ; feuille de Montbéliard

Kilian — C : Maiche Résal — C 1 : Besançon Henry, citée par tous les auteurs sous le nom de *texta*.

decemcostata Rœmer, Moesch *Monog. Pholad.* — O 2 : Belfort Parisot — R 1 : Rollier Besançon sous le nom de *recurva* — A 1 : Montbéliard Contejean ; Dole Jourdy ; Ecuelle, rr, Etallon. — A 2 : Dole — A 3 : Montbéliard, Dole — Pt 1-2 : Montbéliard — V 1-2 : Montbéliard — V 2 : Noiron, Etallon, ac. Désignée par MM. Contejean et Etallon comme *parvula* Rœmer (*non* Agassiz), par MM. Jourdy et Etallon comme *complanata*.

deltoïdea Sowerby, Mœsch *Monog. Pholad.* — Bt 1 : Leffond *nobis* — Bt 2 : Maiche ; feuille de Montbéliard Kilian.

depressa Agassiz Mœsch *Monog. Pholad.* — A 1 : Ecuelle, rr, Etallon — A 2 : Montbéliard Contejean ; Oyrières, rr, Etallon — A 3 : Montbéliard ; Oyrières, rr. — Pt 1 : Montbéliard.

' **echinata** Agassiz synonyme d'*hemicardia*.

Escheri Agassiz, Mœsch *Monog. Pholad.* — K 2 : Dournon Choffat 78.

exaltata Agassiz, Mœsch *Monog. Pholad.* — O 2 : partout où l'assise présente son facies franc-comtois — R 1 : Vercel *nobis* 82 ; Maiche Kilian.

fidicula Sowerby, Agassiz 1842 — Bj 1 : Haute-Saône Thirria ; Salins Marcou ; Montbéliard Contejean 62 ; Pisseloup Petitclerc ; Morre Fontain Salins *nobis* ; Belfort Parisot — Bj 2 : feuille de Montbéliard Kilian ; Coulevon Longevelle Petitclerc 94.

' **flabellata** Agassiz synonyme de *canaliculata*.

hemicardia Rœmer, Mœsch *Monog. Pholad.* — O 2 : partout ac ; indiquée par Oppel, dans la zone à *Am. transversarius* de Salins, sous le nom de *cingulata*. — R 1 : Champlitte Maire 1900 — A 2 : Oyrières, rr, Etallon (citée comme *echinata* et comme *tenera*) — Pt : Mont-Saint-Léger Petitclerc — V 1 : Chargey-lez-Autrey, rr, Etallon (citée comme *echinata*).

' **læviuscula** Agassiz synonyme de *lineata*.

lineata Goldfuss Mœsch *Monog Pholad.* — O 2 : partout cc — R 1 : Saône Dole Sombacourt *nobis* — A 1 : Ecuelle, rr, Etallon (citée comme *cancellata*) — A 3 : Belfort Parisot ; ? Sombacourt *nobis* — V 2 : Montbéliard Contejean (cit. com. *cancellata*).

˙ media Agassiz synonyme de *bucardium* p. p. et de *Murchisoni* p. p.

multicostata Agassiz Mœsch *Monog. Pholad.* — partout commune dans le Ptérocérien et le Virgulien — Po 1 : Fuans *nobis*.

Murchisoni Sowerby 1827 ; Mœsch *Monog. Pholad.* — Bj 1 : Salins d'Orbigny, comme *triquetra ;* Belfort Parisot — Bj 2 : environs de Vesoul Petitclerc 94 — Bj 3 : Haute-Saône Thirria ; Reydans Sampans Soye Belfort Saint-Hippolyte *nobis* — Bt 2 : Feuille de Montbéliard Maiche Kilian — C 1 : Besançon Choffat 78 — C 2 : Belfort ; les Combettes *nobis* — K 1 : Besançon Choffat ; Velloreille *nobis* ; Mathay Petitclerc 1900.

˙ myacina Agassiz synonyme de *Protei.*

Nymphacæa Agassiz, Mœsch *Monog. Pholad.* — Bj 1 : Salins Marcou.

nuda Agassiz *Etudes crit.* — C 2 : Belfort Parisot.

˙ obliqua Agassiz synonyme de *canaliculata.*

˙ obtusa synonyme de *bucardium.*

˙ Orbignyana Etallon synonyme de *paucicosta.*

ornata Goldfuss *Petrefact.* — K 1 : Orain, rr, Etallon.

ovulum Agassiz, Mœsch *Monog-Pholad.* — Bj 1 : Coulevon Comberjon Petitclerc 1900. — Bt 1 : Feuille d'Ornans Kilian — K 1 : Clucy Choffat 78 ; Velloreille *nobis*.

˙ parcicosta Agassiz synonyme de *paucicosta.*

˙ parvula Rœmer synonyme de *decemcostata* p. p. et d'*Ovulum* p. p.

paucicosta Rœmer, Mœsch *Monog Pholad.* — Partout très commune dans l'Oxfordien supérieur et dans le Rauracien inférieur, moins dans le Rauracien supérieur ; elle se rencontre aussi, mais moins répandue, à tous les niveaux de l'Astartien ; elle est abondante partout dans le Ptérocérien, mais devient rare dans le Virgulien. Etallon l'a signalée dans cet étage, comme très rare, à Autrey et à Arc, et nous en avons recueilli un exemplaire, à Avoudrey, sur le même horizon. Marcou l'indique dans le Portlandien de Salins, sous le nom de *trigonata.*

pectinata Agassiz Mœsch *Monog. Pholad.* — Pt 1 : Besançon Salins Marcou.

* **pelagica** Agassiz synonyme de *canaliculata*.

Protei Brongniart 1821, Mœsch *Monog. Pholad.* — Cette espèce a été recueillie à tous les niveaux de l'Astartien, à Montbéliard et aux environs de Gray, ainsi que dans l'Astartien supérieur de Besançon (Contejean, Etallon), mais elle y est rare ; elle est au contraire très commune dans le Ptérocérien et le Virgulien, et se trouve partout.

˙**recurva** Agassiz synonyme de *decemcostata*.

reticulata Agassiz, Mœsch *Monog. Pholad.* — Bj 1 : Morre, Pouilley *nobis* — Bj 2 : Longevelle Petitclerc 94.

rugata Quenstedt. *Jura* — C 2 : Belfort Parisot.

rugosa Pusch, Agassiz *Etudes crit.* — A 3 : Montbéliard Contejean ; feuille de Montbéliard Kilian — Pt 1 : Montbéliard.

˙**siliqua** Agassiz synonyme d'*angustata*.

* **similis** Agassiz synonyme de *canaliculata* p. p. et d'*hemicardia* p. p.

simplex Phillips *Geol. Yorck* — Kim : Haute-Saône Thirria.

socialis Morris et Lycett. *Moll. great Oolit* — C 2 : Belfort Parisot.

˙**striatula** Agassiz synonyme de *pectinata* p. p. et de *depressa* p. p. — A 3 : Belfort Parisot.

* **tenera** Agassiz synonyme d'*hemicardia*.

˙**texta** Agassiz synonyme de *crassa*.

˙**trapezicosta** Pusch, synonyme de *Goniomya inflata*.

tremula Buvignier 1852 — R 1 : Neuvelle, r, Etallon.

? **tricostata** Etallon *Jura grayl.* — K 1 : Orain Sacquenay, ar; probablement synonyme de *paucicosta*.

˙**trigonata** Agassiz ; * **truncata** Agassiz ; * **ventricosa** Goldfuss, synonymes de *paucicosta*.

˙**triquetra** Agassiz synonyme de *Murchisoni*.

˙**tumida** Agassiz synonyme de *canaliculata*.

˙**Zieteni** Agassiz synonyme de *filicula*.

ARCOMYA?

ararica Etallon *Jura grayl.* — Po 1 : Mantoche Gray, ac — Po 2 : Noiron Bellerans, ar.

gracilis Agassiz *Etudes crit.* — A 1-2-3 : Consolation Etalans Pierrefontaine *nobis*, c — Pt 1 : Pagnoz la Chapelle Marcou ; Larottes, Besançon, ac, *nobis* — V 1 : Besançon *nobis*. Est-ce l'espèce que M. Contejean signale dans l'Astartien inférieur de Montbéliard comme *Panopea gracilis ?*

lateralis Agassiz *Etudes crit.* — Bj 1 : Salins Marcou.

mantochensis Etallon *Jura grayl* — Po 1 : Mantoche, r.

quadrata Agassiz *Etudes crit.* — Pt 1 ; V 2 : Montbéliard Contejean, sous la désignation générique de *Panopea*.

QUENSTEDTIA

acuta Agassiz *Etudes crit.* (*Arcomya*) — Bj 1 : Salins Marcou.

ᵒmactroïdes Agassiz (*Mactromya*) synonyme d'*oblita*.

oblita Phillips, Waagen 1868 — Bj 1 : Comberjon 1900 — Bj 3 : Salins Marcou ; Besançon Rollier — C 2 : Montbéliard Contejean 62 : désignée par ces derniers comme *Mactromya mactroïdes*.

sinistra Agassiz *Etudes crit.* (*Arcomya*) — Bt 1 : Pagnoz Marcou.

sp. Petitclerc 1900 — Bj 1 : Comberjon.

PSAMMOBIA

compressa Etallon *Jura grayl.* — V 1 : Arc, rr.

ᵒconcentrica Rœmer synonyme de *Lucina rugosa*.

jurensis Etallon *Jura grayl.* — O 2 : Mailley, rr.

portlandica Etallon *Jura grayl.* — Po 1 : Gray, rr.

virgulina Etallon *Jura grayl.* — V 1 : Arc, ac.

securiformis Phillips. *Geol. Yorks.* (*Amphidesma*) — Bt 1 : Leffond *nobis* — C 1 : Epeugney Henry — C 2 : Belfort Parisot.

ASAPHIS

Thurmanni Contejean 1858 (*Leda*) Etallon *Let. Brunt.* (*Capsa*) — A 3 : Autrey, rr, Etallon — V 2 : Montbéliard Contejean.

TELLINA

barrensis Buvignier 1852 — Po 1 : Mantoche Champvans, c, Etallon — Po 2 : Noiron, c.

CYTHEREA

dolabra Phillips 1835 — Bj 1 : Comberjon Petitclerc 1900, ar.
gyensis Etallon *Jura grayl.* — Po 2 : Bucey Velleclaire, c.
Pandorina Buvignier 1852 — A 1 : Montbéliard Contejean, sous le nom générique de *Trigonella*.

VENERUPIS

ararica Etallon *Jura grayl.* — A 3 : Oyrières, rr.
corallensis Buvignier 1852 — R 2 : Theuley, r, Etallon, sous le nom de *jurensis*.
˙**jurensis** Etallon synonyme de *corallensis*.

CYPRICARDIA

acutangula Phillips, *Geol. Yorks* — Bj 1 : Belfort Parisot ; Comberjon, ar, Petitclerc 1900.
acuticarinata Terquem, *Bath. de la Moselle*. — Bt 1 : Andelarre Petitclerc 1902.
bathonica d'Orbigny 1847 — Bj 1 ; C 2 : Belfort Parisot.
gibberula Phillips, *Geol. Yorks* — Bj 1 : Belfort Parisot.
Lebruniana d'Orbigny 1847 — Bj 2 : Coulevon Petitclerc 94.
rostrata Sowerby, Morris et Lycett. *Moll. great Oolit.* — Bj 1 : Belfort Parisot ; Comberjon, ar, Petitclerc 1900.

ISOCARDIA

aalensis Quenstedt *Jura* — Bj 2 : feuille de Montbéliard Kilian ; Comberjon Petitclerc 94.
bajocensis d'Orbigny 1847 — Bj 1 : Comberjon Petitclerc, 94.

* **carinata** synonyme de *cornuta*.

clapensis Terquem *Bath. de la Moselle* — Bt 1 : Andelarre Petitclerc 1902.

cornuta Klœden 1834, de Loriol *Jurass. sup. Haute-Marne* — Pt : Chargey-lez-Autrey, Etallon, ac — Pt 1 : Belfort Parisot ; Besançon Pierrefontaine la Roche *nobis* — Pt 1-2 : Montbéliard Contejean, sous le nom générique de *Cyprina* — Kim (Pt 1 probable) : Aroz Mont-Saint-Léger Petitclerc 88 — V 1 : Chargey Etallon, c.

aff. Cottaldina de Loriol *Yonne* — Po 2 : Morteau *nobis*.

˙ **inflata** Voltz synonyme de *striata*.

jurensis Etallon *Jura grayl.* — R 1 : Chassigny, r.

lineata Münster, Goldfuss *Petref.* — R 1 : Chassigny Champlitte, rr, Etallon.

minima Sowerby 1839 — Bj 2 : Coulevon Petitclerc 94 — C 2 : Belfort Parisot.

striata d'Orbigny 1822 *Mem. Museum* — A 3 : Morteau Vercel *nobis* — Pt 1-2 : partout, cc — V 1 : Arc, cc, Etallon ; la Roche Avoudrey Morteau, *nobis* — V 1-2 : Montbéliard Contejean. Cette espèce a été désignée sous les noms de *Ceromya orbicularis* (Contejean Etallon) et *Cerom. inflata* (Contejean).

ANISOCARDIA

Clerei Cossmann et Petitclerc 1899 — Bj 1 : Comberjon, ac, Petitclerc 1900.

Legay Sauvage et Rigaux 1870. *Journ. de Conchyl.* — Po 2 : Villers-le-Lac Maillard 84.

nitida Phillips 1835, Schlippe *Fauna des Bath.* — Bj 1 : Comberjon Petitclerc 1900 — Bt 1 : Leffond *nobis*, indiquée comme cf. *nitida*.

tener Sowerby 1821, Schlippe *Fauna des Bath.* 1888. — Bj 1 : Belfort Parisot ; Comberjon Petitclerc 1900 — Bt 1 : Romange, ac, Marcou, désignée comme *Ceromya tenera* — K 1 : Belfort.

veneriformis de Loriol, Maillard *Invert. du Purbeck.* 1884 — Po 2 : Villers-le-Lac.

CYPRINA

acornis Etallon *Jura grayl.* — Po 1 : Gray, rr — Po 2 : Noiron. rr.

ararica Etallon *Jura grayl.* — R 2 : la Mouille, r.

Bertrandi Etallon *Jura grayl.* — O 2 : Mailley Rosey, ac.

Brongniarti Rœmer, Pictet et Renevier 1856 *Mat. pal. suisse* — Pt 1 : Montbéliard Contejean ; Besançon Etalans *nobis* — Pt 2 : Montbéliard — V 1 : Lods *nobis* — V 2 : feuille de Montbéliard Kilian, sous le nom de *Mactra Saussurei* — Po 1 : Mantoche Gray Valay, ar — Po 2 : Noiron Betterans Essertenne, cc.

Calliope d'Orbigny 1847 — O 2 : Besançon Oppel 66 ; Fontain d'Orbigny 50.

* **Contejeani** Etallon synonyme de *cornucopiæ*.

cornucopiæ Contejean 1858 (*Ceromya*) — A 1 : Belfort Parisot — V 1 : Montbéliard Contejean ; Chargey-lez-Autrey, rr, Etallon, sous le nom de *Contejeani* ; Arc, ar, Etallon, sous le nom de *Cornucopiæ* — V 2 : Montbéliard.

depressiuscula Morris et Lycett, *Mol. great Oolit.* — C 2 : Belfort Parisot.

Etalloni Contejean, Parisot 1877 — A 3 : Belfort.

* **fossulata** Cornuel synonyme de *Cyrena rugosa*.

globula Contejean 1858 — A 1 : Montbéliard ; Belfort Parisot ; Etalans Consolation Nans, ac, *nobis*.

grayensis Etallon *Jura grayl.* — Po 1 : Gray, ar — Po 2 : Noiron Essertenne, ar.

* **lineata** Contejean synonyme de *parvula*.

orainsis Etallon *Jura grayl.* — K 1 : Orain Percey, ar.

parvula Rœmer d'Orbigny 1848 — A tous les niveaux de l'Astartien et du Kimméridien de Montbéliard. Contejean, sous le nom de *lineata* — Pt 1 : Besançon *nobis* — V 1 : Chargey-lez-Autrey, ar — V 2 : Arc, r, Etallon, sous la désignation de *parvula* — Po 1 : Mantoche, Betterans, ar, Etallon, sous le nom de *semiparvula*.

* **semiparvula** Etallon synonyme de *parvula*.

securiformis Contejean 1858 — Pt 1 : Montbéliard Contejean ; Belfort Parisot ; Pt 2 : Montbéliard.

suevica Etallon *Leth. Brunt.* — V 1 : Chargey, rr — Po 1 : Villers le-Lac *nobis*.

tenuirostris Etallon *Leth. Brunt.* — A 1-2 : Dole Jourdy.

? tumidicornis Etallon *Jura grayl.* — Po 2 : Belterans, rr, Etallon ; très voisine d'aspect de *Ceromya comitatus*.

CYRENA

rugosa de Loriol. *Jurass. sup. Haute-Marne* — Po 2 : Noiron Fretigney, rr, Etallon, sous le nom de *Cyprina fossulata ;* Morteau Villers Maillard 84.

villersensis de Loriol 1865 *Etudes sur Villers* — Po 2 : Morteau Villers (feuille d'Ornans) Kilian.

PROTOCARDIA

purbeckensis de Loriol 1865 *Etudes sur Villers* — Po 2 : Villers-le-Lac, Maillard 84.

striatula Sowerby 1827, Waagen 1868. *Ueber die Zone des Am. Sowerbyi* — Bj 1 : Belfort Parisot, sous le nom de *Cardium substriatulum ;* Comberjon Petitclerc 1900.

vassiacensis de Loriol. *Jurass. sup. Haute-Marne* — Po 2 : Villers-le-Lac Maillard 84.

CARDIUM

argoviense Mœsch, Rollier 1883 — R 1 : Besançon.

axino-elongatum Thurmann *Leth. Brunt.* — Pt 1 : Besançon *nobis*.

bannesianum Thurmann *Leth. Brunt.* — A 1 : Montbéliard Contejean ; Crochot Ecuelle, rr, Etallon — A 3 : Montbéliard ; Vereux, rr, Etallon — Pt 1-2 : partout, cc — V 1 : Are, cc, Etallon ; Belfort Parisot.

? bulliforme Etallon *Jura grayl.* — Po 2 : Noiron, rr ; très voisin de *Verioli*.

concinnum Contejean 1858 — V 2 : Montbéliard.

consobrinum Terquem *Bathon. de la Moselle* — Bt 1 : Andelarre Petitclerc 1902.

corallinum Leymerie 1845. *Statistique Aube* — R 1 : Charcenne, rr, Etallon — R 2 : partout, ac. — A 3 : Montbéliard Contejean ; Vaite, r, Etallon ; Belfort Parisot ; Maiche Kilian 85 — Kim. (Pt 2 très probable) : Fresne-Saint-Mamès, Petitclerc 88 — V 2 : Montbéliard Contejean. Cette espèce se rencontre exclusivement dans les formations coralligènes.

dissimile Sowerby 1827 — Pt 1 : Fresne-Saint-Mamès Petitclerc 88.

diurnum Contejean 1858 — V 2 : Montbéliard ; aux Viellans, près d'Avoudrey, *nobis*.

Dufrenoyum Buvignier 1852 — Po 1 : Mantoche, rr, Gray, ar — Po 2 : Trembloy, ar, Etallon.

* **eduliforme** Rœmer, Etallon synonyme de *pesolinum*.

fontanum Etallon *Leth. Brunt.* — A 1 : Etalans *nobis* — A 3 : Dole Jourdy.

integrum Buvignier 1852 — O 2 : Fontenois-lez-Montbozon Choffat 78.

intertextum Münster, Goldfuss *Petrefact.* — R 2 : Belfort Parisot.

intextum Münster, Goldfuss *Petrefact.* 1838 — O 2 : Calmoutier Etallon, rr — R 2 : Belfort Parisot — V 1 : Mont-Saint-Léger Petitclerc 85.

Lotharingicum Buvignier 1852 — A 1 : Montbéliard Contejean ; Delain Ecuelle, ac, Etallon — A 2 : Oyrières, c.

Morriseum Buvignier 1852 — Po 1 : Gray, ar, Etallon — Po 2 : Fretigney, ar.

mosense Buvignier 1852 — A 3 : Montbéliard Contejean ; Belfort Parisot.

orthogonale Buvignier 1852 — A 1 : Montbéliard Contejean ; Belfort Parisot — A 3 : Montbéliard — Pt 1 : Montbéliard Belfort — V 1 : Montbéliard ; Arc, r, Etallon — V 2 : Montbéliard.

pesolinum Contejean 1858 — A 3 : Montbéliard — Pt : Chargey-lez-Autrey, ar, Etallon — Pt 1 : Besançon Etalans *nobis* — Pt 1-2 : Montbéliard — V 1 : Arc, cc, Etallon — V 1-2 :

Montbéliard — Po 1 : Avoudrey les Auberges Villers-le-Lac, *nobis*. Etallon cite cette espèce sous le nom d'*eduliforme*.

pigrum Etallon *Jura grayl.* — Po 2 : Germigney, r.

ˈ**pseudo-uxinus** Thurmann synonyme de *bannesianum*.

semiglabrum Phillips 1829 — A 1 : Belfort Parisot.

septiferum Buvignier 1852 — R 2 : Raucourt, ac. Etallon.

sequanicum Etallon *Jura grayl.* — A 1 : Oyrières, rr.

subdissimile d'Orbigny 1847 — K 1 : Orain Sacquenay Etallon, ar ; Belfort Parisot.

substriatulum d'Orbigny 1847 — Bj 1 : Belfort Parisot.

suprajurensis Contejean 1858. — A 1 : Dole Jourdy ; Belfort Parisot. — Pt : Chargey-lez-Autrey, ac, Etallon — Pt 1-2 ; V 1-2 : Montbéliard Contejean — V 1 : Arc, r, Etallon.

trigonellare Buvignier 1852 — A 3 : Montbéliard Contejean.

Verioti Buvignier 1852 — Po 1 : Gray, ar, Etallon ; Gilley Avoudrey Pontarlier *nobis* — Po 2 : Noiron, c, Etallon.

Villersense de Loriol *Etude sur Villers* — Po 2 : Morteau Villers de Loriol ; Kilian feuille d'Ornans.

TANCREDIA

donaciformis Lycett 1850. *Ann. Nat. Hist.* — Bj 1 : Comberjon Petitclerc 1900.

extensa Lycett 1850. *Ann. and Mag. Nat. Hist.* — Bj 1 : Comberjon, ac, Petitclerc 1900.

grayensis Etallon *Jura grayl.* p. 241 — Po 1 : Gray, rr ; indiquée sous le nom générique de *Palæomya*.

UNICARDIUM

Calliope d'Orbigny 1847 — Bj 1 : Belfort Parisot.

depressum Morris et Lycett. *Moll. great Oolit.* — C 2 : Belfort Parisot.

globosum Agassiz *Etudes crit*, sous la désignation de *Mactromya globosa* — K 1 : Orain Percey Etallon, ac — O 2 : Salins Marcou ; Choffat notre région ; Belfort Parisot ; Quingey *nobis*.

inflatum d'Orbigny 1847 — Bj 1 : Comberjon, ar, Petitclerc 1900.

inversum Goldfuss, d'Orbigny 1847 — Bj 1 : Belfort Parisot.

intumescens Etallon *Jura grayl.* — O 2 : Pierrecourt, r.

parvulum Lycett 1853 — Bj 1 : Comberjon, rr, Petitclerc
1900.

CORBIS

ararica Etallon *Jura grayl.* — Po 1 : Mantoche, ar.

Buvignier Deshayes 1850 — R 2 : Franois, r, Etallon.

crenata Contejean 1858 — A 3 : Montbéliard.

concentrica Buvignier 1852 — R 2 : la Mouille, r, Etallon.

Davonstiana d'Orbigny 1847 — Bj 1 : Comberjon, rr, Petitclerc 1900.

decussata Buvignier 1852 — R 2 : Montbéliard Contejean
62 : la Mouille, Theuley, r, Etallon — A 3 : Montbéliard 58.

Dionysea Buvignier 1852 — A 3 : Montbéliard Contejean.

episcopalis de Loriol 1891 *Moll. coral. inf.* — R 2 (*nobis*) :
Gilley Jaccard 92.

formosa Contejean 1858 —? R 2 : Belfort Parisot — Pt 2 :
Montbéliard Contejean.

gigantea Buvignier 1852 — R 2 : la Mouille, r, Etallon.

grayensis Etallon *Jura grayl.* — Po 2 : Noiron, rr.

'**portlandica** Coquand synonyme de *subclathrata*.

scobinella Buvignier 1852 — R 2 : la Mouille, r, Etallon.

subclathrata Buvignier *Mem. Verdun* II — Pt 1 : Pointvillers *nobis* — Pt 2 : Montbéliard Contejean ; feuille de Montbéliard
Kilian ; Morteau Consolation *nobis*.

subdecussata Buvignier *Mem. Verdun* II — R 2 : Belfort
Dorans Parisot.

trapezina Buvignier 1852 — ? R 2 : Belfort Parisot — Pt 2 :
Montbéliard Contejean.

ventilabrum Contejean 1858 — ? R 2 : Belfort Parisot —
Pt 2 : Montbéliard Contejean.

CORBICELLA

barrensis Buvignier, de Loriol *Yonne* — Po 2 : Villers-le-Lac Jaccard 69.

bathonica Morris et Lycett 1854. *Moll. great Oolit.* — Bj 1 : Comberjon Petitclerc 1900.

Moreana Buvignier 1852 — Po 2 : Villers-le-Lac Maillard 84.

Pellati de Loriol 1866 *Portland. Boulogne* — Po 2 : Villers Maillard 84.

subæquilatera Lycett 1857 — Bj 1 : Comberjon Petitclerc 1900.

LUCINA

balmensis Contejean 1858 — Pt 2 : Montbéliard.

bilunulata Etallon *Jura grayl.* — A 1 : Crochot, ar.

burensis P. de Loriol 1891 *Moll. coral. inf.* — R 1 : Montmahoux *nobis*.

circumcisa Zittel et Goubert, Choffat 1878 — O 2 : Fontenois-lez-Montbozon.

? densistriata Etallon *Jura graylois* — A 3 : Autrey, r ; très voisine de *plebeia*.

discoïdalis Buvignier 1852 — A 3 ; Pt 2 : Montbéliard Contejean.

elegans Contejean 1858 — V 1 : Montbéliard.

' **elsgaudiæ** Thurmann synonyme de *substriata*.

grayensis Etallon *Jura grayl.* — Po 2 : Noiron, rr.

' **imbricata** Contejean synonyme de *lamellosa*.

ingens Buvignier 1852 — R 1 : Besançon Résal.

jurensis d'Orbigny 1847 — Bt : Salins 50.

lamellosa Contejean 1858 — A 1 : Nans, *nobis* — Pt 2 : Montbéliard Contejean.

mandubiensis Contejean 1858 — A 3 ; Pt 2 : Montbéliard.

Orbignyana d'Archiac 1843 *Mem. Soc. géol.* — C 2 : Belfort Parisot.

percrassa Etallon *Jura grayl.* — A 3 : Oyrières, r.

perstriata Etallon *Jura grayl.* — Po 1 : Gray, rr.

pisiformis Terquem *Bath. de la Moselle* — Bj 1 : Comberjon Petitclerc 1900.

plana Zieten, Quenstedt *Jura* — Bj 3 : Belfort Parisot.

plebeia Contejean 1858 — A tous les niveaux de l'Astartien et du Kimméridien de Montbéliard, sauf dans l'Astartien moyen — A 3 : Belfort Parisot.

radiata Contejean 1858 — A 3 : Montbéliard.

rugosa Rœmer, de Loriol *Port. Yonne* p. 137, pl. 10, fig. 10-11 — A 3 : Besançon Contejean 58 — Pt 1-2 ; V 1-2 : partout, c — Po 1 : Mantoche Gray, ar, Etallon : les Auberges Gilley, *nobis·* Etallon désigne cette espèce sous le nom de *Psammolia concentrica ;* elle l'a été souvent aussi, sous celui de *Lavignon rugosum.*

striatula Buvignier 1852 — A 1 ; A 3 ; V 2 : Montbéliard Contejean.

substriata Rœmer *Nord. Oolit.* — A 1 : partout, cc — A 3 : Montbéliard Contejean ; Dole Jourdy — Pt : Chargey-lez-Autrey, r, Etallon — Pt 1-2 : Montbéliard — V 1 : Arc, cc, Etallon — V 1-2 : Montbéliard — Kim : Aroz Petitclerc 88.

tenuis Kock et Dunker 1837 *Beit. zur Kenn. Oolit.* — Bj 1 : Belfort Parisot : Comberjon, rr, Petitclerc 1900 — Bj 2 : Belfort.

Thevenini Etallon *Monog. cor.* — R 1 : Ovanches, r, *Jura grayl.*

zeta Quenstedt *Jura* — O 2 : Belfort Parisot.

Zieteni Quenstedt *Jura* — Bj 2 : environs de Vesoul Petitclerc, 94.

LUCINOPSIS

trigonalis Quenstedt *Jura* — Bj 1 : Belfort Parisot.

DICERAS

arietina Lamarck 1819 — R 2 : partout, c.

cf. arietina Lamarck — R 1 : Montécheroux *nobis.*

eximium Bayle — V : Aroz Traves Petitclerc 88.

incrassata Etallon *Jura grayl.* — A 3 : Oyrières, r.

? minor Deshayes 1838 — R 1 : Ovanches Etallon — R 2 : Hôpital-Saint-Lieffroy *nobis.*

portlandica Etallon *Jura grayl.* — Po 1 : Mantoche, ac — Po 2 : Essertenne Noiron, r.

sinistra Deshayes 1824 — O 2 (Chailles remaniées) : Haute-Saône Bronn *Leth. geog.* — R 2 : la Mouille, ac, Etallon.

suprajurensis Thurmann *Leth. Brunt.* — A 3 : Montbéliard Contejean — Pt : Dampierre-sur-Salon, r, Etallon — Pt 1 : Montbéliard ; Besançon Indevillers Levier *nobis* — Pt 2 : Montbéliard — V 2 : Montbéliard ; Belfort Parisot ; feuille de Montbéliard Kilian.

ursicina Thurmann *Leth. Brunt.* — R 1 : Ovanche, rr, Etallon — R 2 : Raucourt la Mouille, r.

OPIS

Archiacina Buvignier 1852 — R 1 : environs de Salins Choffat 78.

arduennensis d'Orbigny 1847 — O 2 : Belfort Parisot — R 1 : Chassigny, Prélot, ar.

bicarinata Buvignier 1852 *Statistique* — A 1 : Belfort Parisot.

cardissoïdes Goldfuss *Petrefact.* — O 2 : Belfort Parisot — R 1 : Champlitte Etallon, rr.

fringeliana Thurmann *Vie d'Ab. Gagnebin* — R 1 : Fertans, Nans-sous-Sainte-Anne *nobis*, ac ; indiquée comme *Diceras* par Thurmann.

Gaulardea Buvignier 1852 — A 3 : Etalans *nobis*.

longirostris Etallon *Jura grayl.* — R 1 : Chassigny Champlitte, c ; espèce voisine de *cardita acuticarinata*.

lunulata Sowerby 1819, Morris et Lycett, *Mol. from the great Oolit.* — Bj 1 : Comberjon Petitclerc 1900.

Michelinea Buvignier 1852 — A 3 : Montbéliard Contejean.

mosensis Buvignier 1852 — A 3 : Montbéliard Contejean Belfort Parisot.

Phillipsiana d'Orbigny 1847 — O 2 : Glère Kilian.

?sequanica Etallon *Jura grayl.* — A 3 : Autrey, rr ; espèce très voisine de *mosensis*, si elle ne lui est identique.

similis Sowerby 1819, Deshayes 1839 *Traité élément.* — Bj

1 : Belfort Parisot ; Comberjon, ar, Petitclerc 1900 — Bj 2 : Coulevon Petitclerc 94.

*** suprajurensis** Contejean, synonyme de *Cardita suprajurensis*.

trigonalis Sowerby 1824, d'Orbigny 1847 — Bj 1 : Salins d'Orbigny 50 ; Belfort Parisot.

virdunensis Buvignier 1852 — R 1 : Dole Amancey, ac, *nobis* — R 2 : Belfort Parisot.

PRÆCONIA

gibbosa d'Orbigny 1847, Vacek *Ueber die Fauna der Oolit. Cap.* 1886 — Bj 1 : Comberjon, rr, Petitclerc 1900 — Pt 2 : Montbéliard Contejean, sous le nom générique d'*Astarte*.

rhomboïdalis Phillips, Morris et Lycett *Moll. great Oolit.* — Bj 1 : Comberjon Petitclerc 1900 — C 2 : Belfort Parisot.

ASTARTE

arduennensis d'Orbigny 1847 — R 2 : la Mouille Etallon, r.

bajociana d'Orbigny 1847 — Bj 2 : feuille de Montbéliard Kilian ; Comberjon Petitclerc 94.

bruta Contejean 1858 — A 3 ; Pt 2 : Montbéliard — ? R 2 : Belfort Parisot.

bulla Rœmer *Nord. Oolit.* 1836 — O 1 : Belfort Parisot. Rœmer écrit *pulla*.

carinata Phillips 1829 — R1 : Belfort Parisot.

celtica Contejean 1858 — A 3 ; Pt 1-2 : Montbéliard.

cingulata Contejean 1858 — ? R 2 : Belfort Parisot — A 3 ; Pt 1-2 : Montbéliard — V 1 : Montbéliard ; Chargey-lez-Autrey Arc, c, Etallon — V 2 : Montbéliard — Kim : Aroz Petitclerc 88.

cuneata Sowerby 1816 — V 1 : Montbéliard Contejean.

detrita Goldfuss 1839 — Bj 1 : Belfort Parisot — Bj 2 : Comberjon Petitclerc 94 — Bt 1 : Andelarre 1902.

elegans Sowerby 1816, *non* Zieten — Bj 1-2 : Comberjon Petitclerc 1894-1900 — Bt 1 : Andelarre 1902.

excavata Sowerby 1819, d'Orbigny 1850 — Bj 1 : Belfort Parisot — Bj 2 : Comberjon Petitclerc 94.

exilis Terquem *Bath. de la Moselle* — Bt 1 : Andelarre Petitclerc 1902.

˙**gregarea** Thurmann synonyme de *supracorallina*.

Michaudiana d'Orbigny, Dollfuss *Kim. de la Hève* — Pt : Montbéliard Musée de Besançon.

minima Phillips 1835, Greppin *Bajoc. de Bâle* — Bj 1 : Comberjon Petitclerc — Bj 2 : Coulevon, ar.

˙**minima** Goldfuss *non* Phillips synonyme de *supracorallina*.

monsbeliardensis Contejean 1858 — A 3 ; Pt 1-2 ; V 1-2 : Montbéliard.

multiformis Rœder *Ter. à chailles* — O 2 : Glère Kilian.

˙**multistriata** Leymerie synonyme de *submultistriata*.

patens Contejean 1858 — ? R 2 : Belfort Parisot — Pt 1 : Montbéliard Contejean ; Pierréfontaine-les-Varans *nobis* — V 1 : Arc, rr, Etallon.

percrassa Etallon *Leth. Brunt.* — O 1 : notre région Choffat 78, ac — O 2 : Pierrecourt, ar, Etallon ; notre région Choffat.

pesolina Contejean 1858 — A 2-3 : Belfort Parisot — V 1-2 : Montbéliard Contejean — ? R 2 : Belfort.

˙**polymorpha** Contejean synonyme de *submultistriata*.

pumila Sowerby 1824 — C 2 : Haute-Saône Thirria.

regularis Contejean 1858 — ? R 2 : Belfort — V 2 : Montbéliard.

Renaudi Etallon *Jura grayl.* — O 2 : Gy, rr.

robusta Etallon *Leth. Brunt.* — R 2 : Theuley.

rotundata Rœmer 1836 — R 2 : Belfort Parisot.

rustica Valton, Lycett *Moll. great Oolit. Suppl.* — Bj 1 : Comberjon Petitclerc 1900.

sequana Contejean 1858 — A 3 ; Pt 1-2 ; V 1-2 : Montbéliard.

scalaria Rœmer *Nord. Oolit.* — A 3 : Montbéliard Contejean ; Belfort Parisot. — V 1 : Montbéliard.

studeriana P. de Loriol, Petitclerc 1888 — R 2 : Vanne Petitclerc.

submultistriata d'Orbigny 1847 — Astartien à tous les niveaux partout, cc ; plus commune dans le sous-étage inférieur.

subtrigona Münster Goldfuss *Petref.* 1834 — Bj 1 : Comberjon, rr, Petitclerc 1900.

supracorallina d'Orbigny 1847 — Astartien à tous les niveaux, partout ; même habitat et même fréquence que *submultistriata* qu'elle accompagne.

suprajurensis Rœmer, d'Orbigny 1847 — Pt ; V 1 : Chargey-
lez-Autrey, c, Etallon.

Tipha d'Orbigny 1847 — Bj 1 : Comberjon, rr, Petitclerc 1900.

undulata H. Coquand Musée de Besançon — Po : Bucey-
lez-Gy.

Voltzii Hœninghausd., Goldfuss 1839 — Bj 1 ; Bt 1 : Belfort
Parisot.

CARDITA

astartina Thurmann *Leth. Brunt.* — A 3 : Belfort Parisot —
Kim : Montbéliard, Musée de Besançon.

carinella Buvignier 1852 — A 1-2 : Montbéliard Contejean
— A 1 : Belfort Parisot.

incurva Buvignier 1852 — R 2 : Belfort Parisot.

lævigata Buvignier 1852 — R 2 : Belfort Parisot.

ovalis Quenstedt *Jura* — R 1 : Champlitte Chassigny, ar,
Etallon.

problematica Buvignier 1852 — R 1 : Amancey *nobis*.

suprajurensis Contejean 1858 sous le nom générique d'*O-
pis* — A 1 : Montbéliard — A 3 : Oyrières, r, Etallon — V 2 :
Montbéliard.

virgulina Thurmann *Leth. Brunt.* — A 3 : Belfort Parisot.

PLEUROPHORUS

corallinus Etallon *Jura grayl.* — R 1 : Champlitte, ar.

CARDINIA

oblonga Agassiz *Etudes crit.* — Bj : Salins Marcou.
sp Petitclerc 1902 — Bt 1 : Andelarre.

TRIGONIA

Alina Contejean 1858 — A 3 : Montbéliard Contejean ; Belfort Parisot — Pt 2 : Montbéliard ; feuille de Montbéliard Kilian — Kim : Aroz Petitclerc 88. Etallon (*Leth. Brunt*) considère cette espèce comme identique à *muricata*.

arduennensis Buvignier 1852 — Pt 1 : Belfort Parisot.

aspera Lamarck *Animaux sans vertèbres* — O 2 : Ray-sur-Saône, ar, Etallon ; Montbozon Hébert *Note sur les Trigonies* ; Fontenois-lez-Montbozon Choffat 78 ; Fontenois, cc, Vauchoux. Hôpital-Saint-Lieffroy, ac, *nobis*.

barrensis Buvignier 1852 — Po 1 : Betterans Mantoche Gray, ac, Etallon.

boloniensis P. de Loriol *Portlandien de Boulogne* 1866 — Po 1 : Morteau *nobis*.

Bronnii Agassiz *Etudes crit.* — O 2 : Besançon Parandier, *in* Agassiz — R 1 : Montbéliard Contejean 62.

clavellata Parkinson 1811, Agassiz *Etudes crit.* — O 2 : Haute-Saône Thirria ; Montbéliard Contejean 62 ; Morey Grand-velle Calmontier Rosey Mailley, ac, Etallon.

aff. **Clytia** d'Orbigny 1847 — Bj (Bj 1 probable) : Rougemont Petitclerc 1900.

concentrica Agassiz *Etudes crit.* — A 3 : Oyrières, rr, Etallon — Pt 1-2 : Montbéliard Contejean — V 1 : Montbéliard ; la Nantillère Ogérien ; Belfort Parisot ; Besançon *nobis* — V 2 : Montbéliard — Po 1 : Suziau Aiglepierre Marcou.

' **concinna** Rœmer synonyme de *truncata*.

Contejeani Thurmann *Leth. Brunt.* — V 1 : Arc, rr, Etallon ; la Roche, Lods, *nobis*.

costata Parkinson, Sowerby 1813 — Bj 1 : Belfort Parisot — Bj 2 : Coulevon, Froley Guillon Petitclerc 94 — Bj 3 : Montbéliard Contejean 62 ; Belfort ; Besançon Rollier — Bt 1 : Andelarre Petitclerc 1902 — K 1 : Belfort.

costatula Quenstedt *Jura* — R 1 : Chassigny, r, Etallon.

' **cuspidata** Sowerby synonyme de *concinna*.

cymba Contejean 1858 — V 1 : Montbéliard ; feuille de Montbéliard Kilian.

? duplicata Sowerby 1815 — Bj 1 : Belfort Parisot.

elongata Sowerby 1823 — K 1 : Salins d'Orbigny 30 ; Sacquenay Orain, ar, Etallon ; Belfort Parisot.

formosa Lycett 1859 *Journ. Soc. géol.* — Bj 1 : Longevelle Petitclerc 94 ; Coulevon Comberjon 1900.

aff. gemmata Lycett 1872 *Ann. and Mag. Hist. Nat.* — Bj 1 : Comberjon, r, Petitclerc 1900.

geographica Agassiz *Etudes crit.* — A 1 : Port-Lesney Pagnoz Marcou ; Montbéliard Contejean.

gibbosa Sowerby 1819 — A 3 : Montbéliard Contejean — V 2 : Bouhans Etallon, ar ; la Nantillère Ogérien.

Goldfussii Agassiz *Etudes crit.* — Bj 2 : Coulevon Comberjon Frotey Petitclerc 94 sous le nom de *litterata* Goldfuss, et 1900 sous celui de *Goldfussii*.

granigera Contejean 1858 — Pl 2 ; V 2 : Montbéliard.

` **grayensis** Etallon synonyme de *muricata*.

Greppini Etallon *Leth. Brunt.* — A 1 : Ecuelle, ar, Etallon ; Etalans *nobis*.

hemisphærica Lycett. *Monog. Brit. foss. Trigonies* — Bj 1 : Comberjon, rr, Petitclerc 1900.

interlævigata Quenstedt *Jura* — K 1 : Clucy Dournon Choffat 78.

Julii Etallon *Leth. Brunt.* — R 1 : Neuvelle, ar, Etallon.

Lamberti Petitclerc 1899. *Faune du Bajocien.* — Bj 1 : Comberjon, rr.

lineolata Agassiz *Etudes crit.* — Bj 1 : Comberjon Petitclerc 1900.

` **litterata** Goldfuss synonyme de *Goldfussii*.

monilifera Agassiz *Etudes crit.* — O 2 : Clucy Marcou ; environs de Besançon, Musée.

muricata Goldfuss, Rœmer *Nord. Oolit.* Suppl. — A 1 : Ecuelle Crochot Vars, ar, Etallon — Pl 1 : Montbéliard Contejean ; Etalans *nobis* — Pl 2 : Montbéliard — V 1 : Arc, ar, Etallon ; Avoudrey la Roche *nobis* — V 2 : Montbéliard — Po 1 : Mantoche, r, Etallon, sous le nom de *grayensis*.

˙ **papillata** Agassiz synonyme de *suprajurensis*.

Parckinsoni Agassiz *Études crit.* — A 3 : Valdahon *nobis* — Pt 1 : Valdahon — Pt 2 : Montbéliard Contejean — V 2 : Montbéliard — Po : Besançon d'Udressier *in* Agassiz.

parvula Agassiz *Études crit.* — O 2 : Besançon d'Udressier *in* Agassiz; Poupet Marcou; Calmoutier, ar, Etallon.

perlata Agassiz *Études crit.* — O 2 : Salins, Marcou; Fontenois, Choffat 78; Glère, Kilian.

Perroni Etallon *Jura grayl.* — Po 1 : Gray, r.

Phillipsii Morris et Lycett. *Moll. great Oolit.* — Bj 1 : Belfort Parisot.

picta Agassiz *Études crit.* — A 1 : Pagnoz Port-Lesney Marcou.

plicata Agassiz *Études crit.* — A 3 : Montbéliard Contejean — Pt : Besançon d'Udressier *in* Agassiz ; Buffard Marcou.

pseudocyprina Contejean 1858 — V 1 : Montbéliard.

pulchella Agassiz *Études crit.* — Bj 1 : Besançon Oppel 58.

radiata Etallon *Jura grayl.* — O 2 : Charcenne, r.

reticulata Agassiz *Études crit.* — O : Chateluz Agassiz.

signata Agassiz *Études crit.* — Bj 1 : Belfort Parisot — Bj 2 : Coulevon Comberjon Petitclerc 94.

spinifera d'Orbigny 1847 — O 2 : Glère Kilian; feuille de Montbéliard.

striata Sowerby 1819 — Bj 1 : Salins Marcou ; Belfort Parisot; Coulevon Comberjon Petitclerc 1900.

subconcentrica Etallon *Leth. Brunt.* — Po 1 : Fuans, Gilley *nobis*.

subcostata Leymerie *Aube* — Kim (V 1 probable) : Aroz Petitclerc 88; considérée par d'Orbigny (*Prodrome*) comme synonyme de *Meriani* Agass.

subglobosa Lycett 1850. *Ann. and Mag. Hist. Nat.* — Bj 1 : Comberjon, rr, Petitclerc 1900.

sublitterata Goldfuss *Petrefact.* — V 1 : Arc, rr, Etallon.

? subtruncata Etallon *Jura grayl.* — A 3 : Oyrières, r; peut être identique à *concinna*.

suevica Quenstedt *Jura* — V 2 : Bouhans, c, Etallon.

suprajurensis Agassiz *Études crit.* — O 2 : Salins, Marcou,

sous le nom de *papillata* ; Belfort Parisot — R 1 : Vercel *nobis*,
sous la même désignation — A : la Chapelle Mouchard Marcou
— A 1 : Belfort ; Etalans *nobis* — A 2 : Oyrières, rr, Etallon ; Bel-
fort — A 3 : Montbéliard Contejean ; Belfort ; Oyrières, r —
Kim : Aroz Petitclerc 88 — Pt 1 : Montbéliard ; Belfort ; Mont-
Saint Léger Petitclerc 85 ; Morteau *nobis* — Pt 2 : Montbéliard
— V 1 : Montbéliard ; Arc, ac, Etallon ; Belfort ; Mont-Saint-
Léger ; feuille de Montbéliard Kilian ; la Roche *nobis*.

Thurmanni Contejean 1858 — Pt 2 : Montbéliard Contejean
— V 1 : Montbéliard ; feuille de Montbéliard Kilian ; Longeville
nobis.

truncata Agassiz *Etudes crit.* — R 1 : Hôpital-Saint-Lieffroy
nobis — A 1 : Montbéliard Contejean ; Belfort Parisot ; Oyrières,
r, Etallon ; Montcley Ornans *nobis* — A 2 : Oyrières, rr ; Ornans.
— A 3 : Montbéliard ; Oyrières, ar ; Belfort. — Pt 1 : Montbéliard ; Belfort — Pt 2 : Montbéliard — V 1 : Montbéliard ; Arc,
c, Etallon ; Longeville *nobis* — V 2 : Montbéliard ; Arc, ar ; feuille
de Montbéliard Kilian. M. de Loriol (*Yonne*) identifie cette espèce à *concinna*, nom sous lequel elle a été signalée par Etallon
à Oyrières.

undulata Fromherz, Agassiz *Etudes crit.* — C 2 : Besançon
Henry ; Rollier.

Voltzii Agassiz *Etudes crit.* — Pt : Besançon, Parandier *in*
Agassiz.

LEDA

acuta (*Dacryomya*) Merian P. de Loriol *Oxford. du Jura bernois* — O 1 : Tarcenay *nobis*.

? Doris d'Orbigny 1847 — O 1 : Belfort Parisot.

lacryma Sowerby 1824, d'Orbigny 1847 — O 1 : Champlitte,
rr. Etallon.

lacrymæformis Ræmer *Nord. Oolit.* — O 1 : Montaigu
Aroz Petitclerc 86-88 ; Besançon Rollier, désignée par les deux
auteurs sous le nom de *nuda*.

Moreana d'Orbigny 1847 — O 1 : Belfort Parisot.

nuda d'Orbigny synonyme de *lacrymæformis*.

Oppeli Etallon *Jura gray'o's* p. 97 — O 1 : Granvelle, rr ;

notre région Choffat 78 ; Glère Kilian, sous le nom de *palmæ*.

' **palmæ** Sowerby 1824 synonyme d'*Oppeli* ; *L. palmæ* est une espèce de carbonifère, d'après d'Orbigny (*Prodrome*, I, p. 130), c'est pourquoi il nous paraît préférable d'appliquer à notre espèce oxfordienne le nom sous lequel Etallon l'a désignée.

' **Thurmanni** Contejean synonyme d'*Asaphis Thurmanni*.

NUCULA

Calliope d'Orbigny 1847 — K 1 : Besançon d'Orbigny 50 ; Belfort Parisot — O 1 : Belfort.

Dewalquei Oppel *Juraformation* — O 1 : Champlitte, ar, Etallon ; Salins Marcou, sous le nom d'*Hammeri*.

Electra d'Orbigny 1847 — O 1 : Besançon d'Orbigny 50 ; notre région Choffat 78.

' **Hammeri** Defrance synonyme de *Dewalquei*.

intermedia Münster Rœmer *Nord. Oolit.* — K 1 : Velloreille *nobis* — O 1 ; O 2 : Grandvelle, rr, Etallon.

lenticula Contejean 1858 — A 2 : Montbéliard Contejean ; Belfort Parisot ; lumachelles à Astartes.

Menckei Rœmer *Nord. Oolit.* — O 1 : Glère Kilian — Kim : Aroz Petitclerc 88 — Pt 1 : Montbéliard Contejean — V 1 : Chargey-lez-Autrey Feurg, ar, Etallon.

musculosa Kock, Marcou *Jura salinois* — O 1 : Eternoz.

nucleûs Deslongchamps 1837 — *Mem. Soc. Linn.* Bj 1 : Belfort Parisot ; Comberjon Petitclerc 1900 — Bj 2 : Longevelle Petitclerc 94.

ornati Quenstedt *Jura* — O 1 : Ferette Glère Kilian.

pectinata Sowerby 1813 — O 1 : Besançon Boyé ; Quenoche *nobis*.

subovalis Goldfuss 1838 d'Orbigny 1848 — O 1 : Clucy Marcou : Tarcenay Palente, Musée de Besançon.

subvariabilis Etallon *Jura grayl.* — K 1 : Orain, ar ; espèce voisine de *variabilis*.

suevica Oppel. *Juraformation* — Bt 1 : Leffond *nobis*.

variabilis Sowerby 1824 — C 2 : Belfort Parisot.

MACRODON

alsaticus Rœder *Ter. à chail.* — O 2 : Glère, r, Kilian.

elongatum Sowerby 1824, Greppin *Foss. du Bajoc. de Bâle* — Bt 1 : Andelarre Petitclerc 1902, rr.

hirsonnensis (*Beushausenia*) d'Archiac 1842, Morris et Lycett *Moll. great Oolit.* — Bj 1 : Comberjon Petitclerc 1900 — Bt 1 : Andelarre 1902, ar.

hirsonnensis var. **rugosa** Morris et Lycett. *Moll. great Oolit.* Suppl. — Bj 1 : Comberjon Petitclerc 1900, rr.

CUCULLÆA

concinna Phillips 1829 — K 1 : Orain, rr, Etallon ; Velloreille *nobis* — O 1 : partout commune — O 2 : Pierrecourt Calmoutier Charcenne, ac, Etallon ; notre région Choffat 78 ; Glère Kilian ; Belfort Parisot : Besançon Rollier.

ISOARCA

eminens Quenstedt *Jura* — R 1 : Champlitte, ac, Etallon.

striatissima Quenstedt *Jura* — K 1 : Orain, r, Etallon.

textata Goldfuss, Quenstedt *Jura* — R 1 : Champlitte Chassigny, ar, Etallon.

tumida Etallon *Jura grayl.* — R 1 : Chassigny, ar.

ARCA

castellinensis Contejean 1858 — A 1 : Montbéliard.

cruciata Contejean 1858 — V 1 : Montbéliard, rr.

cuneolata Etallon *Jura grayl.* — A 3 : Oyrières, rr.

cucullata Münster, Goldfuss *Petrefact.* — O 1 : Geraise Saraz, Marcou.

fracta Goldfuss *Petrefact.* — R 2 : la Mouille, r, Etallon.

Gagnebini P. de Loriol. *Oxfordien du Jura bernois* 1899 — O 1 : Labergement-du-Navois *nobis*.

Goldfussii Rœmer 1836, d'Orbigny 1847 — Bj 1 : Belfort Parisot.

grayensis Etallon *Jura grayl.* — Po 1 : Gray, ar.

Haliæ d'Orbigny 1847 — K 1 : Montbéliard Contejean 62.

hians Contejean 1858 — A 1-3 : Montbéliard, rr.

˙ **janiroïdes** Etallon synonyme de *pectinata*.

Janthe d'Orbigny 1847 — O 2 : Percey-le-Grand, *nobis* — R 1 : Amancey Musée de Besançon ; Résal.

˙ **Langei** Thurmann synonyme de *sublata*.

liasina Rœmer *Nord. Oolit.* — Bj 1 : Salins, Besançon Oppel *Juraformation*.

lineata Goldfuss *Petrefact.* — Bj 1 : Belfort Parisot sous le nom de *sublineata*.

longirostris Rœmer *Nord. Oolit.* — A 3 ; Pt 1-2 : Montbéliard Contejean — Pt 1 : Belfort Parisot — V 1 : Arc, c, Etallon.

macropygia Contejean 1858 — A 3 : Montbéliard, c.

minuscula Contejean 1858 — ? R 2 : Belfort Parisot — A 1 : Belfort — A 2 : Montbéliard ; lumachelles à Astartes.

mosensis Buvignier 1852 — A 3 ; V 2 : Montbéliard Contejean.

nobilis Contejean 1858 — A 3 : Montbéliard ; Belfort Parisot — Pt 1 : Montbéliard ; Chargey-lez-Autrey, ac, Etallon ; Mont-Saint-Léger Petitclerc 85 ; Belfort. — V 1 : Chargey-lez-Autrey, ac. — Kim : Aroz Petitclerc 88.

Nostradami Contejean 1858 — A 1 : Montbéliard.

oblonga Sowerby, Goldfuss *Petrefact.* — Bj 1 : Belfort Parisot ; Coulevon Comberjon Longevelle Petitclerc — Bj 3 : Belfort.

˙ **Oppeli** Etallon synonyme de *reticulata*.

ovalis Rœmer *Nord. Oolit.* suppl. — Pt 1 : Montbéliard Contejean ; Belfort Parisot — V 1 : Arc, c, Etallon, sous le nom de *Patrueli*.

Parandieri Etallon *Jura grayl.* — O 2 : Rosey, ar.

parvula Münster, Zieten *Wurtemb.* — O 1 : Clucy Marcou ; Glère Kilian.

˙ **Patrueli** Deshayes synonyme d'*ovalis*.

pectinata Münster, Goldfuss *Petrefact.* — R 2 : Theuley Raucourt Etallon, sous le nom de *Janiroïdes*, r.

Phillipsiana d'Orbigny 1847 — O 2 : Belfort Parisot.

portlandica Etallon *Jura grayl.* — Po 1 : Mantoche, r.

reticulata Quenstedt *Jura* — R 1 : Champlitte, r, Etallon sous le nom d'*Oppeli.*

retusa Contejean 1858 — V 1 : Montbéliard, r.

rhomboïdalis Contejean 1858 — A 1-2-3; Pt 1-2; V 1-2 : Montbéliard — A 1 : Belfort, Parisot — Kim : Aroz Petitclerc 88 V 1 : Chargey-lez-Autrey, r, Etallon.

ringens Thurmann Marcou *Jura salinois* — R : Vaulgrenans.

rudis Sowerby 1824, d'Orbigny 1847 — C 2 : Belfort Parisot.

rugosa Contejean 1858 — A 3 ; V 2 : Montbéliard.

rustica Contejean 1858 — V 2 : Montbéliard — Kim : Aroz Petitclerc 88 — ? R 2 : Belfort Parisot.

semitexta Etallon *Jura grayl.* — Po 1 : Gray, rr — Po 2 : Noiron, ar.

subconcinna d'Orbigny 1847 — Bj 1 : Comberjon, r, Petitclerc 1900.

subdecussata Münster, Goldfuss *Petrefact.* — O 1 : notre région Choffat 78 — R 2 : Belfort Parisot.

cf. subdecussata Münster — O 2 : notre région Choffat 78.

sublata d'Orbigny 1847 — Pt 1 : Montbéliard Contejean, sous le nom de *Langii.*

' sublineata d'Orbigny synonyme de *lineata.*

subparvula d'Orbigny 1847 — O 1 : Belfort Parisot.

subreticulata d'Orbigny 1847 — Bj 1 : Comberjon Petitclerc 1900, ar.

superba Contejean 1858 — V 1 : Montbéliard.

texta Rœmer, d'Orbigny 1847 — ? R 2 : Belfort Parisot — A 2 : Oyrières, rr, Etallon — A 3 : Montbéliard Contejean ; Belfort. — Kim : Aroz Petitclerc 88 — Pt : Mont-Saint-Léger Petitclerc — Pt 1-2 ; V 2 : Montbéliard — V 1 : Chargey-lez-Autrey, ac, Etallon.

Thurmanni Contejean 1858 — A 1 : Montbéliard — ? R 2 : Belfort Parisot.

PINNA

ampla Sowerby 1812 — Bj 1 : Comberjon Petitclerc 1900, cc — Bt 1 : Andelarre, cc, 1902 — ? R 1 : Belfort.

ˈ**ampla** Goldfuss synonyme de *granulata*.

bannesiana Thurmann *Leth. Brunt.* — A 3 ; Pt 1-2 : Montbéliard Contejean — Pt : Mont-Saint-Léger Petitclerc.

barrensis Buvignier 1852 — P 2 : Noiron, r, Etallon.

ˈ**crassitesta** Thurmann synonyme de *Trichites giganteus*.

cuneata Bean, Phillips *Geol. Yorks* — Bj 2 : Coulevon Petitclerc 94, rr — ? K 1 : Belfort Parisot.

granulata Sowerby 1822 synonyme de *ampla* Goldfuss — R 1 : le Crouzet Choffat désignée comme *ampla* — A 1 : Autrey, c, Etallon, Belfort Parisot — A 3 : Montbéliard Contejean : Belfort — Kim : Aroz Petitclerc, ac, 88 — Pt : Chargey-lez-Autrey, r, Etallon ; Mont-Saint-Léger — Pt 1-2 : Montbéliard — V : Mont-Saint-Léger — V 1-2 : Montbéliard — Po 1 : Gray Arc Etallon, r.

intermedia Etallon *Leth. Brunt.* — Kim : Aroz Petitclerc 88 — V 1 : Arc, ar, Etallon.

lanceolata Sowerby 1821 — Pt 1 : Belfort Parisot.

obliquata Deshayes 1839 *Traité élément.* — A 3 : Montbéliard Contejean.

pesolina Contejean 1858 — A 3 : Belfort Parisot — V 2 : Montbéliard.

radiata Münster, Goldfuss *Petrefact.* — O 2 : Gy. rr, Etallon.

socialis d'Orbigny 1847 — V 1 : Arc, cc, Etallon.

?semigranulata Etallon *Jura grayl.* — R 1 : Champlitte ; bien voisine de *granulata*, rr.

suprajurensis d'Orbigny 1847 — Po 1 : Mantoche Champvans, r, Etallon.

TRICHITES

bathonicus d'Orbigny 1847 (*Pinnigena*) — Bj 2-3 : Bt 1-2 : Belfort, c. Parisot.

giganteus Quenstedt *Jura* — R 1 : partout, c.

Saussurei Deshayes 1838 *Traité élément.* — de l'Astartien supérieur au Virgulien inclusivement ; partout, c : indiqué quelquefois sous la désignation générique de *Pinna* et de *Pinnigena*.

MYOCONCHA

crassa Sowerby 1824 — Bj 1 : Comberjon Petitclerc 1902.

crassirostris Etallon *Jura grayl.* — O 2 : Pierrecourt, c.

elongata Morris et Lycett. *Moll. great Oolit.* — Bj 1 : Belfort Parisot.

perlonga Etallon *Leth. Brunt.* — R 1 : Champlitte, ar — Besançon *nobis*, r.

pinguis Etallon *Jura grayl.* — K 1 : Orain Sacquenay, ac.

siliqua Contejean 1858 — A 3 : Montbéliard, rr.

striatula Münster, Goldfuss 1838, d'Orbigny 1847 — Bj 1 : Comberjon Petitclerc 1900.

texta Etallon *Jura grayl.* — R 2 : la Mouille, rr ; ne diffère pas de *compressa* d'Orbigny.

LITHOPHAGUS

angustatus Etallon *Jura grayl.* — A 1 : Autrey, r — A 2 : Oyrières, c.

Buvigneri Etallon *Monog. Cor.* — R 1 : Champlitte, r — R 2 : la Mouille, r.

gracilis Etallon *Jura grayl.* — Po 1 : Gray, ac.

gradatus Buvignier 1852 — R 2 : Belfort Parisot.

inclusus Phillips Etallon *Jura grayl.* — R 1 : Champlitte, r — R 2 : la Mouille, r.

incurvus Etallon *Jura grayl.* — O 2 : Pierrecourt, rr.

inornatus Etallon *Monog. Cor.* — R 2 : la Mouille Theuley Raucourt, c.

minutus Etallon *Jura grayl.* -- R 1 : Grandecourt, r.

ovulinus Etallon — O 2 (Chailles) : Rosey Fretigney, ac.

socialis Thurmann *Leth. Brunt.* (*Lithodomus*) — A 1 (R 2 *nobis*) : Dournon Choffat 78 — A 3 : Belfort Parisot.

subcylindricus Buvignier 1852 — R 1 : Champlitte Maire 1900.

umbonatus Etallon *Jura grayl.* — Po 1 : Gray, r.

ventricosus Etallon *Jura grayl.* — Po 1 : Gray Mantoche Champvans, c.

MODIOLA

acinaces Leymerie 1846 *Statistique Aube* — A 1-3 : Montbéliard Contejean ; Belfort Parisot — V 2 : Montbéliard.

bipartita Sowerby 1821 — ? Bj 1 : Belfort Parisot — O 2 : Glère Kilian.

gibbosa Sowerby 1818 — Bj 1 : Pisseloup Petitclerc — Bj 2 : Comberjon Longevelle 94 — Bt 1 : Andelarre 1902 — K 1 : Belfort Parisot — ? Po : Haute-Saône Thirria, sous le nom de *cuneata*.

gigantea Quenstedt *Jura* — Bj 1 : Belfort Parisot.

gregaria Goldfuss 1838 — Bj 1 : Belfort Parisot ; Pisseloup Petitclerc — Bj 2 : Coulevon 94 — Bj 3 : Belfort.

imbricata Sowerby 1818 — Bj 1 : Comberjon Petitclerc 1900 Bj 3 : Besançon Rollier — ? C 2 ; K 1 ; O 2 ; R 2 : Belfort Parisot.

perplicata Etallon *Leth. Brunt.* — Astartien, Ptérocérien et Virgulien, à tous les niveaux : partout, ac ; désignée souvent comme *Mytilus plicatus* ou *Modiola plicata*, par confusion avec l'espèce suivante.

plicata Sowerby 1819 — Bj 1-2-3 : partout, c — Bt 1 : Andelarre Petitclerc 1902 ; indiquée souvent sons le nom de *Sowerbyana* d'Orbigny. Citée dans l'Oolithe supérieure (Bronn, Marcou Contejean) par suite d'une confusion avec *perplicata*.

pulchra Phillips *Geol. Yorks.* — Bj 1 ; C 2 : Belfort Parisot.

scalata Waagen 1868. *Ueber Zone Amm. Sowerbyi* — Bj 1 : Comberjon, r, Petitclerc 1900.

ˈ**scalprum** Sowerby synonyme de *subæquiplicata*.

semisulcata Buvignier 1852 *Statist.* — R 2 : Belfort Parisot.

ˈ**Sowerbyana** d'Orbigny synonyme de *plicata*.

striolaris Merian O. Schlippe *Fauna des Bath.* — Bt 1 : Rainans *nobis*.

subæquiplicata Strombeck, Rœmer *Nord. Oolit.* — A 1 : la Chapelle Marcou ; Dole Jourdy ; Etalans Consolation *nobis ;* Belfort Parisot — A 3 : Montbéliard Contejean ; Belfort ; Consolation - Pt 1-2 : partout, ac. — Po : Fresne-Saint-Mamès, Bronn.

subcylindrica Buvignier 1852 *Statist.* — R 2 : Belfort Parisot.

tenuistriata Münster, Goldfuss *Petrefact.* — Bt 1 : Montarlot-lez-Champlitte *nobis* — C 2 : Belfort Parisot.

Thirriai Voltz; Thurmann *Leth. Brunt.* — Kim; Po : Haute-Saône Thirria.

villersensis Oppel. *Juraform.* — R 1 : Besançon Rollier. — D'après Oppel, cette désignation est synonyme d'*imbricata* d'Orbigny *non* Sowerby.

MYTILUS

æquistriatus Etallon *Jura grayl.* — Po 1 : Saint-Vallier, r.

asper Sowerby 1818 — Bj 2-3 : Belfort Parisot — Bt 1 : Andelarre Petitclerc 1902 — C 2 ; K 1 : Belfort.

belfortinus J. Kœchlin, Parisot 1877 — R 2 : Belfort.

compressus Goldfuss *Petrefact.* — Bj 2 : Belfort Parisot.

Cornueli Etallon *Jura grayl.* — Po 2 : Noiron, r.

corrugatus Contejean 1858 — A 1-3 ; V 2 : Montbéliard — ? R 2 : Belfort Parisot.

essertinus Kœchlin, Parisot 1877 — Bj 3 : Belfort.

falciformis Etallon *Jura grayl.* — R 1 : Ovanches, r.

fornicatus Rœmer *Nord. Oolit.* — A 1 (R 2 *nobis*) : Dournon Choffat 78.

furcatus Münster, Goldfuss *Petrefact.* — Pt 2 : Belfort Parisot.

icaunensis P. de Loriol *Portland. Yonne* — Po 2 : Villers-le-Lac, Jaccard 69.

intermedius Thurmann *Leth. Brunt.* — A 1 : Pont-de-Roide *nobis*.

jurensis Merian, Rœmer *Nord. Oolit.* — A 1 : la Chapelle Marcou; Montbéliard Contejean; Belfort Parisot; Besançon Pont-de-Roide *nobis* — A 3 : Montbéliard; Belfort. — Pt 1-2 : partout cc.

longævus Contejean 1858 — A 1 : Montbéliard ; Autrey Etallon, rr. — A 3 : Montbéliard ; Chargey-lez-Autrey, rr — V 1-2 : Montbéliard — V 2 : Arc, r, Etallon.

Lonsdalii Morris et Lycett. *Moll. great Oolit.* — C 2 : Ornans *nobis*.

Meriani Etallon *Jura grayl.* — R 1 : Champlitte Neuvelle, ac.

Parisoti Kœchlin, Parisot 1877 — Bj 3 : Belfort.

* **pectinatus** synonyme de *subpectinatus*.

percrassus Etallon — O 2 : Grandvelle, rr.

portlandicus d'Orbigny 1847 — Po 1 : Gray Mantoche, cc, Etallon — Po 2 : Belterans Noiron, cc.

reniformis Sowerby 1818 — Bj 2 : Coulevon, ar, Petitclerc 94 — Bj 3 : Belfort Parisot — ? C 2 : Belfort.

Romei Etallon *Jura grayl.* — Po 1 : Gray, cc — Po 2 : Noiron Fretigney, ac.

semicuneatus Etallon *Jura grayl.* — R 1 : Champlitte, rr.

subpectinatus d'Orbigny 1850 — R 1 : Dole *nobis* — A 1 : Vercel *nobis* — A 3 : Montbéliard Contejean; Belfort Parisot; Pierrefontaine Longemaison *nobis* — Pt 1-2 : Montbéliard Contejean — Pt 1 : Belfort Parisot — Pt : Chargey-lez-Autrey, rr, Etallon ; Aroz, Mont-Saint-Léger Petitclerc 88, 85. — V 1 : Gray, ac, Etallon — V 2 : Montbéliard; Gray, ac. — Po 1 : environs de Gray, r ; Thurey, ac, *nobis* — Po 2 : Noiron, r, Etallon.

Tombecki P. de Loriol *Jurass. sup. Haute-Marne* — Po 2 : Morteau *nobis*.

trapeza Contejean 1858 — ? R 2 : Belfort Parisot — A 1 : Montbéliard ; Belfort ; Dole Jourdy — V 2 : Montbéliard.

virgulinus Etallon *Leth. Brunt.* — V 1 : Arc, rr.

PERNA

concentrica Etallon — Po 1 : Gray, cc.

crassitesta Münster, Goldfuss *Petrefact.* — Bj 3 : Belfort Parisot.

mytiloïdes Linné (Gmelin) 1788, Lamarck 1819 *Animaux sans vert.* — Bj 1 : Comberjon Petitclerc 1900 — O 2 : Montbéliard Contejean 62 ; Belfort Parisot; Besançon *nobis* — R 1 : Belfort — Po : Haute-Saône Bronn.

obliquata Etallon *Jura grayl.* — Po 1 : Mantoche, c.

˙**plana** Thurmann synonyme de *subplana*.

portlandica Etallon *Jura grayl.* — Po 1 : Mantoche, r.

quadrilatera d'Orbigny 1847 — O 2 : Pierrecourt Grandvelle, rr, Etallon.

rhombus Etallon *Leth. Brunt.* — A 1 : Pont-de-Roide *nobis*.

rugosa Münster, Goldfuss *Petrefact.* — C 1 : Besançon Choffat 78 ; Henry.

subplana Etallon *Leth. Brunt.* — Arg (R 1 *nobis*) : Bief des Laizines Choffat 78 — Pt 1 : Chargey-lez-Autrey, ar ; département du Doubs Musée de Besançon, sous le nom de *plana* — A 3 ; Pt 1-2 ; V 1-2 : Montbéliard Contejean, sous la désignation d'*Avicula plana* Thurmann.

Thurmanni Contejean 1858 — A 3 : Montbéliard.

INOCERAMUS

dubius Sowerby 1818 — Bj 2 : Coulevon Frotey Petit-clerc 94.

Fittoni Morris et Lycett *Moll. great Oolit.* — C 2 : Belfort Parisot.

fuscus Quenstedt *Jura* — Bj 2 : Coulevon Petitclerc 94 — Bt 2 : Belfort Parisot.

Parisoti J. Kœchlin, Parisot 1877 — K 1 : Belfort Parisot.

Perroni Etallon *Jura grayl.* — K 1 : Sacquenay, r.

suprajurensis Thurmann *Leth. Brunt.* — Pt 1 : Montbéliard Contejean — V 2 : Arc, rr, Etallon.

GERVILLIA

acuta Sowerby 1826 — C 2 : Montbéliard Contejean 62.

aff. angustata Münster, Goldfuss *Petrefact.* — O 2 : Fonte-nois-lez-Montbozon Choffat 78.

aviculoïdes Sowerby 1814 — Bj 2 : Coulevon Petitclerc 94 — C 2 ; K 1 : Belfort — O 2 : Montbéliard Contejean 62 ; Grandvelle Calmoutier, ac, Etallon, sous le nom de *pernoïdes :* Besançon Rollier ; Torpes *nobis*, désignée comme *pernoïdes* — R 1 : Salins

Marcou ; Belfort Parisot ; Besançon Rollier — A 3 : Belfort ; signalée à tous les niveaux de l'Oolithe supérieure de la Haute-
Saône par M. Thirria, sous la désignation de *siliqua*.

consobrina d'Orbigny 1847 — Bj 1-3 : Belfort Parisot.

Hartmanni Münster, Goldfuss *Petrefact.* — Bj 1 : Pisseloup
Petitclerc.

kimmeridiensis d'Orbigny 1845 — A 1 : Belfort Parisot —
A 3 : Montbéliard Contejean ; Belfort — Pt 1 2 : Montbéliard ;
Belfort ; Mont-Saint-Léger, Petitclerc — V 1-2 : Montbéliard ;
Mont-Saint-Léger.

lata Phillips *Geol. Yorks.* — Bj 2 : Comberjon Petitclerc 94 —
? C 2 : Belfort Parisot.

linearis Buvignier 1852 — Po 1 : Gray, c Etallon — Po 2 :
Betterans, c — Kim : Aroz Petitclerc 88.

'pernoïdes Deslongchamps synonyme, d'après d'Orbigny
(*Prodrome*), d'*aviculoïdes*.

prælonga Lycett 1857 *Cotteswold Hills* — Bj 1 : Comberjon
Petitclerc 1900.

' siliqua Deslongchamps synonyme, d'après d'Orbigny (*Prodrome*), d'*Aviculoïdes*.

striatula Contejean 1858 — A 1 : Montbéliard.

tetragona Rœmer 1836 — Kim : Aroz Petitclerc 88 — V 1 :
Montbéliard Contejean ; Arc Bouhans Etallon, ac — V 2 : Montbéliard ; Bouhans, c.

tortuosa Sowerby, Phillips *Geol. Yorks.* — Bj 2 : Comberjon
Petitclerc 94.

Zieteni d'Orbigny 1847 — Bj 1-2 : Belfort Parisot.

POSIDONOMYA

ornati Quenstedt *Jura.* — K 1 : Belfort Parisot.

suprajurensis Contejean 1858 — V 1 : Montbéliard.

PTEROPERNA

? costatula Deslongchamps 1824. *Mém. soc. Linn. Calva-
dos* — C 2 : Belfort Parisot. Nous pensons, du moins, que

c'est l'espèce indiquée par Parisot, sous le nom de *costulata*.
sp. Petitclerc 1900 — Bj 1 : Comberjon.

PSEUDOMONOTIS

echinatus Smith's 1818, Schlippe 1888, *Fauna des Bath*. —
C 1-2 : partout — Bt 1 : Andelarre Petitclerc 1902.

AVICULA

ararica Etallon *Jura grayl*. — R 1 : Ovanches, r.
ˈ**bramburiensis** Sowerby synonyme de *Pseudomonotis
echinatus*.
clathrata Lycett. *Moll. great Oolit*. — Bt 1 : Andelarre, Petitclerc 1902.
costata Smith's, Sowerby *Min. Conch*. t. III — C 1 : Besançon Choffat.
ˈ**decussata** Münster synonyme de *Pseudomonotis echinatus*.
* **digitata** Deslongchamps synonyme de *Münsteri*.
elegans Goldfuss *Petrefact*. — Bj 1 : environs de Vesoul
Petitclerc 94 — Bj 2 : Comberjon.
Gesneri Thurmann *Leth. Brunt*. — A 1 : Montbéliard Contejean ; Belfort Parisot. — A 3 ; Pt 1-2 ; V 1-2 · partout.
gervillioïdes Contejean 1858 — A 1-2 : Montbéliard — V 2 :
Arc, rr, Etallon.
inæquivalvis Sowerby 1819 — Bj 1-2 : Belfort Parisot —
C 2 : Belfort — K 1 : Salins Oppel 58 ; Belfort — O 1 : Belfort ;
Aroz Petitclerc 88 — O 2 : Belfort.
? Marcousi Etallon *Jura grayl*. — Po 1 : Mantoche Gray, c ;
espèce très voisine de *modiolaris* Münster, si elle ne lui est
identique.
modiolaris Münster, Rœmer *Nord. Oolit*. — A 1 : Montbé-
liard Contejean — A 3 : Montbéliard ; Belfort Parisot — Pt 1-2 ;
V 1-2 : Montbéliard.
Munsteri Broun. Goldfuss *Petrefact*. — Bj 2 : feuille de
Montbéliard Kilian ; Frotey Gouhenans Petitclerc 94 — C 2 :
Epeugney Choffat 78 — K 1 : Orain, ac, Etallon ; Dournon Chof-

fat — O 1 : notre région Choffat, indiquée comme aff. *Munsteri;* Authoison *nobis* sous la même désignation.

oxyptera Contejean 1858 — V 2 : Montbéliard, rr.

Perroni Etallon *Jura grayl.* — Po 2 : Noiron Trembloy, ar.

*** plana** Thurmann synonyme de *Perna subplana.*

polyodon Buvignier 1843 *Mem. Verdun.* — R 2 : Beaucourt Parisot.

sphinx Etallon *Jura grayl.* — V 1 : Arc, rr.

*** subplana** d'Orbigny synonyme de *Perna subplana.*

PECTEN

æquistriatus Schübler, Zieten *Wurtemb.* — Bj 3 : Belfort Parisot.

ambiguus Münster Goldfuss *Petrefact.* — Bj 1-3 : partout, c ; souvent confondu avec *articulatus* — Bt 1 : Belfort Bleicher 97, sous cette désignation.

annulatus Sowerby 1826 — Po 1 : Mantoche Saint-Vallier Betterans, ac, Etallon, sous le nom de *lamellosus.*

araricus Etallon *Leth. Brunt.* — R 1 : Champlitte, ar.

arcuatus Sowerby 1818 — Bt 1 : Leffond *nobis* — Bt 2 : Baume-les-Dames — C 2 : Besançon Henry — ? A 3 : Haute-Saône Thirria.

articulatus Schlotheim *Petrefactent.* — O 2 : Belfort Parisot — Arg : Sombacourt *nobis* — R 1 : partout, cc — R 2 : la Mouille, rr, Etallon ; Belfort Parisot, indiqué souvent dans le Bajocien, par suite d'une confusion avec *ambiguus.*

astartinus Etallon *Leth. Brunt.* — A 1-2 : partout, cc. — A 3 : Dole Jourdy — Pt 1 : Chargey-lez-Autrey, rr, Etallon ; environs de Gray *nobis.* — V 2 : Arc, rr, Etallon ; cet auteur l'indique sous le nom de *rectiradiatus.*

Bavouxi Contejean 1858 — V 2 : Montbéliard.

Beaumontinus Buvignier 1852 — R 1 : Fontenois-lez-Montbozon Choffat 78 — R 2 : Belfort Parisot — A 1 : partout cc — A 2 : Montbéliard Contejean ; Oyrières, r, Etallon : Dole Jourdy — A 3 : Montbéliard ; Dole ; Oyrières, r : Adam-lez-Vercel *nobis.*

Benedicti Contejean 1858 — A 1 : Belfort Parisot — A 3 : la Nantillère Ogérien — Pt 1 ; V 1 : Montbéliard Contejean.

Billoti Contejean 1858 — Pt 1 : Montbéliard, r — V 1 : Arc, rr, Etallon.

biplex Buvignier 1852 — R 1 : Besançon Résal.

* **Buchi** synonyme de *suprajurensis*.

castellanus Kœchlin Parisot 1877 — R 2 : Belfort.

cinctus Sowerby 1822 — Bj 1 : Longevelle Coulevon Comberjon, r, Petitclerc 1900 — Bt 1 : Andelarre, rr, 1902.

cingulatus Phillips, 1835 — Bj 1 : Comberjon, r, Petitclerc 1900.

circinalis Buvignier 1852 — Pt (Pt 1 probable) : Bolandoz Résal.

clathratus Rœmer *Nord. Oolit.* — Bt 1 : Leffond *nobis* — Bt 2; C 2 : Belfort Parisot.

comatus Münster. Goldfuss *Petrefact.* — C : Maiche Résal — R 1 : Champlitte Chassigny Neuvelle, ac, Etallon.

Contejeani Coquand et Pidancet; espèce lisse, voisine de *lens* — C : Maiche Musée de Besançon — C 1-2 : Besançon Henry.

Delessei Etallon *Jura grayl.* — V 1 : Arc, rr.

demissus Bean, Phillips *Geol. Yorks.* — C 1 : Besançon Choffat 78 — C 2 : Epeugney — R 1 : Ornans Musée de Besançon.

dentatus Sowerby 1827 — R 1 : Nans-sous-Sainte-Anne *nobis* — R 2 : Vercel.

Dewalquei Oppel *Juraform.* — Bj 2-3 : partout, ac — C 2 : Epeugney Ornans *nobis*.

disciformis Schübler Zieten *Wurtemb.* — Bj 1 : Belfort Parisot; Besançon Rollier; Laissey Petitclerc 94 — Bj 3; Bt 2 : Belfort Parisot.

* **Dureaulti** Coquand synonyme d'*articulatus*.

Dyoniseus Buvignier 1852 — A 1-3 : Montbéliard Conte-jean; Belfort Parisot.

erinaceus Buvignier 1852 — R 1 : la Vèze Musée de Besançon.

exaratus Terquem et Jourdy, *Bath. de la Moselle* — Bt 1 : Andelarre, ar, Petitclerc 1902.

fibrosus Sowerby 1818 — Bt 2 : Belfort Parisot — C 2 : Belfort; Epeugney Choffat 78; Dole *nobis* — K 1; O 1; O 2 : partout, ac.

Flamandi Contejean 1858 — Pt 1-2 : Montbéliard, rr — V 1 : Arc Etallon, ac.

globosus Quenstedt *Flöz. Wurt.* — R 1 : partout, c. — ? A 3 : Sombacourt *nobis*.

Grenieri Contejean 1858 — A 1 : Montbéliard — A 3 : Montbéliard ; Belfort Parisot — Kim : Aroz Petitclerc 88 — Pt 1 : Montbéliard ; Belfort — Pt 2; V 1-2 : Montbéliard.

gyensis Etallon *Jura grayl.* — O 2 : Gy, rr.

hemicostatus Morris et Lycett *Moll. great Oolit.* — C 2 : Belfort Parisot — ? R 2 : même lieu.

'**inæquicostatus** Phillips synonyme d'*octocostatus*.

'**inæquistriatus** Phillips même synonymie.

ingens Thurmann collection, Marcou *Jura salinois* — R 1 : Salins.

intertextus Rœmer *Nord. Oolit.* — C 2 : Velloreille *nobis* — R 1 : Champlitte Neuvelle Etallon, r ; Belfort Parisot; Ornans Musée de Besançon ; Fontenois-lez-Montbozon Choffat 78.

Kralikii Contejean 1858 — A 1 : Montbéliard ; Belfort Parisot — A 2 : Gray, r, Etallon.

'**lamellosus** Sowerby synonyme d'*annulatus*.

læviradiatus Waagen 1868 *Zone des Am. Sowerbyi.* — Bj 1 : Comberjon, r, Petitclerc 1900.

Lauræ Etallon *Leth. Brunt.* — O 2 : Besançon Musée — R 1 : Champlitte Chassigny Gray, ac, Etallon ; Besançon Musée ; Rollier.

lens Sowerby 1818 — Bj 1-2-3 : partout — Bt 1 : Navenne Bronn 37 ; Belfort Parisot — C 2 : Belfort ; Ornans *nobis* — O 2 : partout, ac — R 1 : Salins Marcou ; Besançon Liesle *nobis* — A 3 ; Pt 1 : Belfort — Kim : la Chapelle Marcou.

aff. Luciensis d'Orbigny 1847 — C 2 : Epeugney Choffat 78.

mantochensis Etallon *Jura grayl.* — Mantoche, ac.

monsbeliardensis Contejean 1858 — A 3 : Belfort Parisot — Kim : Aroz Petitclerc 88 — Pt : Fresne-Saint-Mamès 88 —

Pt 2 : Montbéliard Contejean — V 1 : Arc Etallon, r — V 2 : Montbéliard.

Nicoleti Etallon *Jura grayl.* — ? R 2 : Belfort Parisot — V 2 : Arc, rr, Etallon.

'Nisus d'Orbigny synonyme d'*articulatus.*

nudus Buvignier 1852 — Kim : Aroz, Petitclerc 88 — Po 1 : Manloche Gray, ac, Etallon ; Avoudrey *nobis* (indiqué comme aff. *nudus*) — Po 2 : Noiron, ac, Etallon.

octocostatus Rœmer *Nord. Oolit.* — O 2 : partout, ac — R 1 : Neuvelle, c, Etallon ; Belfort Parisot — R 2 : la Mouille Etallon, rr ; Belfort. — ? A 1-3 : Belfort. Cette espèce a été citée aussi sous les noms d'*inæquicostatus* (Oppel Résal) et d'*inæquistriatus* (Oppel).

Palinurus d'Orbigny 1847 — C 2 : Belfort Parisot.

palliiformis Etallon *Jura grayl.* — O 2 : Gy, rr.

Parisoti Contejean 1858 — V 1 : Montbéliard, rr.

peregrinus Morris et Lycett, variété de *vagans* Sowerby — C 1 : Besançon Choffat indiqué comme cf. *peregrinus* — C 2 : Besançon Rollier.

perstrictus Etallon *Jura grayl.* — R 2 : Theuley, r.

'personatus Goldfuss synonyme de *pumilus.*

'pristis Coquand et Pidancet synonyme de *subspinosus.*

pumilus Lamarck 1819 *Anim. sans vert.* — Bj 1-2 : partout, cc ; généralement cité sous le nom de *personatus.*

rapa Coquand et Pidancet — Bj 2 : Morre Musée de Besançon ; Pirey Miserey, Résal ; très voisin d'*ambiguus*, ne lui est cependant pas identique.

'rectiradiatus Etallon synonyme d'*astartinus.*

retiferus Morris et Lycett. *Moll. great Oolit.* — C 2 : Belfort Parisot.

Rhetus d'Orbigny 1847 — C : Verse, Résal — C 1 : Besançon Henry.

rigidus Sowerby 1818 — Bt 1 : Andelarre Petitclerc 1902.

Schnaitheimensis Quenstedt *Jura* — O 2 : Fontenois-lez-Montbozon *nobis* — R 1 : partout, c — R 2 : Fontenois *nobis.*

scobinella Etallon *Jura grayl.* — K 1 : Orain Percey, ar.

?semitextus Etallon *Jura grayl.* — O 2 : Calmoutier, rr ;
très voisin d'*intertextus*, s'il ne lui est identique.

sequanus Etallon *Jura grayl.* — Po 1 : Mantoche, r.

Silenus d'Orbigny 1847 — Bj 1 : Rougemont Petitclerc 94
— Bj 2 : environs de Vesoul.

'solidus Rœmer synonyme de *vitreus.*

spatulatus Rœmer *Nord. Oolit.* suppl. — Bj 1 : Comberjon
Petitclerc 1902 — Bt 1 : Leffond *nobis.*

strictus Münster, Goldfuss *Petrefact.* — Bj 3 ; C 2 : Belfort
Parisot.

subarmatus Münster Goldfuss *Petrefact.* — O 2 : Epenouse
Résal.

subcingulatus d'Orbigny 1847 — Arg (R 1 *nobis*) : l'Abergement-du-Navois Choffat 78.

subconcentricus d'Orbigny 1847 — V (V 1) : Mont-Saint-
Léger, Petitclerc.

subfibrosus d'Orbigny 1847 — O 1 : Montaigu Petitclerc —
O 2 : notre région et Besançon Choffat 78 ; Glère Kilian.

sublævis Rœmer *Nord. Oolit.* — Pt 1-2 ; V 1-2 : Montbéliard
Contejean.

subspinosus Schlotheim, Goldfuss *Petrefact.* — Bj 2 : Coulevon Petitclerc 94 — C 2 : Belfort Parisot — O : Saint-Juan-lez-
Vercel, Musée de Besançon, sous le nom de *pristis* — O 1 : Besançon *nobis* — O 2 : Grandvelle, rr, Etallon ; Belfort. — Arg 1 :
Arc-sous-Montenot Choffat 78 — R 1 : Chassigny, rr, Etallon ;
Nans, Choffat 75 ; la Chapelle Quingey *nobis ;* Champlitte Maire
1900.

subtextorius Münster, Goldfuss *Petrefact.* — Bj 2 : Coule-
von Petitclerc 94 — K 1 : Belfort Parisot — O 2 : Fontenois-lez-
Montbozon Corcelle *nobis* — R 1 : partout, ac — R 2 : Vauchoux
Ovanches Fontenois *nobis.*

?subvitreus Etallon *Jura graylois.* — Pt : Chargey-lez-Autrey, rr ; très voisin de *vitreus*, s'il ne lui est identique.

suprajurensis Buvignier 1852 — A 1 : Montbéliard Conte-
jean — A 2 : Belfort Parisot — A 3 ; Montbéliard ; Belfort —
Kim : Aroz Petitclerc 88 — Pt 1-2 ; V 1-2 : Montbéliard — Pt 1 :
Besançon *nobis* — V 1 : Chargey-lez Autrez, Arc, c, Etallon, sous

le nom de *Buchi ;* feuille de Montbéliard Kilian ; Consolation *nobis.*

testaceus Etallon *Jura grayl.* — O 2 : Grandvelle, rr.

textorius Schlotheim ; Rœmer *Nord. Oolit.* — Bj 1 : Belfort Parisot — Bj 2 : Longevelle Petitclerc 94 — ? R 2 : Belfort.

Thirriai Etallon *Jura grayl.* — K 1 : Orain Percey, ar.

Thurmanni Contejean 1858 — A 1-2 : Montbéliard, dans les lumachelles à Astartes, cc.

vagans Sowerby 1826 — Bj 1 : Belfort Parisot — Bt 2 : Montarlot-lez-Champlitte *nobis* — C 1 : Besançon Choffat 78 — C 2 : partout, c — ? R 2 : Belfort.

varians Rœmer *Nord. Oolit.* — A 1 : la Chapelle Marcou — A 3 : Belfort Parisot.

***Verdati** Thurmann synonyme de *globosus.*

? Veziani Etallon *Leth. Brunt.* — R 2 : Corcelle *nobis* — A 3 : la Gauffre.

vimineus Sowerby 1826 — C 2 : Haute-Saône Thirria — O 2 (Arg ?) : Sombacourt Levier Musée de Besançon — R 1 : Charcenne Bronn 37 ; Vaulgrenans Marcou ; Besançon Rollier — R 2 : la Mouille, r, Etallon.

virdunensis Buvignier 1852 *Statist.* — R 2 ; A 1 : Belfort Parisot.

vitreus Rœmer *Nord. Oolit.* — K 1 : Baume *nobis* — O 2 : Glère Kilian — R 1 : les Lavottes Sombacourt Vercel *nobis ;* Champlitte, r, Etallon ; région de Salins Choffat 78. — R 2 : la Mouille Etallon, r — ? A 3 : Sombacourt *nobis ;* souvent désigné sous le nom de *solidus.*

Vollastonensis Lycett *Moll. great Oolit.* — Bt 1 : Leffond *nobis.*

HINNITES

abjectus Phillips *Geol. Yorks.* — Bt 2 : Vougeaucourt *nobis.*

clypeatus Contejean 1858 — A 1 : Montbéliard ; Belfort Parisot. — ? R 2 : Belfort.

coralliphagus Goldfuss, d'Orbigny 1847 — K 1 : Belfort Parisot.

gignensis Waagen 1868 *Zone des An. Sowerbyi* — Bj 1 : Coulevon Comberjon Petitclerc 1900, r.

inæquistriatus Voltz, d'Orbigny 1847 — ? R 2 : Belfort
Parisot — A 1 : Belfort — A 3 : Montbéliard Contejean ; les Lavottes *nobis* — Pt 1-2 : partout, cc — V 1 : Chargey-lez-Autrey,
r, Etallon — V 2 : Montbéliard — Po 1 : Gray, rr, Etallon.

ostreiformis d'Orbigny 1847 — R 2 : Belfort Parisot.

tenuistriatus Münster, Goldfuss *Petrefact.* — O 2 : Belfort
Parisot — R 1 : Chassigny Champlitte, ar, Etallon, sous la désignation générique de *spondylus*.

tuberculosus Goldfuss *Petrefact.* — Bj 2 : Coulevon Petitclerc 94 — Bj 3 : Belfort Parisot — Bt 2 : Besançon Résal.

velatus Goldfuss *Petrefact.* — Bj 2 : Coulevon Longevelle
Petitclerc 94 — K 1 : Orain Sacquenay, ac, Etallon — O 2 : Besançon, Musée — R 1 : Chassigny Champlitte, r, Etallon.

LIMA

aalensis Quenstedt *Jura* — Bj 1 : Belfort Parisot.

aciculata Münster Goldfuss *Petrefact.* — C 1 ; C 2 : Besançon Henry.

æquilatera Buvignier 1852 — ? Pt 2 : Montbéliard Contejean.

antiquata Sowerby 1818 — Bj 1 : Haute-Saône Thirria —
? Pt 1 : Belfort Parisot, voir *subantiquata*.

argonnensis Buvignier 1852 — Pt 2; V 2 : Montbéliard
Contejean.

astartina Thurmann *Leth. Brunt.* — R 2 : Belfort Parisot —
A 1 (R 2 *nobis*) : Dournon Choffat 78, indiquée comme cf. *astartina* — A 2 : Dole Jourdy — A 3 : Montbéliard Contejean ; Belfort — Pt 1 : Belfort.

aviculata Münster Goldfuss *Petrefact.* — R 1 : Dole *nobis*.

biradiata Etallon *Jura grayl.* — Po 1 : Gray Mantoche, ar.

Boyei Coquand et Pidancet — Bj 1 : Rougemontot, Musée
de Besançon.

brevirostris Etallon *Jura grayl.* — O 2 : Charcenne, rr.

cardiiformis Sowerby 1815 — Bj 1 : Belfort Parisot ; Besançon, Musée — C 2 : Belfort.

Contejeani Etallon *Jura grayl.* — V 1 : Arc, ar.

corallina Thurmann *Leth. Brunt.* — R 1 : partout, ac —
R 2 : Theuley-lez-Vars, r, Etallon.

densipunctata Rœmer *Nord. Oolit.* — A 3 ; Pt 1 : Montbéliard Contejean — V 1 : Chargey-lez-Autrey, rr, Etallon.

duplicata (*Radula*) Sowerby 1827 — Bj 1 : Belfort Parisot
— Bj 2 : feuille de Montbéliard Kilian ; Coulevon Velleminfroy
Longevelle, Petitclerc 94; Belfort — Bt 1 : Andelarre Petitclerc
1902 — C 1 : Besançon Choffat 78 — C 2 : Epeugney Choffat;
Belfort — K 1 : Orain, r, Etallon; Belfort — O 1 : Belfort — O 2 :
notre région Choffat ; Grandvelle, r, Etallon ; Belfort — ? A 3 :
Belfort.

duplicata (*Limea*) Münster 1836 — Bt 1 : Andelarre Petitclerc 1902.

gibbosa Sowerby 1819 — Bj 1 : Belfort Parisot — Bj 2 :
Comberjon Petitclerc 94 — Bt 1 : Navenne Bronn 37 — C 2 :
Belfort — O 2 : Besançon Musée — R 1 : Belfort — A 3 : Mor-
teau (coralligène) *nobis* indiquée comme aff. *gibbosa*.

grandis Rœmer *Nord. Oolit.* — R 1 : Champlitte Chassigny,
ar, Etallon.

Greppini Etallon *Leth. Brunt.* — A 1 : Delain, rr.

Halleyana Etallon *Jura grayl.* — O 2 : notre région Choffat,
78 — Arg. R 1 *nobis* : Dournon Choffat — V 2 : Arc. r, Etallon.

Hector d'Orbigny 1847 — Bj 1 : Coulevon Petitclerc 1900.

impressa Morris et Lycett *Moll. great Oolit.* — Bt 2 : Port-sur-
Saône *nobis* — C 1 : Besançon Choffat 78 — K 1 : Belfort Parisot.

interstincta Phillips *Geol. Yorks.* — O 2 : Besançon, Musée.

læviuscula Sowerby 1822 — O 2 : Belfort Parisot — R 2 ;
Pt 1 : Belfort.

lirata Münster, Goldfuss *Petrefact.* — C 1 : Besançon Henry.

magdalena Buvignier 1852 — A 3 : Montbéliard Contejean
— Kim : Aroz Petitclerc 88 — Pt 1 : Montbéliard ; La Roche *nobis* — Pt 2 : Montbéliard — V 1 : Montbéliard ; Arc, ar, Etallon.

monsbeliardensis Contejean 1858 — R 2 ; A 3 : Belfort
Parisot — Pt 1 : Montbéliard.

notata Goldfuss *Petrefact.* — O 2 : Belfort Parisot.

obscura Sowerby 1815 — K 1 : Orain, rr, Etallon; Belfort
Parisot.

˙ obsoleta Contejean synonyme de *spectabilis*.

*** ovalis** Deshayes synonyme de *streïbergensis*.

ovalis Sowerby 1815 *non* Deshayes — Bj 1 : Comberjon Petitclerc 1900 — Bt 1 : Belfort Parisot ; Andelarre Petitclerc 1902 — Bt 2 ; C 2 : Belfort.

pectiniformis Schlotheim *Petrefactenk.* — Bj 1-2-3 ; Bt 1-2 ; C 2 : partout, c — K 1 : Belfort Parisot — O 2 ; R 1 : partout, c — R 2 : Belfort Parisot.

Perroni Etallon *Jura grayl.* — R 1 : Champlitte, r.

perrigida Etallon *Leth. Brunt.* — R 1 : Champlitte Charcenne, ar, Etallon.

planulata Etallon *Jura grayl.* — K 1 : Orain Percey, ar ; voisine de *pectiniformis*.

˙ proboscidea synonyme de *pectiniformis*.

Protei Etallon — K 1 : Orain Percey, c ; voisine de *notata*.

punctata Sowerby 1815 — Bj 1-3 ; Bt 2 : Belfort Parisot — C 2 : Belfort ; Besançon Rollier.

pygmæa Thurmann *Leth. Brunt.* — A 2 : la Nantillère Ogérien — A 3 : Montbéliard Contejean ; Autrey, r, Etallon.

pyxidata Etallon *Monog. du Cor.* — R 1 : Chassigny, rr, Etallon.

radula Contejean 1858 — ? R 2 : Belfort Parisot — V 1 : Montbéliard, rr.

Renevieri Etallon *Leth. Brunt.* — R 1 : Vauchoux *nobis* — R 2 : Rupt.

rigida Deshayes, Sowerby 1815 — Bt : Haute-Saône Thirria — O 2 : Belfort.

'rigida Thurmann *non* Sowerby synonyme de *perrigida*.

rigidula Phillips. *Geol. Yorks.* — Bj 1 : Belfort Parisot — Bt 1 : Belfort ; Leffond *nobis* — Bt 2 : Belfort.

rhomboïdalis Contejean 1858 — ? R 2 : Belfort Parisot. — Pt 1 : Montbéliard, rr. — V 1 : Arc. rr, Etallon.

semicircularis Münster Goldfuss *Petrefact.* — Bj 1 : Rougemontot Résal — Bj 2 : Frotey, Longevelle, Petitclerc 94 — Bj 3 : Belfort Parisot — Bt 2 : Maiche Kilian, qui l'indique comme cf. *semicircularis*.

semicostata Etallon *Jura grayl.* — Po 1 : Mantoche Gray, rr.

semielongata Etallon *Leth. Brunt.* — R 1 : Neuvelle Chassigny Marnay, ar, *Jura grayl.*

semipunctata Etallon *Leth. Brunt.* — A 2 : Dole Jourdy.

semiscabrosa Etallon *Jura grayl.* — K 1 : Orain, rr.

spectabilis Contejean 1858 — ? R 2 : Belfort — A 3 : Montbéliard — Kim : Aroz Petitclerc 88 — Pt 1-2 : Montbéliard — V 1 : Arc, ar. Etallon — V 2 : Montbéliard.

streibergensis d'Orbigny 1847 — O 2 : Belfort Parisot — R 1 : Champlitte, rr, Etallon, qui l'a désignée sous le nom d'*ovalis* Deshayes.

striatula Münster, Goldfuss *Petrefact.* — Bt 1 : Belfort Parisot.

subantiquata Rœmer *Nord. Oolit.* — Pt 1 : Belfort Parisot. Dans la première édition de son ouvrage, l'auteur indiquait cette espèce dans le Ptérocérien ; dans la seconde, il lui a substitué le nom d'*antiquata*, très probablement par erreur, cette dernière appartenant au sinémurien : nous pensons donc devoir maintenir *subantiquata* à cette place.

subcardiiformis Greppin 1870 *Jura bern.* — Bj 3 : Pouilley Morre *nobis.*

subglabra Etallon *Jura grayl.* — R 1 : Prélost, r.

substriata Münster Goldfuss *Petrefact.* — R 1 : Besançon Résal ; Musée.

sulcata Münster Goldfuss *Petrefact.* — Bj 1 : Belfort Parisot, sous la désignation de *sulcata gingense* Quenstedt — Bj 2 : environs de Vesoul Petitclerc 94, ac. — C 2 : Belfort Parisot, sous le nom de *sulcata* Münster.

suprajurensis Contejean 1858 — Pt 1 : Montbéliard — V 2 : Nantilly. rr, Etallon — Po 1 : Gray, ac.

tegulata Münster, Goldfuss *Petrefact.* — K 1 : Orain Percey, ac, Etallon.

tenuistriata Münster, Goldfuss *Petrefact.* — K 1 : Orain, ar. Etallon.

tumida Rœmer *Nord. Oolit.* — R 2 : la Mouille, r, Etallon.

?Thiollieri Coquand et Pidancet — Bt 2 : Besançon Résal ; Musée ; échantillon défectueux.

virdunensis Buvignier 1852 — ? R 2 : Belfort — V 2 : Montbéliard Contejean.

virgulina Thurmann *Leth. Brunt.* — ? R 2 : Belfort Parisot
— A 3 : Belfort — Kim : Aroz Petitclerc 88 — Pt 2 ; V 2 : Montbéliard Contejean.

CARPENTARIA

Eudesi Etallon *Jura grayl.* — R 2 : Theuley, r.

ostreiformis Etallon *Monog. Cor.* — R 2 : la Mouille, r,
Jura grayl.

semivirgularis Etallon *Monog. Cor.* — R 2 : la Mouille
Jura grayl., r.

SPONDYLUS

dejectus Etallon *Monog. Cor.* — R 2 : la Mouille *Jura
grayl.*, rr.

ovatus Contejean 1858 — A 3 : Montbéliard.

suprajurensis Etallon *Jura grayl.* — R 2 : Theuley, rr.

tenuistriatus Münster, Goldfuss *Petrefact.* — R 1 : Chassigny Champlitte, ar, Etallon.

PLICATULA

armata Goldfuss *Petrefact.* — Bj 2 : Coulevon Petitclerc 94
— Bj 3 : Belfort Parisot.

Chavanni Choffat. Citée par M. Choffat, dans la faune des
marnes inférieures du Cornbrash de Besançon : *Mém. Soc.
Emul. du Doubs*, 1878, p. 169.

horrida Contejean 1858 — ? R 2 : Belfort — A 1 : Montbéliard, ar.

impressæ Quenstedt *Handb. Petref.* — K 1 : Belfort Parisot.

peregrina d'Orbigny 1847 — K 1 : Orain, ar, Etallon —
O 1 : Champlitte, r.

subserrata Quenstedt *Jura* — C 2 : Salins Marcou : Belfort
Parisot — K 1-2 : partout, ac. — O 1 : notre région Choffat
78 ; Montaigu Petitclerc ; Quenoche Tarcenay *nobis*.

tubifera Lamarck *Anim. sans vert.* — O 2 : Glère Kilian ;
Torpes *nobis*.

ATRETA

imbricata Etallon *Leth. Brunt.* — R 1 : partout, c.
kellowiana Etallon *Jura grayl.* — K 1 : Orain Percey, cc.

PLACUNOPSIS

gingensis Quenstedt, Schlippe *Fauna des Bath.* — Bj 2 :
Coulevon Petitclerc 94 — K 1 : Belfort Parisot, désignée sous le
nom générique d'*Anomia*.
jurensis Rœmer *Nord. Oolit.* — Bj 1 ; K 1 : Belfort Parisot,
sous la désignation générique d'*Anomia*. — R 1 : Champlitte,
r. Etallon.

ANOMIA

ararica Etallon *Jura grayl.* — Po 1 : Mantoche, rr.
calvifrons Etallon *Jura grayl.* — V 2 : Arc, rr.
monsbeliardensis Contejean 1858 — A 2 : Montbéliard ;
Besançon Etalans *nobis*, c, lumachelles à Astartes.
Nerinea Buvignier 1852 — R 2 : la Mouille, r, Etallon.
numismalis Quenstedt *Jura* — Bj 1 : Belfort Parisot.
percrassa Etallon *Jura grayl.* — Po 2 : Noiron, rr.
suprajurensis Buvignier 1852 — Po 2 : Velleclaire, rr, Etallon ; les Auberges *nobis*.
undata Contejean 1858 — ? R 2 : Belfort Parisot — A 1 :
Montbéliard ; Belfort.

OSTREA

acuminata Sowerby 1816 — Bt 1 : partout ; l'espèce est
commune quand l'étage est marneux, moins répandue quand il
est en partie marneux ou marno-calcaire, et en partie calcaire,
rare quand il est entièrement calcaire — C 2 : Montbéliard Contejean 62 : Belfort Parisot.
alimena d'Orbigny 1847 — K 1 : Clucy d'Orbigny 50 ; Orain
Percey, ac, Etallon.

alligata Quenstedt *Jura* — R 1 : Champlitte Grandecourt, rr, Etallon.

˙ **amor** d'Orbigny synonyme de *hastellata*.

archetypa Phillips *Geol. Yorks.* — K 1 : Orain Percey, ar. Etallon.

astartina Etallon *Jura grayl.* — A 1-2 : Achey, c.

˙ **auriformis** Goldfuss *Petrefact.* — A 2 : Montbéliard Contejean ; Dole Jourdy — A 3 ; Pt 1 : Montbéliard ; Belfort Parisot — Pt 2 ; V 1-2 : Montbéliard.

bathonica d'Orbigny 1847 — Bt : Salins 50.

Blandina d'Orbigny 1847 — Arg. 1 : Arc-sous-Montenot Choffat 78 — R 1 : région de Salins.

bruntrutana Thurmann *Leth. Brunt.* — synonyme d'*auriformis* de Loriol (*Jurass. sup. Haute-Marne*) et de *spiralis* Goldfuss — O 2 : Besançon Choffat 78 et R 1 : région de Salins sous le nom de *spiralis* — partout très commune à tous les niveaux de l'Astartien et du Kimméridien ; un peu moins régulièrement répandue dans le Virgulien de l'est de la région, mais cependant très abondante, dans cet étage, aux environs de Gray, où elle a été signalée par Etallon sous la désignation de *spiralis*.

calceola Zielen *Wurtemb.* — Bj 1 : Belfort Parisot ; Bj 2 : Coulevon Petitclerc 94 — Bt 1 : Andelarre Petitclerc 1902.

caprina Merian — Arg : feuille d'Ornans Kilian ; Sombacourt *nobis* — R 1 : région de Salins Choffat désignée comme cf. *caprina*.

catalaunica de Loriol *Jurass. sup. Haute-Marne* — V 1 : Besançon *nobis*.

* **colubrina** Goldfuss synonyme de *hastellata*.

costata Sowerby 1825 — Bt 1 : Andelarre, r, Petitclerc 1902 — Bt 2 : Bavans *nobis*: Haute-Saône Petitclerc, ac — C 1 : Besançon Choffat 78 : — C 2 : partout ac.

cotyledon Contejean 1858 — à tous les niveaux de l'Astartien et du Kimméridien de Montbéliard et, en dehors de cette région — A 1 : Belfort Parisot : Maiche Kilian : *nobis* — A 2 : Dole Jourdy : Belfort ; feuille d'Ornans Kilian — A 3 : Dole — V 1 : Arc, rr, Etallon. Cette espèce n'est commune nulle part.

deltoïdea Sowerby 1816 — A 3 : Belfort Parisot.

* **dextrorsum** Quenstedt synonyme de *pulligera*.

dilatata Deshayes, Sowerby 1816 — O 1 : Montbéliard Petitclerc ; Besançon Rollier — O 2 : partout, c — R 1 : Champlitte, r, Etallon ; Belfort Parisot ; Besançon Rollier ; Fontenois-lez-Montbozon Corcelle Hôpital-Saint-Lieffroy, Vercel *nobis*.

discoïdea Etallon *Jura grayl.* — R 1 : Champlitte Preslot, c.

dubiensis Contejean 1858 — A 1 : Montbéliard Contejean — A 2 : Montbéliard ; Dole Jourdy ; Belfort Parisot — A 3 : Dole ; Belfort — Kim : Aroz Petitclerc — Pt 1 : Belfort.

eduliformis Schlotheim 1820 — Bj 1 : Belfort Parisot — Bj 2 : Belfort ; Coulevon Petitclerc — Bj 3 : la Grâce-Dieu, Résal ; Maîche Kilian, sous le nom d'*explanata* — K 1 ; O 2 : Belfort — R 1 : environs de Salins Marcou ; Belfort.

Ermontiana Etallon *Leth. Brunt.* — A 3 : Montbéliard Contejean ; la Nantillère Ogérien — Kim : Aroz Petitclerc 88 — Pt 1 : Montbéliard ; Pontarlier *nobis*. Cette espèce est désignée, par MM. Contejean et Ogérien, sous le nom de *gryphoïdes*.

exogyroïdes Rœmer *Nord. Oolit.* — A 1-2 : Montbéliard Contejean.

* **explanata** Sowerby synonyme d'*eduliformis*.

ferruginea Terquem 1855 *Bull. Soc. Hist. Nat. Moselle* — Bj 1 : feuille de Montbéliard Kilian.

gigantea Sowerby *Min. Conch.* Buvignier 1852 — O 2 : Besançon, Musée — R 1 : Pagnoz Marcou

grayensis Etallon *Jura grayl.* — Po 1 : Mantoche Gray, cc. — Po 2 : Morteau *nobis*, indiquée comme *bruntrutana*, dont elle diffère fort peu.

gregarea Sowerby 1815 — ? Bj 1 : Belfort Parisot — C 1 : Besançon Choffat 78 — C 2 : Tarcenay *nobis*. — K 1-2 : Belfort — O : Eternoz Musée de Besançon ; Trepot Deprat — O 2 : Belfort ; Haute-Saône, Thirria — R 1 : Montbéliard Contejean 62 ; Glère, Ferette Kilian ; feuille de Montbéliard.

gryphæata Schlotheim 1820 — O 2 : Poupet Oppel 66 — Kim (V 1 probable) : Mont-Saint-Léger Petitclerc.

* **gryphoïdes** Contejean *non* Zieten synonyme d'*Ermontiana*.

hastellata Schlotheim 1820 *Petrefactenk.* — O 2 : Glères Kilian — R 1 : Besançon Salins Marcou, sous le nom de *colubrina;* région de Salins Choffat 78 ; Champlitte, Maire 1900.

intricata Contejean 1858 — V 1 : Montbéliard, rr.

Knorri Voltz Zieten 1830 — Calc. roux sableux : feuille de Montbéliard Kilian — C 1 : Besançon Rollier.

Kunckeli Zieten *Wurtemb.* — Bj 1 : Salins Marcou.

lapicida Etallon *Jura grayl.* — V 1 : Chargey-lez-Autrey, c.

Marshii Sowerby 1814 — Bj 1-2-3 ; Bt 1-2 : partout, c. — C 1 : Besançon Choffat 78 ; Henry — C 2 : partout, c. — K 1 : Belfort Parisot.

monsbeliardensis Contejean 1858 — A 2 : Dole Jourdy — A 3 ; Pt 1 ; V 1 : Montbéliard Contejean — Pt 1 : Belfort Parisot.

moreana Buvignier 1852 *Statüt.* — K 1 : Belfort Parisot.

multiformis Kock et Dunker 1857. *Beit. zur Kennt. Nord. Ool. Geb.* — Arg (R 1 *nobis*) : le Crouzet Choffat 78 — A 1 : Montbéliard Contejean ; Ecuelle, Etallon, rr ; Dole Jourdy — A 2 : Montbéliard ; Oyrières, Etallon, cc ; Dole.

Münsteri — Bj 2 : feuille de Montbéliard Kilian.

nana Sowerby 1822 — O 2 : Glère Kilian — A 1 : Ecuelle Vars, cc, Etallon ; Dole Jourdy ; Dole Ornans Consolation *nobis* — A 2 : Oyrières, cc, Etallon ; Dole Jourdy ; Vercel *nobis* — A 3 : Dole.

obscura Sowerby 1825 — Bj 1 : Belfort Parisot. — Bj 2 : environs de Vesoul Petitclerc 94 — Bt 1 : Belfort Parisot. — C 1 : Besançon Choffat 78 ; Laissey, Henry — C 2 : Laissey Epeugney Henry ; Belfort ; Tarcenay *nobis* — O 2 ; R 1 : Belfort.

Parandieri Coquand et Pidancet, Musée de Besançon — C 2 : partout, c.

'Phædra d'Orbigny synonyme de *sublobata.*

polymorpha Münster, Goldfuss *Petrefact.* — Bj 1 : Belfort Parisot — Bj 2 : Coulevon Longevelle Petitclerc 94.

pulligera Goldfuss *Petrefact.* — synonyme de *solitaria,* de *semi-solitaria,* de *dextrorsum,* etc.... — R 1 : Chassigny Neuvelle, ar, Etallon — R 2 : la Mouille, ar, Etallon ; Nancray, c, *nobis* — A 1 : Montbéliard Contejean ; Belfort Parisot, sous le nom de *dextrorsum* — A 2 : Montbéliard — A 3 : Montbéliard ; Achey

Dampierre Oyrières, r, Etallon — Pt 1-2 : partout, cc — V 1 : Montbéliard Chargey-lez-Autrey, r, Etallon — V 2 : Montbéliard.

? quadrata Etallon *Leth. Brunt.* probablement synonyme de *reniformis* — O 2 : Corcelle Vercel *nobis* — R 1 : partout, cc — ? A 3 : Sombacourt *nobis*.

rastellaris Münster, Goldfuss *Petrefact.* — Bj 2 : Longevelle Petitclerc 94, indiquée comme cf. *rastellaris* — C 2 : Epeugney Choffat 78 — K 1 : Orain, rr, Etallon — O 2 : Grandvelle, r, Etallon; Fontenois-lez-Montbozon Corcelle, r, *nobis* — Arg 1 : Arc-sous-Montenot Choffat 78 — R 1 : partout, ac.

reniformis Goldfuss *Petrefact.* — Bt 1 : Leffond *nobis* — Bt 2 : Besançon — O 2 : Glère Kilian; Corcelle Vercel *nobis* — R 1 : partout, c — ? A 3 : Sombacourt *nobis*, le plus souvent indiquée sous la désignation de *quadrata*, dont *reniformis* est synonyme d'après Rœder (*Ter. à chailles*, p. 36).

Rœmeri d'Orbigny 1850 — A 1-3; Pt 1; V 1 : Montbéliard Contejean — A 1; Pt 1 : Belfort Parisot.

sandalina Goldfuss *Petrefact.* — Bt 1 : Andelarre Petitclerc 1902 — K 1-2 : Belfort Parisot — O 1 : Champlitte, r, Etallon — O 2 : Belfort; Glère Kilian — Arg : Pontarlier *nobis* — R 1 : Nans-sous-Sainte-Anne Choffat 75; Quingey la Chapelle Bg *nobis* — A 1-2-3 : Montbéliard Contejean; Belfort; la Nantillère Ogérien. Marcou signale aussi, mais avec doute, cette espèce dans l'Astartien des environs de Salins.

seminana Etallon *Jura grayl.* — K 1 : Orain Percey, ar.

'semisolitaria Etallon synonyme de *pulligera*.

sequana Thurmann *Leth. Brunt.* — A 1 : environs de Gray Etallon — A 3 : La Chapelle Marcou — Kim : Peyrouse Allondans, Musée de Besançon.

'solitaria Sowerby synonyme de *pulligera*.

Sowerbyi Morris et Lycett, *Moll. great Oolit.* — C 2 : Epeugney Choffat 78; Dole Belfort *nobis*.

'spiralis Goldfuss synonyme de *bruntrutana*.

subcrenata d'Orbigny 1847 — Bj 1 : Salins d'Orbigny 50; Comberjon Bourguignon-lez-Morez Belfort Musée de Vesoul.

subhastellata Etallon *Jura grayl.* — Po 1 : Mantoche, rr.

sublobata Deshayes 1830 *Enc. met.* — Bj 1 : Fontenelle-lez-Montby, environs de Vesoul, Petitclerc 94.

subnana Etallon *Leth. Brunt.* — R 1 : Champlitte Grandecourt, c, Etallon.

subnodosa Münster — K 1 : Belfort Parisot.

suborbicularis Rœmer *Nord. Oolit.* — R 1 : Champlitte, ar, Etallon — R 2 : La Mouille, cc.

? subreniformis Etallon *Cor. Haut Jura* — R 1 : Besançon *nobis* 82.

sulcifera Phillips. *Geol. Yorks* — Bj 1 : Belfort Parisot.

suprajurensis Etallon *Jura grayl.* — Po 2 : Noiron Fretigney, r.

Thurmanni Etallon *Leth. Brunt.* — R 1 : Dournon Choffat 78, indiquée comme cf. *Thurmanni*.

undosa Bean, Phillips. *Geol. Yorks* — K 1 : Belfort Parisot.

vallata Etallon *Leth. Brunt.* — R 1 : Champlitte Marnay Grandecourt, ar; n'est probablement qu'une variété fixée de *rastellaris*.

virgula Defrance 1820 — V 1-2 : partout, cc; plus abondante dans les couches marneuses; sa présence dans le Portlandien nous parait douteuse. M Contejean signale cette espèce dans l'Astartien supérieur (Calcaire à *cardium*) et dans tout le Kimméridien; nous ne l'avons jamais observée en dehors des niveaux que nous avons indiqués plus haut.

MOLLUSCOIDES

BRACHIOPODES

MEGERLEA

Friesensis Schruf. Choffat 1878 — Arg. 1 : Arc-sous-Montenot.

orbis Quenstedt *Jura* — Arg 1 : Arc-sous-Montenot Choffat
78.

pectunculoïdes Schlotheim 1820 — R 1 : Champlitte, Chassigny, r, Etallon ; Belfort Parisot.

pectunculus Schlotheim 1820 — Arg 1 : Arc-sous-Montenot
Choffat 78 — R 1 : Champlitte Chassigny, r, Etallon.

TEREBRATELLA

˙ **Etalloni** Choffat synonyme de *Fleuriausa*
Fleuriausa d'Orbigny 1847 — R 1 : Sombacourt Musée de
Besançon.

hemisphærica Sowerby 1826, d'Orbigny 1847 — O 2 :
Belfort Parisot.

WALDHEIMIA

Bernardina (*Zeilleria*) d'Orbigny 1847 — O 1 : Besançon
Salins d'Orbigny 50 ; Maiche Kilian.

biappendiculata (*Zeilleria*) Deslongchamps *Mém. Soc.
Linn. Normand.* 1853 — K 1 : Orain Percey Sacquenay, ac,
Etallon ; feuille d'Ornans Kilian.

bucculenta (*Zeilleria*) Sowerby, Davidson *British. Brachiop.*
synonyme de *Parandieri* et généralement désignée sous ce
nom — O 2 : partout. c.

cardium (*Eudesia*) Lamark 1819 — Bt 2 : Rainans Quingey *nobis* — C : feuille de Gray Bertrand — C 1 : Besançon Choffat 78 ; Henry ; Rollier — C 2 : Amange Deprat.

˙ **carinata** Leymerie synonyme d'*humeralis*.

delemontiana (*Zeilleria*) Oppel *Juraformation*, Haas *Kritische Beit.* 1889 — R 1 : partout, c ; on écrit aussi *delemontana*.

digona (*Zeilleria*) Sowerby 1812, Deslongchamps *Pal. franç. ter. jurass. Brachiop.* — Calc. roux sabl. : feuille d'Ornans Kilian — C 2 : partout, c.

egena (*Zeilleria*) Bayle 1878 — A 1 ; A 2 : partout, c ; plus commune dans l'Astartien inférieur.

grayensis Etallon *Jura grayl.* — Po 1 : Gray Mantoche, c. — Po 2 : Noiron Cresancey, r.

humeralis (*Zeilleria*) Rœmer 1839 — Astartien à tous les niveaux, plus répandue à la partie supérieure.

hypocirta Deslongchamps *Mém. Soc. Linn. Normand.* T. IX. — K 1 : Orain Percey, c, Etallon.

impressa (*Aulacothyris*) de Buch 1833 *Berl. Akad. Tereb.* — O 1 : partout, c. — O 2 : notre région Choffat 78 ; Longemaison *nobis*.

lagenalis (*Zeilleria*) Schlotheim 1820 — C 2 : Belfort Haas et Petri *Brachiop. der Juraform.* Amange Deprat 1902 — K 1 : Belfort Parisot. Cette espèce a été signalée dans l'Oxfordien supérieur et dans le Rauracien inférieur, par suite d'une confusion avec d'autres et en particulier avec *delemontiana*.

Moeschi Mayer, Moesch *Arg. Jura* 1867 — Arg. : Arc-sous-Montenot-Choffat 78.

obovata (*Zeilleria*) Sowerby 1812, Davidson *British Brachiop.* — C 1 : Besançon Choffat 78 ; Rollier ; Henry, sous la désignation d'*aff. digona* ; *nobis*. — K 1 : Baume-les-Dames *nobis*.

ornithocephala (*Zeilleria*) Sowerby 1812, Davidson *British Brachiop.* — Bt 1 : Navenne Bronn 37 — Bt 2 : Besançon, Feule, Saint-Hippolyte *nobis* — Calcaire roux sableux : feuille de Montbéliard Kilian — Bt 1 : Belfort Bleicher 97.

pala (*Aulacothyris*) de Buch 1833 *Berl. Akad. Ueber Tereb.* — K 1 : partout, ac.

˙ **Parandieri** Etallon, synonyme de *bucculenta*.

subbucculenta (*Zeilleria*) Chapuis et Dewalque 1851 —
Bj 2 : Coulevon Petitclerc 94, rr — Bj 3 : Leffond Besançon Quingey Myon *nobis*, ac.

umbonella (*Zeilleria*) E. Deslongchamps, synonyme de
lagenalis umbonella Lamarck *Animaux sans vertèbres*, espèce
voisine d'*ornithocephala* — K 1 : Orain, ac, Etallon.

Waltoni Davidson 1851 — Bt 1 : Belfort Bleicher 97.

TEREBRATULA

? alata de Buch, Marcou 1848 — A : La Chapelle.

Bauhini Etallon *Leth. Brunt.* — R 2 : Dorans *nobis*. — A 3 :
feuille d'Ornans Kilian.

bicanaliculata Schlotheim 1820 — O 2 : Besançon Scey-en-
Varais Résal.

biplicata Sowerby synonyme de *bisuffacinata* Zieten et
peut-être aussi de *bicanaliculata* Schlotheim. Le nom de *biplicata* a été donné par Thurmann à plusieurs espèces dont le
bord frontal est marqué d'un double pli. Marcou cite, dans le
Vésulien à Besançon et à Salins, *T. biplicata infrajurensis*, désignation qui doit se rapporter à *globata* ou à *maxillata;* il signale
aussi *T. biplicata medio-jurensis* dans l'Oxfordien, espèce certainement identique à *dorsoplicata* et peut-être aussi à *Stutzii*,
de même que *T. biplicata supra-jurensis* l'est à *subsella ;* cette
dernière synonymie est donnée par M. de Loriol (*Port. de
l'Yonne*, p. 216).

bisuffarcinata Schlotheim 1820 — ? K 1 : Orain, r, Etallon
— O 2 (Arg.) : feuille de Pontarlier Bertrand — Arg 1 : Arc-sous-
Montenot Choffat 78 — R 1 : Besançon Rollier. Nous avons recueilli, dans l'Argovien des Lavottes, une espèce voisine que
nous avons indiquée comme aff. *bisuffarcinata*, et qui doit être
rapportée plutôt à *farcinata*.

Bourgueti Etallon *Leth. Brunt.* — R 1 : Champlitte, ac, Etallon ; Nans-sous-Sainte-Anne Choffat 75 ; Dole Eclans Douvillé
85 : feuille de Montbéliard Kilian ; Dole Amancey *nobis;* Besançon Musée, sous le nom de *vesuntica*. Nous avions confondu
avec *Bauhini* les très gros échantillons de cette espèce; les

— 164 —

petits ont souvent été pris pour des *Galliennei* et indiqués comme tels.

calloviensis d'Orbigny 1847 — O 1-2 : Besançon Rollier.

cincta Cotteau, Douvillé *Brachiop. du ter. jurass.* — Pt : département du Doubs Kilian *in* Douvillé.

circumdata E. Deslongchamps 1862 — Bt 1 : Andelarre, r, Petitclerc 1902.

coarctata (*Dictyothyris*) Parckinson 1811, Davidson *Brit. Oolit. and liasic Brachiop.* — C 1 : Besançon Choffat ; Henry ; — C 2 : partout — K 1 : Belfort Parisot.

conglobata Deslongchamps 1863 *Pal. franc. ter. jurass. Brachiop.* — Bj 1 : Besançon *nobis*, espèce très voisine de *globata*, si elle ne lui est identique.

Cotteaui Douvillé 1885, *Brachiop. des ter. jurass.* — Astartien inférieur coralligène du Colombier, près de Morteau, *nobis*.

crassicornis Etallon *Jura graylois* — A 3 : Oyrières, rr.

dorsocurva (*Dictyothyris*) Etallon, H. Haas *Kritische Beitræge zur Kennt. jurass. Brachiop.* — C : Maizières Tarcenay Haas. — R 1 : Champlitte, r, Etallon ; Besançon Musée, sous le nom de *subcoarctata* Coquand et Pidancet.

dorsoplicata Suess, Eug. Deslongchamps *Bull. Soc. Linn. de Normand.* 1855-1856 — C 2 : Epeugney Choffat 78 — K 1-2 : partout, c — O 1-2 : partout, c ; plus commune dans l'Oxfordien inférieur.

elliptoïdes Moesch. *Beitræge sur geolog. Karte des Schweiz* 1867 — R 1 : Liesle Bertrand 83 ; Dole Fertans *nobis*. — Arg : Arc-sous-Montenot Choffat 78.

emarginata Sowerby 1823 — K 1 : Belfort Parisot.

Faivrei Coquand et Pidancet. — C : Mouillevillers Résal.

farcinata Douvillé 1885 *Brachiop. du ter. juras.* — R 1 : Dole Jourdy *in* Douvillé, c'est à cette espèce qu'il faut rapporter, croyons-nous, les térébratules de l'Argovien des environs de Morteau, que nous avions indiquées comme *aff. bisuffurcinata*.

flabellum Davidson 1850 — C 2 : Amange Depral 1902.

Fleischeri Oppel *Juraform.* — Calcaire roux sableux : feuilles de Montbéliard et d'Ornans. Kilian — K 1 : Besançon Rollier, indiquée comme *Rhynchonella*.

Gagnebini Etallon *Leth. Brunt.* — A 1 : route de Vallorbe, sous les Fourgs, *nobis.*

Galliennei d'Orbigny 1847 — O 2 : partout, c. — R 1 : partout, ac.

Gesneri Etallon *Leth. Brunt.* — A 3 : Oyrières Dampvans Chargey, rr.

globata Sowerby 1825. — Bj 2 : Coulevon Longevelle Petitclerc 94, ac — Bt 1-2 : partout, plus commune dans le supérieur — Calcaire roux sableux : feuille de Montbéliard Kilian — C 2 : Clerval *nobis.*

globulus Waagen 1867 — Bj 1 : Salins, Haas *Kritische Beiträge* 90.

insignis Schubler, Zieten 1830, Thurmann et Etallon *Leth. Brunt.* p. 287, pl. 41, fig. 9. — O 2 : Montcierge, Ornans *nobis* — Arg. : feuille d'Ornans Kilian — R 1 : partout — R 2 : la Mouille, r, Etallon — A 1-3 : Belfort Parisot — V 2 : Montbéliard Contejean.

intermedia Sowerby 1812 — Bt 1 : Andelarre Petitclerc 1902 — Bt 2 : Besançon Rollier ; feuille de Montbéliard Kilian ; Port-sur-Saône *nobis* — C 1-2 : partout, c — K 1 : Belfort Parisot — Calc. roux sabl. : feuille d'Ornans Kilian.

Julii Oppel *Juraformation* — K 1 : Salins Oppel 57.

Kleinii Lamarck 1819, variété de *perovalis* — Bj 3 : Morre *nobis.*

Kurri (*Dictyothyris*) Oppel, Douvillé *Brachiop. des ter. jurass.* — Cette espèce est probablement celle qu'Etallon signale dans le Rauracien inférieur de la Chapelle sous le nom de *retifera.* Douvillé, *loc. cit.*

longiplicata Oppel *Juraform.* — K 1 : Salins, Marcou *in* Oppel.

maxillata Sowerby 1823, Davidson *British oolit. and liasic Brachiop.* — Bt 1 : feuille de Montbéliard Kilian ; Belfort Bleicher 97 — Bt 2 : Maiche Glère Kilian ; Montarlot-lez-Champlitte, environs de Montbéliard et de Belfort *nobis* — C 1 : Besançon Rollier ; *nobis.* — C 2 : Belfort Parisot. Les individus que nous avons recueillis dans le Cornbrash inférieur des environs de Besançon diffèrent légèrement des types figurés par les auleurs cités, et se rapprochent d'*intermedia*, peut-être serait-il préférable de les désigner sous le nom de *submaxillata*.

moravica Glocker 1845. Thurmann et Etallon *Leth. Brunt.*, p. 286, pl. 41, fig. 8 — R 2 : la Mouille, c. Est-ce bien le véritable *moravica* qu'Etallon a recueilli à la Mouille, ou bien un jeune *Banhini*, comme la confusion a été faite pour les térébratules de Chatelcensoir (Douvillé *Brachiopodes*). Cependant la description du *Lethea* paraît bien se rapporter au véritable *moravica* tel que le dépeint M. Douvillé.

nutans Mérian, citée par M. Rollier, dans l'Oxfordien supérieur et dans le Rauracien inférieur de Besançon.

orbicularis Sowerby 1826 — C (C 2) : Tarcenay Résal.

ovoïdes Sowerby 1815 — Bj : Coulevon Villars-sous-Dampjoux Petitclerc 1900.

? pentagonalis Bronn 1841, très probablement synonyme d'*humeralis* — ? R 2 : Belfort Parisot.

perglobata Etallon *Jura graylois*. — O 2 : Virey, Charcenne, c ; c'est *globata* Boyé *Géologie du Doubs* (*non Sowerby*).

perovalis Sowerby 1825 — Bj 1 : Salins Marcou ; Montbéliard Contejean 62 — Bj 2 : Comberjon Longevelle Petitclerc — Bj 3 : Belfort Parisot ; Morre *nobis* (var. *Kleinii*).

'**perovalis** Push *non* Sowerby, synonyme de *Bourgueti*.

? portlandica Etallon *Jura grayl.* — Po 1 : Gray Mantoche, ac : Espèce très voisine de *subsella*.

? retifera (*Dictyothyris*) Etallon *Jura grayl.* — R 1 : Champlitte, très probablement synonyme de *Kurri*.

'**reticulata** (*Dictyothyris*) Smith 1816-1819, Schlotheim 1820, synonyme p. p. de *coarctata*, p. p. de *subreticulata*, p. p. de *Kurri* — K 1 : Orain Etallon. — O : Besançon Résal — O 2 : Belfort Parisot. L'espèce citée par MM. Résal et Parisot doit être très probablement attribuée à *Kurri*, comme aussi le *retifera* d'Etallon.

Saemanni Oppel *Juraform.* — K 1 : Clucy Oppel 57 ; Choffat 78.

semifarcinata Etallon 1862 *Monog. du Coral.* — R 1 : feuille de Montbéliard Kilian.

simplex Buckmann 1845 *Geol. of Chelt.* — Bj 3 : Besançon Rollier.

Stutzii Haas 1893 *Kritisch. Beitræge zur Kennt. Brach. jurass.*. p. 110, pl. 11, fig. 1-18. — K 2 : Besançon Clucy Haas — O 1 : Quenoche Tarcenay, Villers-sous-Montrond, Epeugney Besançon *nobis ;* Arc-sous-Montenot Salins Haas — O 2 : Besançon Haas. Espèce partout très commune, souvent confondue avec *dorsoplicata.*

subcanaliculata Oppel *Juraform.* — K 1 : Orain, r, Etallon.

'subcoarctata Coquand et Pidancet, synonyme de *dorsocurva* Etallon.

submaxillata Morris, Davidson *British lias. and oolit. Brachiop* , simple variété de *maxillata,* d'après ce dernier auteur — Bt 2 : feuille de Montbéliard Kilian.

subsella Leymerie 1846 — se rencontre à tous les niveaux de l'Astartien au Portlandien inclusivement, est surtout commune dans le Ptérocérien, mais n'est rare nulle part.

'suprajurensis Thurmann *Leth. Brunt. ;* Haas *Kritische Beitræge* le considère comme une simple variété de *subsella,* sa distribution est la même que celle de *subsella.*

ventricosa Hartmann *in* Zieten *Wurtemb.* — Bj 2 : environs de Vesoul Petitclerc 94 ; Saint-Hippolyte *nobis* — Bt 1 : feuille de Montbéliard Kilian.

'vesuntica Coquand et Pidancet, synonyme de *Bourgueti.*

sp. aff. **Zieteni** P. de Loriol 1878. — Nous avons recueilli dans l'Astartien supérieur coralligène d'Etalans, un échantillon incomplet qui se rapproche de cette espèce.

THECIDEA

antiqua Münster Goldfuss *Petrefact.* — R 1 : Chassigny Champlitte, c, Etallon — Arg. 1 : Arc-sous-Montenot Choffat 78.

cordiformis d'Orbigny 1847 — K 1 : Orain, rr, Etallon.

portlandica Etallon *Jura grayl.* — Po 1 : Gray Mantoche, ac.

? reticulata Contejean Parisot 1877 — A 3 : Belfort Parisot.

RHYNCHONELLA

angulata Sowerby 1825 — Bj 1-2 : partout, ac.

arolica Oppel 1866. — Arg. : feuille d'Ornans Kilian.

Bertschingeri Haas *Kritische Beit.* 1889 — K 1 : Besançon Haas.

concinna Sowerby 1815 — ? Bj 1-2-3 : Belfort Parisot — Bt 1 : Andelarre Petitclerc 1902 ; Belfort ; feuille de Montbéliard Kilian — Bt 2 : partout. — C 2 : partout — K 1 : Belfort.

'**concinnoïdes** d'Orbigny, synonyme d'*elegantula*.

corallina Leymerie 1846 ; Haas *Krit. Beit.* 1889 — Cette espèce, désignée par divers auteurs sous les noms de *pinguis, inconstans, semiconstans, pectunculoïdes*, se rencontre à tous les niveaux à partir du Glypticien ; elle est fréquente dans tout le Rauracien, moins dans l'Astartien, moins encore dans le Kimméridien et le Portlandien ; elle se trouve surtout dans les assises coralligènes.

Crossi (*Acanthothyris*) Walker 1869 — Bj 1 : Froley-lez-Vesoul Petitclerc 1900. Cette espèce a été souvent confondue avec *spinosa*.

cuneata Coquand et Pidancet — C : Besançon Résal — C 1 : Besançon Henry.

decorata Schlotheim 1820, d'Orbigny 1850 — Bt 2 : feuilles de Gray et de Besançon, Bertrand ; les Laverottes, Musée de Vesoul. M. Henry indique une espèce très voisine dans le Cornbrash inférieur de Besançon.

elegantula Bouchard, de Lapparent et Fritel. *Fos. second.* — C 1 : Besançon Choffat ; Rollier, sous le nom de *concinnoïdes* — C 2 : Maizières *nobis*.

Ferryi Deslongchamps, citée par M. Choffat (*Esquisse*, p. 24), dans le Callovien à *anceps* de Dournon.

Fischeri Rouill. citée par M. Choffat (*Esquisse*, p. 15), dans le Cornbrash d'Epeugney.

furcillata Theodori, de Buch 1834. *Über Tereb.* — O 1 : Belfort Parisot..

'**inconstans** Sowerby. synonyme de *corallina*.

? lacunosa Schlotheim 1813 — Bt : Haute-Saône, Thirria.

lotharingica Haas et Petri *Brach. der Juraform. von Elsass-Loth.* 1882 — Bt 1 : Andelarre Petitclerc 1902.

˙media Sowerby, synonyme de *tetraedra.*

minuta d'Orbigny 1847 — K 1 : Orain, rr, Etallon ; Epeugney Choffat 78 — O 1 : notre région Choffat — O 2 : Dournon — Arg. : Arc-sous-Montenot.

Morieri Davidson 1852 — C 1 : Besançon Choffat 78 ; Rollier.

obsoleta Sowerby 1812. Davidson *British Brachiop.* — Bj 3 : Besançon Rollier ; — Bt 1 : feuilles d'Ornans et de Montbéliard Kilian ; Belfort Bleicher — Bt 2 : Besançon Rollier — C 1 : Besançon Choffat 78 ; Rollier.

˙obtrita Defrance, synonyme de *Thurmanni.*

oligacantha (*Acanthothyris*) Branco *Der untere Dogger* — Bj 1 : Longevelle Petitclerc 94.

parvula E. Deslongchamps 1862 — Bj 1 : Comberjon Petitclerc 1901.

pectunculata Schlotheim 1813, d'Orbigny 1847 — Arg. (R 1 *nobis*) : Dournon, l'Abergement-du-Navois Choffat.

˙pectunculoïdes Etallon, synonyme de *corallina.*

Petitclerci Haas *Kritische Beiträge* 1890 — Bj 1 : Comberjon Petitclerc 94.

˙pinguis, synonyme de *corallina.*

plicatella Sowerby 1825, Davidson *Brit. lias. and oolit. Brach.* — C 1 : Besançon Rollier.

˙pullirostris Etallon, synonyme de *corallina.*

quadriplicata Zieten 1830 — Bj 1 : Comberjon Petitclerc 1900 — Bj 2-3 : partout, ac.

Rotpletzi Haas *Krit. Beit.* 1889 — C 2 : Maizières près d'Ornans, Haas.

Royeriana d'Orbigny 1847 — K 1 : Dournon, Choffat 78 — M. Petitclerc a signalé en 1894 une espèce très voisine de celle-ci, qu'il indique comme *aff. Royeri* d'Orb., dans le Bajocien, à Quincey et à Dampvalley-lez-Colombes.

˙semiconstans Etallon, synonyme de *corallina.*

senticosa (*Acanthothyris*) Schlotheim 1820 — O 2 : Dournon Choffat 78.

spathica Lamark, Deslongchamps 1857 — K 1 : partout, ac.

spinosa (*Acanthothyris*) Schlotheim 1813, Davidson *British Brachiop.* — Bj : feuille de Gray Bertrand — Bj 1 : Belfort Parisot — Bj 2 : Coulevon Longevelle, Petitclerc 94. — Bt 1 : Belfort. — Bt 2 : Belfort; feuille de Montbéliard Kilian. — Calc. roux sabl. : feuilles de Montbéliard et de Ferette. — C 2 : Belfort — K 1 : Clucy Marcou ; Belfort.

spinulosa (*Acanthothyris*) Oppel *Juraform.* — O 1 : Besançon, Haas *Krit. Best.* 1889.

striocincta Quenstedt *Jura* — Arg. 1 : Arc-sous-Montenot Choffat 78 — R 1 : Ferette Kilian.

stuifensis Oppel *Juraform.* — Bj 1 : Glère Kilian et Petitclerc 94.

***sublentiformis** Rœmer synonyme de *pectunculata*.

subvariabilis Davidson 1852 — A 1 : Belfort Parisot.

tenuispina (*Acanthothyris*) Waagen 1868 — Bj 3 : Voillans Kilian et Petitclerc 94.

Thurmanni Voltz Bronn *Leth. geogn.* — O 1 : partout, ac — O 2 : partout, cc.

triplicosa Quenstedt, Deslongchamps, *Mém. Soc. Linn. Normand.* T. XI — K 1 : Orain Percey, r. Etallon ; Belfort Parisot ; Besançon Rollier ; feuille de Montbéliard Kilian — O 2 : Pierrecourt, r, Etallon.

variabilis (*Dictyothyris*) Schlotheim 1813, Haas *Kristische Beitræge* 1889 — C 3 : Maizières Tarcenay Haas.

varians Schlotheim Davidson *Brit. lias. and Oolit. Brachiop.* — Calcaire roux sableux : Maiche Glère feuilles de Ferette et de Montbéliard et d'Ornans Kilian — C 1 : Besançon, rr, Rollier — K 1 : Besançon Rollier.

varians Schlotheim var. **oolithica** Haas et Petri *Brachiop. der Juraform.* — Bt 1 : Andelarre Petitclerc 1902.

Zieteni d'Orbigny 1850, identique d'après cet auteur à *varians* Zieten *non* Schlotheim — Bj 1 ; Bt 1-2 : Belfort Parisot — C 2 : Montbéliard Contejean 62 : Belfort — K 1 : Belfort.

RETZIA

trigonella Schotheim *Petrefactenk.* — O 2 : Haute-Saône
Thirria; Ferrières-lez-Scey Bronn *Leth. geogn.*

CRANIA

jurensis Etallon *Jura grayl.* — R 1 : Chassigny Sacquenay,
rr.

? porosa Münster Goldfuss *Petrefact.* — R 1 : Chassigny, rr.

reticulata Contejean 1858 — A 3 : Montbéliard. C'est probablement cette espèce que M. Parisot indique comme *Thecidium
reticulatum* Contejean, au même niveau.

ORBICULA

Humphriesiana Sowerby 1826 — A 2 : Montbéliard Contejean.

LINGULA

Beani Phillips 1829 — Bj 1 : Uzelle Petitclerc 94.
virgulina Etallon *Jura grayl.* — V 1 : Arc. rr.

BRYOZOAIRES

SPINIPORA

Haimei Etallon *Mon. Cor.* — R 1 : Chassigny, r, 62.

HETEROPORA

conifera Lamouroux, Haime 1854 — Bj 1 : Belfort Parisot
— Bj 2 : Coulevon Petitclerc 94 — C 2 : Tarcenay Burgille
Vorges Résal; Maizières, Musée de Besançon; Salins Epeugney
Choffat 78; Epeugney Besançon Henry.
corymbosa Haime — C 2 : Belfort Parisot.

dumetosa Michelin — C 2 : Besançon Laissey Henry — C 2 (C 1 peut-être) Epeugney — C 2 : Tarcenay Résal.

gibbosa de Fromentel — Po 1 : Mantoche Etallon 62 — Po 2 : Fretigney.

gradata Etallon 1862 — R 2 : la Mouille Franois, ac.

virgulina Etallon *Lethea* — V 2 : Claus, ar, 62.

CERIOPORA

globosa Michelin 1846 — Bj 2 : Coulevon Petitclerc 94.

LICHENOPORA

Orbignyana Etallon 1862 — K 1 : Percey, ar.

RETICULIPORA

dianthus Blainville, d'Orbigny 1847 — C 2 : Epeugney Henry.

BERENICEA

densata Etallon *Leth. Brunt.* — V : Aroz-Traves Petitclerc 88.

diluviana Lamouroux, Haime *Bryoz. form. jurassique* — Bj 2 : Coulevon Petitclerc 94 — C 1 : Besançon, Choffat 78; Henry.

laxata d'Orbigny Etallon 1862 — K 1 : Sacquenay, ac. — R 2 : Belfort Parisot.

lucensis d'Orbigny, Haime. — C 1 : Besançon Choffat 78 — C 2 : Besançon; Laissey Epeugney Henry.

microstoma Michelin 1845, Haime *Bryoz. foss. jurass.* — Bj 2 : Coulevon Petitclerc 94 — Bt 1 : Burgille Résal — C 2 : Laissey Besançon Henry.

orbiculata Goldfuss, Etallon 1862 — R 1 : Champlitte, ac.

portlandica de Fromentel — Po 1 : Gray Etallon 62.

striata Haime — C 2 : Epeugney Henry.

substriata Etallon — V 1 : Chargey-lez-Autrey 62, rr.

verrucosa Edwards 1839 — Bj 1 : Belfort Parisot — Bt 1 : Burgille Musée de Besançon — ? Bt 2 : Burgille Résal.

PROBOSCINA

expansa Etallon 1862 — R 1 : Chassigny, r.
indivisa Etallon 1862 — K 1 : Orain, rr.

STOMATOPORA

Bouchardi Haime *Bryoz. form. jurass.* — K 1 : Orain Percey, c, Etallon 62.
dichotoma Haime — C 2 : Maizières Résal.
elongata de Fromentel — Po 1 : Gray, Etallon 62.
intermedia Münster, Étallon 1862 — R 1 : Chassigny, r.
Waltoni Haime — Bt 1 : Burgille Résal.

DIASTOPORA

Eudesana Haime — C 2 : Epeugney Henry.
foliacea Lamouroux 1821 — Bj 1 : Coulevon Petitclerc 94 et 1900.
Lamourouxi Edwards 1835 — Bj 1 : Coulevon Petitclerc 1900.
Michelini Haime — C 2 (C 1 peut-être) : Epeugney.
mottensis Haime — Bj 3 : Besançon Musée.
Terquemi Haime — Bj 1 : Belfort Parisot.

PUSTULIPORA

arborea Waagen 1868 — Bj 1 : Comberjon Petitclerc 1900.

ENTALOPHORA

Tessonii Michelin, d'Orbigny 1847 — Bj 1-2-3 : Belfort Parisot.

SPIROPORA

simplex Etallon 1862 — Po 1 : Mantoche, r.

DEFRANCIA

sp Petitclerc 1900. — Bj 1 : Comberjon, ar.

PETRICELLA

portlandica Etallon 1862 — Po 1 : Gray, c.

ANNÉLIDES

clathratus Etallon 1859 — R 2 : la Mouille Theuley, ar, 62.
evomphaloïdes Coquand et Pidancet — O 2 : Palente Résal.
scaphitoïdes Coquand et Pidancet — O 2 : Palente Musée de
Besançon: Résal.
Thirriai Etallon *Lethea* — O 2 : partout, ac.

alligata Etallon *Lethea* — O 2 (R 1 *nobis*) : Dournon, Choffat 78 — R 1 : Ovanches, ar, Etallon 62 — R 2 : la Mouille, ac.
conformis Goldfuss 1833 — Bt 1 : Andelarre Petitclerc 1902
— C 2 : Epeugney, Choffat 78 ; Laissey Epeugney Henry — K 1 :
Belfort Parisot — ? Kim : Haute-Saône Thirria.
convoluta Goldfuss *Petref.* — Bj 1-3 : Belfort Parisot —
O 1 : Montaigu Petitclerc — R (R 1) : Vaulgrenans Marcou, r.
corallina Etallon 1859 — R 1 : Champlitte Chassigny, ar, 62.
Deshayesi Munster Goldfuss *Petref.* — O 1 : Montaigu Petitclerc — O 2 : Glères Kilian, rapportée au genre *Vermilia*. —
R 1 : Champlitte Grandecour, r, Etallon 62.
dimorpha Buvignier 1852 — R 1 : Scey-en-Varais, Besançon Résal.
filaria Goldfuss 1833 — Bj 1 : Longevelle Vesoul Petitclerc
94.
flaccida Goldfuss *Petrefact.* — Bj 1 : Belfort Parisot — Bt 1 :
Andelarre Petitclerc 1902 — C 2 : Puits de la Brême Résal —
K 1 : Orain Percey, ac, Etallon 62 — O 2 : Calmoutier, r. —
R (R 1) : Pagnoz, c, Marcou ; Haute-Saône Thirria.
funicula Etallon 1862 — Po 1 : Mantoche Gray Batterans, cc.

gordialis Schlotheim 1820 — Bj 2 : Vesoul Petitclerc 94 — Bt 1-2 ; C 2 ; K 1 : Belfort Parisot — O 1 : Montaigu Petitclerc — O 2 : partout, ac. — R 1 : partout, c.

grandis Goldfuss 1833 — Bj 1-3 : Haute-Saône Thirria — Bj 2 : Vesoul Longevelle Petitclerc 94 — C 2 : Belfort Parisot.

heliciformis Goldfuss *Petref.* — R 1 : partout, ac.

ilium Goldfuss *Petref.* — O 1 ; O 2 ; R 1 : partout, c.

interrupta Goldfuss *Petrefact.* — R 1 : Chaudefontaine Résal.

intricata Etallon 1862 — R 1 : Marnay, c.

lacerata Phillips *York.* — O 2 ; R 1 : partout, ac.

limata Münster Goldfuss *Petref.* — O 1 : notre région Choffat 78 — R 1 : Chassigny Etallon 62, c.

limax Goldfuss *Petrefact.* — Bj 1 : Belfort Parisot; Salins Marcou.

lumbricalis Schlotheim 1820 — C 1 : Besançon Choffat 78 — C 2 ; K 1 : Belfort Parisot.

macaroni Coquand et Pidancet, Musée de Besançon — R 1 : partout, ac.

medusida Etallon *Lethea :* Bj 2 : Vesoul Petitclerc 94, r — V 1 : Chargey, rr, Etallon 62.

nodulosa Goldfuss *Petrefact.* — O 2 : Besançon Résal.

plicatilis Münster 1833 — Bj 2 : Longevelle Petitclerc 94 — C 2 : Belfort Parisot.

prolifera Goldfuss *Petref.* — R 1 : Nans Choffat 75.

pulchella Etallon 1862 — K 1 : Orain Percey, ar.

pustuliformis Etallon 1862 — R 1 : Chassigny Champlitte, c.

quadrilatera Goldfuss *Petrefact.* — C 2 : Belfort Parisot.

quadristriata Goldfuss *Petrefact.* — K 1 : Orain Percey, cc, Etallon 62.

quinqueangularis Goldfuss *Petrefact.* — O 2 : Belfort Parisot — Pt 1 : Montbéliard Contejean : Chargey, rr, Etallon 62 — V 1 : Chargey, rr ; Aroz-Traves Petitclerc 88.

runcinata Sowerby — R 1 : Chassigny, r, Etallon 62.

semiangularis Etallon 1862 — A 1 : Ecuelle, r.

semiplicatilis Etallon 1862 — K 1 : Orain Percey, ac.

socialis Goldfuss 1833 — Bj 1 : Belfort Parisot — Bj 2 : Vesoul Longevelle, ar, Petitclerc 94 — Bj 3 : Belfort — Bt 1 : Andelarre Petitclerc 1902. indiquée comme appartenant au genre *Galeolaria* — C 2 : Belfort.

spiralis Goldfuss *Petrefact.* — Bj 1 : Belfort Parisot — O 2 : Belfort — R 1 : Champlitte, ac, Etallon 62 ; Dournon Choffat 78 — R 2 ; A 1 : Belfort.

strangulata Etallon 1859 — R 2 : Raucourt, rr, 62.

subfilaria Deslongchamps 1877 — Bj 1 : Comberjon Petitclerc 1900, ac.

subflaccida Etallon 1859 — R 1 : partout, ac.

subserpentina Etallon 1862 — R 1 : Chassigny Piepape, ac.

subsimilis Etallon 1862 — K 1 : Orain Percey, ac.

subulata Etallon 1862 — O 2 : Charcenne, rr.

tetragona Sowerby 1829 — Bj 2 : Vesoul Longevelle, rr, Petitclerc 94 — O 2 : Belfort Parisot.

Thurmanni Contejean 1858 — A 2 : Montbéliard — A 3 : Belfort Parisot.

tricarinata Sowerby 1829 — Bj 1 : Comberjon Petitclerc 1900 — Bt 1 : Andelarre, rr, Petitclerc 1902 — C 1 : Besançon Henry — C 2 : Épeugney — R 1 : Champlitte, r, Etallon 62.

* **tricarinata** Goldfuss synonyme de *subsimilis*.

vertebralis Sowerby Goldfuss *Petrefact.* — C 2 : Maiche Trévillers Résal.

GALEOLARIA

Lachesis Etallon *Lethea* — A 2 : Oyrières, ac, 62.

ramosa Coquand et Pidancet — C 2 : Laissey Epeugney Henry.

CHÆTOPTERUS

incertus Deslongchamps 1877 — Bj 1 : Comberjon Petitclerc 1900, ar.

HAGUENOVIA

kellowiana Etallon 1862 — K 1 : Orain Percey, c.

minima Etallon *Lethea* — A 1 : Ecuelle, r, 62.

oxfordiensis Etallon 1862 — O 2 : Gy, r.

TALPINA

astartina Etallon *Lethea* — A 1-2 : Écuelle Oyrières, ac, 62.
capillaris Etallon 1862 — K 1 : Orain Percey, ar.
reticulata Etallon 1862 — K 1 : Orain, ar.

DENDRINA

dumosa Etallon *Lethea* — A 2 : Oyrières, rr, 62.
gracilis Etallon 1862 — A 2 : Oyrières, rr.
lichenoïdea Etallon 1862 — K 1 : Orain, r.
punctata Etallon *Lethea* — A 2 : Oyrières, ac, 62.

COBALIA

grayensis Etallon 1862 — Po 1 : Arc, rr.
jurensis Etallon *Lethea* — R 2 : Theuley, la Mouille, c, 62.

———

ÉCHINODERMES

ECHINOIDES

DYSASTER

analis Agassiz 1847 — Bt 1 : Salins Marcou.

carinatus Agassiz 1847 — O 2 : Montbéliard Contejean 62.

granulosus Agassiz 1847 — O 2 : Besançon Musée ; notre région, Choffat 78 — R 1 : Champlitte, Maire 1900.

ovalis Agassiz 1847 — O 2 : Besançon, Salins, d'Orbigny 50 ; Montbéliard Contejean 62.

ringens Agassiz 1847 — Bj : Besançon Salins d'Orbigny 50 — Bt 1 : Salins Marcou.

COLLYRITES

acuta Desor 1857 — K 1 : Orain Sacquenay, cc, Etallon, 62.

bicordata Leske ; Desor 1857 — O 2 : partout, cc — R 1 : Maiche Kilian ; Champlitte Maire 1900.

elliptica Agassiz 1847 — K 1 : Belfort d'Orbigny 50 — O 1 : Maiche Kilian.

PYGURUS

Blumenbachii Agassiz 1847 — R 1 : Neuvelle, ac, Etallon 62 — A 1 : Dole Jourdy.

Bonanomii Etallon 1859 — Pt 1 : Montbéliard, r, 60 — V 1 : Chargey, r, 62.

Hausmannii Agassiz 1847 — R 1 : Neuvelle, r — R 2 : la Moaille, r, Etallon 62 ; Belfort, Parisot.

jurensis Marcou, Desor 1857 — Pt 1 : Montbéliard, r, Etallon 60 ; Chargey 62 — V 1 : débris douteux, Montbéliard Etal-

lon — V 2 ou plutôt Po 1 : Suziau Morteau Gray, Marcou *in*
Desor — Pt ; V : Aroz-Traves Petitclerc 88.

pentagonalis Phillips, Desor 1857 — R 1 : Champlitte, rr,
Etallon 62.

Royeranus Cotteau — Po 1 : Gray, Etallon 62.

CLYPEUS

acutus Agassiz 1847 — Pt 1 : Pagnoz Marcou.

Hugii Agassiz 1847 — Bt 1 : Géraise près Salins Marcou.

Osterwaldi Desor 1857 — Bj 2 : Vesoul Petitclerc 94, ar.

patella Agassiz 1847 — Bj 1 : Haute-Saône Thirria — Bt 1 :
Salins Besançon Marcou.

Ploti Klein 1734, Cotteau 1870 — Bj 2 : Vesoul, rr, Petitclerc
94.

sinuatus Leske, Desor 1857 — Bj 2-3 ; C 2 ; Belfort Parisot.

solodurinus Agassiz 1847 — Bt 2 : Besançon, Musée.

ECHINOBRISSUS

Bourgueti Desor 1857 — V 2 : Beaujeu Etallon, 62.

clunicularis Lwyd 1699; Desor 1857 — Bj 2 : environs de
Vesoul, ar, Petitclerc 94 — Bj : Bourguignon-lez-Morey, musée
de Vesoul. — Bt 1 : Maiche Desor 57; Navenne Bronn — C 2 :
Épeugney Henry ; Belfort Parisot; feuille de Gray, Bertrand 80 ;
Clerval Dole, *nobis*.

corallinus Agassiz — R 1 : Maiche Kilian 83.

Goldfussii Desor 1857 — O 2 (chail.) : Mailley, Rosey, Etallon 62.

icaunensis Cotteau — V 1 : Chargey, rr, Etallon 62.

latiporus Agassiz 1847 — C 2 : Salins Marcou.

major Agassiz 1847 — A 1 : Dole Jourdy — A 2 : Belfort
Parisot. — Pt 1 : Montbéliard Etallon 60 ; Belfort.

micraulus Agassiz 1847 — O 2 : Maiche Kilian ; Lombard
Marcou.

orbicularis Phillips 1829 — Bt 2 : Glères Kilian — C 2 :
Belfort Parisot.

Perroni Etallon 1862 — Po 1 : Gray, c.

scutatus Lamarck, Desor 1857 — O 2 : Chamesol d'Orbigny 50 — ? A 1 : Belfort Parisot.

· **Thurmanni** Desor, synonyme de *clunicularis*.

PSEUDODESORELLA

icaunensis Desor 1857 — R 2 : la Mouille, rr, Etallon 62.

GALEROPYGUS

agariciformis Forbes — Bj 2 : Vesoul, Petitclerc 94 — Bj 1 : Pisseloup.

cf. **sulcatus** Cotteau. — Bj 2 : Comberjon, Petitclerc 94.

HYBOCLYPUS

canaliculatus Desor 1857 — Bj 1 : Salins, rr, Marcou.

Marcousi Desor 1857 — Bj 1 : Salins, rr, Marcou ; Pisseloup. cc, Petitclerc — Bj 2 : Vesoul Comberjon Velleminfroy, ac, Petitclerc 94.

subcircularis Cotteau — Bj 2 : Vesoul Comberjon Longevelle. Petitclerc 94.

Wrighti Etallon 1862 — R 1 : Neuvelle, r.

PYGASTER

granulosus Lambert 1899 — Bj 1 : Comberjon Petitclerc 1900.

Trigeri Cotteau 1857 — Bj 1-2 : Vesoul Comberjon Longevelle Petitclerc 94.

umbrella Agassiz 1847 — R 1 : Neuvelle, ac, Etallon 62 — R 2 : la Mouille, r.

HOLECTYPUS

araricus Etallon 1862 — Po 1 : Gray, r.

corallinus d'Orbigny 1847 — R 1 : Neuvelle, rr, Etallon 62

— R 2 : la Mouille, rr. — V : Aroz-Traves Petitclerc 88; Mont-Saint-Léger 85.

depressus Desor 1857 — Bj 3 : Belfort Parisot — Bt 1 : Navenne Thirria *in* Agassiz *Descrip. des Echinod. fos. de la Suisse;* Salins, c, Marcou; Glères Kilian — C 1 : notre région Choffat 78 ; Epeugney Besançon Henry — C 2; K 1 : Belfort — O (O 2 probablement) : Navenne Ferrières-lez-Scey, Percey, Bronn — O 2 : Besançon Voltz ; Belfort Parisot. Cette espèce a été désignée souvent comme *Galerites depressus* Leske ou *Discoïdea depressa* Agassiz.

inflatus Desor 1857 — A 3 : Montbéliard Etallon 60.

Meriani Desor 1857 — Pt 1 : Auvet, rr, Etallon 62 ; Montbéliard, ac, Etallon 60.

punctulatus Desor 1857 — O 2 : Besançon d'Orbigny 50 — O 1 : Montaigu, rr, Petitclerc.

DISCOIDEA

* **depressa** Agassiz synonyme de *Holectypus depressus.*

STOMECHINUS

apertus Desor 1856 — K 1 : Belfort Parisot.

bigranularis Desor 1856 — C 2 : Belfort Parisot.

germinans Phillips 1829 — R 1 : Champlitte, ar, Etallon 62 ; Montbéliard 60.

gyratus Agassiz 1847 — O 2 : Besançon d'Orbigny 50 ; La Vèze, Bregille, Musée — R 1 : Dole, Marcou ; Champlitte Maire 1900.

lineatus Desor 1856 — R 1 : partout, ac.

monsbeligardensis Desor 1856 — V : Montbéliard Etallon 60, rr.

perlatus Desor 1856 — R 1 : Pagnoz Eternoz, Poupet, Marcou ; Besançon Musée.

* **psammophorus** Agassiz synonyme de *lineatus.*

sulcatus Cotteau 1884 — Bj 2 : Montigny-lez-Vesoul. Petitclerc 94.

PSAMMECHINUS

Contejeani Etallon 1860 — Pt 1 : Montbéliard, rr.

PEDINA

ornata Agassiz *Descrip. des Echinod. foss. de la Suisse* —
O 2 : haute vallée du Doubs (Renaud-Comte) Agassiz.
sublævis Agassiz 1847 — R (R 1) : Pagnoz Poupet Marcou
— R 1 : Besançon *nobis* 85 — V : Aroz-Traves Petitclerc 88.

GLYPTICUS

affinis Agassiz 1847 — A 2 : Nans *nobis*.
hieroglyphicus Agassiz 1847 — R 1 : partout, ac. Cet our-
sin a été rencontré quelquefois dans les dépôts de *Chailles re-
mainées*, ce qui explique pourquoi certains auteurs l'ont signalé
dans l'Oxfordien supérieur.
regularis Etallon 1859 — O 2 : Belfort Parisot.
sulcatus Goldfuss Desor 1856 — R 1 : Chassigny, Champlitte, r — R 2 : la Mouille, rr, Etallon 62. N'est probablement
qu'une variété d'*hieroglyphicus*.

MAGNOSIA

nodulosa Desor 1856 — R 1 : Champlitte, ar, Etallon 62.

HEMIPEDINA

Chalmasi Cotteau 1883 — Bj 2 : Vesoul, Petitclerc 94.

DIPLOPODIA

Micheloti Etallon 1862 — Po 1 : Champvans, rr.
subangularis M. Coy; Desor 1856 — R 1 : Champlitte Neuvelle, ac, Etallon 62 — R 2 : Belfort Parisot — R (R 1 probablement) : Salins Dole Marcou.

PSEUDODIADEMA

 ˙ **æquale** Agassiz synonyme de *homostigma*.

complanatum Agassiz 1847 — R 1 : Amancey *nobis* — A 1 : Belfort Parisot.

conforme Etallon 1859 — Pt 1 : Belfort Parisot — V 1 : Chargey, r, Etallon 62; Aroz-Traves Petitclerc 88.

depressum Agassiz, Desor 1856 — Bj 2 : Vesoul Petitclerc 94.

Duvernoyi Etallon 1860 — A 1 : Montbéliard, rr.

Flamandi Etallon 1860 — R 1 : Beaucourt.

florescens Agassiz 1847 — O (O 2 probable) : Besançon d'Orbigny 50 — O 2 : Belfort Parisot.

hemisphæricum Desor 1856 — R 1 : Montbéliard Etallon 60 — R 2 : Theuley 62 — A 1 : Nans Choffat 78.

homostigma Agassiz 1847 — Bt 1 : Romange près Dole, Marcou — K 1 : Belfort Parisot — O 2 : Lombard, Marcou, sous le nom d'*æquale*.

inæquale Desor 1856 — K 1 : Orain, r, Etallon 62.

mamillanum Roemer, Desor 1856 — Bj 3 : Salins, rr, Marcou — R 1 : Champlitte Chassigny, ar, Etallon 62 — Pt 1 : Belfort Parisot — V : Mont-Saint-Léger Petitclerc.

neglectum Thurmann, Desor 1856 — A 3 : Dole Jourdy — Pt 1 : Montbéliard Etallon 60.

pentagonum Cotteau — Bt 2 : Belfort Bleicher 97.

princeps Thurmann, Desor 1856 — R 1 : Gray Etallon *Lethea*.

priscum Agassiz 1847 — R 1 : Pagnoz Lombard Marcou.

subcomplanatum d'Orbigny, Desor 1856 — Bt 2 : Belfort Parisot.

superbum Agassiz 1847 — K 1; O 1 : Belfort Parisot — O 1 : Montaigu, r, Petitclerc — O 2 : partout. ac.

Thirriai Etallon 1862 — Po 1 : Gray Fresne-Saint-Mamès, ar.

 ˙ **Wurtembergicum** Thurmann synonyme de *neglectum*.

DIADEMA?

* **pseudodiadema** Agassiz synonyme de P. *hemisphæricum.*

' **subangulare** M. Coy synonyme de *Diplopodia subangularis.*

ACROCIDARIS

formosa Agassiz 1847 — A 3 : Aiglepierre près Salins Marcou.

nobilis Agassiz 1847 — R 1 : Charcenne, r. — R 2 : la Mouille, r, Etallon 62.

subformosa Etallon *Lethea* — A 1 : Fahy, rr, 62.

HEMICIDARIS

Agassizii Etallon *Lethea* — Pt 1 : Chargey, r, 62.

crenularis Agassiz 1847 — Chail. : la Vèze (d'Udressier) Agassiz ; Torpes *nobis* — R 1 : partout, ac. — ? A 2 : Sombacourt *nobis.*

Desorana Cotteau — Pt 1 : Chargey, rr, Etallon 62.

diademata Agassiz 1847 — O (O 2) : Besançon Salins d'Orbigny 50 — A (A 1 probable) : la Chapelle Marcou.

Gagnebini Desor 1855 — A 2 : Dole Jourdy.

Hofmanni Desor 1855 — R 2 : Montbéliard Etallon 60 — V : Aroz-Traves, Péfitclerc 88.

intermedia Forbes, Desor 1855 — R 1 : Charcenne Neuvelle, ac. Etallon 62 — R 2 : Theuley la Mouille, ac.

langrunensis Cotteau — C 1 : Besançon Choffat 78.

Lestoquei Thurmann *Lethea* — V 2 : Montbéliard Etallon 60, rr.

mantochensis Etallon 1862 — Po 1 : Mantoche, r.

mitra Agassiz 1847 — Pt 1 : Montbéliard Etallon 60.

purbeckensis Forbes, Desor 1855 — Po 1 : Mantoche Gray, cc. Etallon 62.

simplex Thurmann *Lethea* — A 1 : Vars, rr, Etallon 62.

stramonium Agassiz 1847 — Pt 1 : Belfort Parisot, indiqué comme appartenant au genre *Hemidiadema* — Pt 2 : Montbéliard Etallon 60.

undulata Agassiz 1847 — R 1 : Champlitte Maire 1900.

HYPODIADEMA

Four Etallon 1862 — V 1 : Chargey, rr.
Pidanceti Etallon 1862 — R 1 : Champlitte, r.
Rocheti Etallon 1860 — A 1 : Montbéliard, rr.

PSEUDOCIDARIS

ararica Etallon *Lethea* — Pt 1 : Chargey, rr, 62.
ovifera Agassiz 1847 — Pt 1 : Feuille de Montbéliard Kilian.
Renoiri Etallon 1862 — R 1 : Champlitte, r.
Thurmanni Agassiz 1847 — R (R 1 probable) : Salins d'Orbigny 50 — Pt : Salins Desor 55 ; Montbéliard Etallon 60 — Pt 1 : Belfort Parisot, indiqué par tous ces auteurs comme *Hemicidaris* — V : Aroz-Traves Petitclerc 88 — Pt : Mont-Saint-Léger, 85.

HETEROCIDARIS

Trigeri Cotteau — Bj 2 : Belfort Parisot.

PSEUDOSALENIA

aspera Etallon *Lethea* — Pt 1 : partout, ac (radioles), plus répandue dans l'est de la région — Po 1 : Gray, rr. Etallon 62.

ACROSALENIA

angularis Desor 1856 — A 3 : Dole Jourdy.
decorata Wrigt 1851 — ? C 2 : Belfort Parisot. — A 3 : Belfort ; Montbéliard Etallon 60 — V 1 : Chargey, rr, Etallon 62.
Girouxi Etallon 1862 — O 1 : Champlitte, rr.
spinosa Agassiz 1847 — C 1 : Besançon Choffat 78. M. Henry

a signalé au même niveau, et dans la même localité, une espèce très voisine de celle-ci — C 2 : Belfort Parisot.

tuberculosa Agassiz 1847 — A 2 : Salins Marcou — Pt 1 : Belfort Parisot.

DIPLOCIDARIS

Desori Quenstedt, Desor 1858 — R 1 : Champlitte, Musée de Besançon : Neuvelle Etallon 62.

giganteus Agassiz 1847 — O (O 2) : Besançon d'Orbigny 50 — R 1 : Champlitte Preslot Etallon 62 ; la Vèze Pagnoz Marcou sous le nom de *Cidaris pustulifera;* Bregille, Musée de Besançon sous la même dénomination ; Belfort Parisot.

RHABDOCIDARIS

caprimontana Desor 1855 — R 1 : Champlitte Maire 1900.

copepoïdes Agassiz, Desor 1855 — K 1 : Orain Percey, Etallon 62, cc — R 1 : Champlitte Maire 1900.

crassissima Cotteau — R 1 : Champlitte Maire 1900.

horrida Merian *Echin. Suisse* — Bj 1 : Salins d'Orbigny 50 — Bj 2 : feuille de Montbéliard Kilian ; Comberjon Petitclerc 94.

maxima Münster, Desor 1855 — Bj 1-2-3 : Belfort Parisot.

cf. **maxima** Mü. — O 2 : notre région Choffat 78.

megalacantha Agassiz, Desor 1855 — R 1 : Champlitte Maire 1900.

mitrata Quenstedt, Desor 1858 — R 1 : Champlitte Etallon 62, rr.

Oppeli Desor 1858 — R 2 : Theuley Etallon 62, r.

Orbignyana Agassiz, Desor 1855 — V 1 : Chargey, ac, Etallon 62 : Mont Saint-Léger Petitclerc 85 ; Aroz-Traves 88.

Remus Desor 1855 synonyme p. p. de *Cid. spatula* Agassiz, très probablement synonyme de *Rabdocid. copepoïdes* Desor — K 1 : Percey-le-Grand Desor ; Orain, Percey Etallon 62, c ; Belfort Parisot — ? O 2 : Belfort.

aff. **Thurmanni** P. de Loriol — R 1 : Champlitte, Maire 1900.

tricarinata Agassiz 1847 — O (O 2) : Besançon d'Orbigny 50 — R 1 : Charcenne, rr, Etallon 62.

trigonacantha Agassiz *Descript. des Echinod. foss. Suisse.*
— Chail. : Besançon (d'Udressier) Agassiz. — R 1 : Besançon
Musée.

CIDARIS

baculifera Agassiz 1847 — Kimm. : Salins Besançon d'Orbigny 50 — A 1-2 : Dole Jourdy — A 2 : Fahy Vars, c, Etallon —
A 3 : Oyrières, c, Etallon 62.

bathonica Cotteau — Bj ; Bt 1 : Belfort Parisot — C 2 : Belfort ; Epeugney, Choffat 78.

Blumenbachii Münster, Goldfuss *Petref.* — O (O 2) : Be-
sançon d'Orbigny 50 — O 2 : Belfort Parisot — R 1 : partout, c
— R 2 : Belfort, considéré par d'Orbigny comme synonyme de
Cid. florigemma Phil.

cervicalis Agassiz *Descript. des Echinod. foss. Suisse.* —
R 1 : partout, c.

cinnamomea Agassiz *Descript. Echinod. foss. Suisse.* —
Chail. : Besançon (d'Udressier) Agassiz. — R (R 1) : Pagnoz Marcou.

constricta Agassiz *Descript. Echinod. foss. Suisse.* — Chail. :
Besançon Agassiz.

coronata Goldfuss, Agassiz 1847 — O 2 : Belfort Parisot —
R 1 : partout, c — R 2 : Belfort.

Courteaudiana Cotteau — Bj 1 : Vesoul Petitclerc 94 —
Bj 3 : Belfort Parisot.

cristata Agassiz 1847 — O (O 2) : Besançon d'Orbigny 50.

crucifera Agassiz 1847 — O (O 2) : Besançon d'Orbigny 50
— Chail. : La Vèze Marcou.

cucumifera Agassiz *Descript. Echinod. foss. Suisse.* — Bj 2 :
Pirey Rollier ; Belfort Bleicher — Chail. : Besançon (d'Udressier)
Agasssiz.

Desori Cotteau et Triger *Echin. de la Sarthe* 1855-59 — Bj 2 :
Vesoul Petitclerc 94.

elegans Münster, Goldfuss *Petrefact.* — O 2 (Chail.) : Grandvelle, rr, Etallon — R 1 : Champlitte Maire 1900 — R (Po *lato
sensu*) : Haute-Saône Bronn.

filograna Agassiz 1847 — O 2 : Palente Musée de Besançon.

aff. **flabellum** Quenstedt — R 1 : Champlitte Maire 1900.

Flamandii Etallon 1860 — Pt 1 : Montbéliard, rr.

florigemma Phillips 1829 — O (O 2) : Besançon d'Orbigny 50, sous le nom de *Blumenbachii* — Chail. : environs de Besançon. ac, *nobis* — R 1 : partout, c, sauf dans les localités où cet étage présente le facies marneux. — R 2 : partout, c. Nous lui rapportons aussi, mais avec doute, des radioles que nous avons recueillies en beaucoup d'endroits, dans l'Astartien inférieur, et dans l'Astartien supérieur. Plusieurs paléontologistes, à l'exemple de d'Orbigny, considèrent *Cid. florigemma* comme identique à *Cid. Blumenbachii*.

gemmifera Etallon 1862 — R 1 : Neuvelle, r.

gigantea Agassiz 1847 — Chail. : Besançon (d'Udressier) Agassiz.

glandifera Goldfuss *Petref.* — Bj 1 : environs de Salins, Marcou — Bj 2-3 ; Bt 2 : Belfort Parisot — C 2 : Mesmay, Marcou — R 1 : environs de Salins Marcou. Cet auteur semble considérer l'espèce de Goldfuss, comme différente de celle qu'Agassiz a décrite et figurée (*Description des Echinod. foss. de la Suisse*, p. 76, pl. 21) en l'attribuant à Goldfuss. Le *Cid. glandifera* du Rauracien serait celui d'Agassiz.

grayensis Etallon 1862 — Po 1 : Gray, r.

˙**hastalis** Desor synonyme de *Rabdocid. copepoides*.

Hugii Desor — O 1 : notre région, Choffat 78.

Kœchlini Cotteau — Bt 2 ; C 2 : Belfort Parisot — Bt 1 : Belfort Bleicher 97.

marginata Goldfuss *Petrefact.* — O 2 : Belfort Parisot — R 1 : Champlitte, Preslot, r, Etallon 62 ; Montbéliard 60.

oculata Agassiz *Suppl. Cat. syst.* — R 1 : Salins, Marcou ; Champlitte, r, Etallon 62.

Parandieri Agassiz 1847 — Chail. : Besançon Agassiz. — R : Besançon Desor 55 — R 1 : Champlitte Etallon 62 r — R 2 : Belfort Parisot — A 3 : Belfort. Cette espèce a été souvent confondue avec d'autres voisines de celle-ci et plus particulièrement avec *Cid. aspera* et *Cid. Blumenbachii*; plusieurs paléontologistes l'identifient même avec cette dernière.

philastarte Thurmann 1859 — A 1 : Fahy Vars, ar. Etallon 62 — A 2 : Montbéliard, Oyrières, ac, 60, 62.

propinqua Münster 1841 — Chail. : Besançon (d'Udressier) Agassiz 47 — R 1 : Salins Marcou.

* **pustulifera** Agassiz synonyme de *Diplocidaris gigantea*.

* **pyrifera** Agassiz synonyme de *Pseudocidaris Thurmanni*.

Quenstedti Desor 1858 — V 2 : Montureux-lez-Gray, ar, Etallon 62.

Schlonbachii Mœsch — R 1 : Champlitte Maire.

? spatula Agassiz 1847 — Chail. : Besançon (d'Udressier) Agassiz ; synonyme p. p. de *Rhabdocid. Remus*.

spinosa Agassiz *Descript. des Echinod. foss. de la Suisse*, 2ᵉ part., p. 71, pl. 21, fig. 1) *non* Münster 1841 — O 1 : Belfort Parisot.

spinulosa Rœmer 1836 — Bj 2 : Vesoul Petitclerc 94 ; Belfort Bleicher 97.

subelegans Etallon 1862 — Chail. : Grandvelle, rr.

subspinosa Marcou, Agassiz 1847 — R (R 1 probable) : Vaulgrenans.

suevica Desor 1855 — R 1 : Champlitte, rr, Etallon 62.

Zschokkei Desor 1856 — Bj 2 : feuille de Montbéliard Kilian ; environs de Vesoul Petitclerc 94.

ASTEROIDES

ASTERIAS

jurensis Goldfuss 1833 — O 2 : notre région Choffat 78.

STELLASTER

araricus Etallon 1862 — O 2 : Ferrières-lez-Scey, rr.

CRENASTER

prisca Goldfuss 1831 — Bj 2 : Vesoul Petitclerc 94.

CRINOIDES

ANTEDON

costatus Goldfuss 1832 — O (O 2) : Besançon d'Orbigny 50, sous la désignation générique de *Comatula*.

Desori Etallon 1860 — Pt 1 : Montbéliard; désignation générique de *Comatula*.

Jutieri P. de Loriol 1879 — Pt 2 : Montbéliard.

TETRACRINUS

moniliformis Münster 1831 — Arg. (R 1 *nobis*) : Crouzet Choffat 78.

EUGENIACRINUS

Hoferi Münster 1833 — R 1 : Champlitte Etallon 62, rr.

PENTACRINUS

amblyscalaris Thurmann *Lethea* — R 1 : Quingey *nobis ;* Champlitte Charcenne ac, Etallon 62.

astralis Quenstedt 1852 *Handbuch* — O 2 : Besançon Choffat 78.

bajocensis d'Orbigny 1850 — Bj 1-2 : partout, cc; un des principaux éléments de Calcaire à entroques.

cingulatus Münster 1831 — O 1 : partout, ac — O 2 : Belfort Parisot — R 1 : Besançon Bronn ; Belfort.

cristagalli Quenstedt 1852 — Bj 1-2 : partout, cc ; presque aussi répandu que *P. bajocensis* qu'il accompagne, dans le Calcaire à entroques.

Desori Thurmann *Lethea* — A 1 : Vars, r, Etallon 62 ; Belfort Parisot — A 2 : Montbéliard, rr, Etallon 60 ; Oyrières, ac, 62 ; Belfort — A 3 : Belfort ; Montbéliard, ar.

granulosus Etallon 1862 — K 1 : Orain Percey, ar.

Nicoleti Desor 1845 — C 2 : partout. c.

˙ nodosus Quenstedt, synonyme de *Stuifensis*.

⁎ Orbignyanus Oppel, synonyme de *pentagonalis*.

oxyscalaris Thurmann *Lethea* — O 1 : Montaigu Petitclerc.

pendulinus Meyer 1837 — O (O 2 probable) : Besançon d'Orbigny 50.

pentagonalis Goldfuss 1833 — K 1-2 : Orain Percey, ac, Etallon 62; Belfort Parisot — O 1 : partout, ac — O 2 : Calmoutier Gy, rr, Etallon.

punctiferus Quenstedt 1852 — K 1 : Belfort Parisot.

scalaris Goldfuss 1832 — O (O 2) : Haute-Saône Bronn; Bregille d'Orbigny 50; Champlitte Maire 1900.

stuifensis Oppel 1857 — C 2 : Belfort Parisot, sous le nom de *nodosus*.

subteres Münster 1833 — O (O 2) : Besançon d'Orbigny 50 — Arg. (R 1 *nobis*) : Crouzet l'Abergement-du-Navois Choffat 78.

CAINOCRINUS

Andreæ Desor 1845, P. de Loriol 1878 — Bt (Bt 2 ou C 2) : Salins Besançon Marcou.

CYCLOCRINUS

macrocephalus Quenstedt, de Loriol 1878 — K 1 : Belfort Parisot.

MILLERICRINUS

˙ aculeatus d'Orbigny synonyme d'*echinatus*.

alternatus d'Orbigny 1839 — O (O 2) : Champlitte 50 — R 1 : Virey, r, Etallon 62.

Archiacinus d'Orbigny 1839 — K 1 : Percey 50; Orain Percey, ac, Etallon 62.

armatus Etallon 1862 — K 1 : Orain Percey, c.

⁎ astartinus Thurmann synonyme d'*Hofferi*.

Beaumontianus d'Orbigny 1839 — O (O 2) : Champlitte Besançon Belfort 50 — R 1 : Champlitte, r, Etallon 62; Salins, c, Marcou; espèce très voisine de *Nodotianus*.

calcar d'Orbigny 1839 — O (O 2) : Besançon 50 — R 1 : Besançon Rollier.

conicus d'Orbigny 1839 — O (O 2) : Champlitte Salıns 50 — R 1 : Champlitte Etallon 62; Besançon Marcou; Rollier.

convexus d'Orbigny 1847 — R 1 : Champlitte Maire 1900.

dilatatus d'Orbigny 1839 — O (O 2) : Besançon Champlitte 50 — R 1 : Champlitte Etallon 62; la Vèze Marcou.

˙ **Duboisianus** d'Orbigny synonyme de *Münsterianus*.

echinatus Schlotheim 1820 — K 1 : Orain Etallon 62; Belfort Parisot — O 1 : Belfort — O 2 : partout, c — R 1 : partout, c.

Escheri P. de Loriol 1878 — O (O 2) : Champlitte d'Orbigny 50, sous le nom de *tuberculatus* — R 1 : Champlitte Etallon 62, sous la même désignation; Besançon Rollier; Champlitte, Maire 1900.

cf. **Etalloni** P. de Loriol — R 1 : Champlitte Maire 1900.

Goldfussii d'Orbigny 1839 — O 2 : Bregille d'Orbigny 50 — R 1 : Champlitte Maire 1900.

Goupilanus d'Orbigny 1839 — K 1 : Orain Percey, cc, Etallon 62.

˙ **Greppini** Oppel synonyme de *Milleri*.

Hoferi Merian 1849 — A 2 : ₎Oyrières Etallon 62; Besançon Musée, sous la dénomination d'*astartinus*.

horridus d'Orbigny 1839 — O 2; R 1 : partout, c.

Knorri P. de Loriol 1878 — R 1 : Besançon Rollier.

Milleri Schlotheim, d'Orbigny 1839 — O 2 : Champlitte Bregille d'Orbigny 50 — R 1 : Montbéliard Etallon 60; Besançon Rollier.

Münsterianus d'Orbigny 1839 — O 2 : Champlitte Salins, 50 — R 1 : Montbéliard Etallon 60; Champlitte 62; Nans Choffat 75; Belfort Parisot, sous le nom de *rosaceus*.

Nodotianus d'Orbigny 1839 — O 2 : Champlitte Besançon 50 — R 1 : Champlitte Etallon 62; Nans Choffat 75.

Richardianus d'Orbigny 1839 — K 1 : Percey, 50; Orain Percey Etallon 62.

˙ **rosaceus** Goldfuss synonyme de *Münsterianus*.

Thirriai Etallon 1862 — R 1 : Neuvelle, r.

˙ **tuberculatus** d'Orbigny synonyme d'*Escheri*.

Udressieri d'Orbigny 1839 — O 2 : Besançon Champlitte, 50 — R 1 : Champlitte, r, Etallon 62.

vertebralis Etallon 1862 — K 1 : Orain, r.

APIOCRINUS

elegans d'Orbigny 1839 — Bt : Belfort 50 — C 1 : Besançon Choffat 78.

* **Goldfussii** Greppin synonyme de *polycyphus*.

Meriani Desor 1845 — A 1 : Ecuelle, c, Etallon 62; Belfort Parisot; Maiche Kilian — A 2 : Montbéliard Etallon 60; Oyrières Autrey, c, 62 — Belfort; Glère Kilian; Dole Jourdy — A 3 : Belfort — V 1 : Montbéliard Etallon 60, sous le nom de *similis*.

minimus Etallon 1860 — A 3 : Montbéliard.

Parckinsoni d'Orbigny 1839 — Bt : Vauchoux Musée de Vesoul — C 1 : Besançon Rollier — C 2 : Vorges Résal.

polycyphus Desor, Mérian 1849 — O 2 : Belfort Parisot — R 1 : Champlitte Marnay Neuvelle, ar, Etallon 62 ; Belfort Parisot ; Nans Choffat 75 ; Besançon Rollier — R 2 : Belfort.

Roissyanus d'Orbigny 1839 — R 1 : Champlitte Charcenne, ar, Etallon 62.

* **rotundus** Goldfuss synonyme p. p. de *Meriani*, p p. de *Roissyanus*.

* **similis** Thurmann synonyme de *Meriani*.

ZOOPHYTES

HYDROMÉDUSAIRES

ACHILLEUM

sp. Marcou 1848 — Bj 1 : Salins.

AMORPHOSPONGIA

multistriata Etallon 1862 — R 1 : Marnay Charcenne, ar.

THALAMINIA

corallina Fromentel — R 1 : Champlitte Marnay, r, Etallon 62.

CORALLIAIRES

ENALLOHELIA

compressa d'Orbigny 1847 — R 1 : Champlitte, Musée de Besançon.
crassa de Fromentel 1858 — R 1 : Champlitte Etallon 62.
elongata de Fromentel 1858 — V 1 : Arc Etallon 62.
grayensis Etallon 1862 — Po 1 : Gray, rr.
minima de Fromentel 1858 — R 1 : Champlitte Etallon 62.

PROHELIA

corallina de Fromentel 1858 — R 1 : Champlitte Etallon 62.

PSAMMOHELIA

gibbosa de Fromentel 1858 — R 1 : Belfort Parisot.

DENDROHELIA

coalescens Goldfuss, Etallon *Lethea* — R (R 1) : Salins Marcou, sous le nom d'*Astæra sexradiata* Thurm. — R 1 : Montbéliard Etallon 60 ; Champlitte Charcenne 62 — R 2 : la Mouille 62.
  ' **dendroïdea** Etallon synonyme de *coalescens*.
  sequana de Fromentel, Etallon 1862 — V 1 : Chargey-lez-Autrey.

STYLOHELIA

mamillata de Fromentel 1858 — R 1 : Gy Etallon 62.
radiata Bronn Etallon 1862 — O 2 (Chail. ?) : Gy, ac.

STYLOPHORA

corallina de Fromentel 1858 — R 2 : la Mouille Etallon 62.

CONVEXASTRÆA

dendroïdea de Fromentel 1858 — R 1 : Fédry Etallon 62.
hexaphyllia d'Orbigny, Koby 1889 — Pt 2 : Montbéliard Koby.
  Jaccardi Koby 1894 — R (R 2) : Gilley Koby.
  minima Etallon — A 1 (R 1 *nobis*) : Dournon Choffat 78.
  ornata Edwards et Haime — A 1 : Belfort Parisot.
  portlandica de Fromentel 1856 — Po 1 : Mantoche Gray Etallon 62.
  sexradiata Edwards et Haime — R 1 : Montbéliard Etallon 60 ; Gy Champlitte Charcenne 62 ; Ornans Résal.

STEPHANOCŒNIA

Bernardina d'Orbigny 1849 — Bj (Bj 3 probable) : Morey 50.

trochiformis Michelin d'Orbigny 1849 — R 2 : la Mouille Etallon 62 ; Belfort Parisot.

ASTROCŒNIA

Boigeoli Etallon 1860 — A 3 : Montbéliard.

pentagonalis Münster d'Orbigny 1849 — R 1 : Besançon Résal ; Fontenois-lez-Montbozon Choffat 78.

Thurmanni Etallon — V 1 : Chargey-lez-Autrey, rr, 62.

triangularis de Fromentel 1856 — Po 1 : Mantoche Etallon 62.

HOLOCŒNIA

arachnoïdes de Fromentel 1856 — Po 1 : Mantoche Etallon 62 — Po 2 : Essertenne.

dendroïdea de Fromentel 1856 — Po 1 : Beaujeu Etallon 62.

explanata de Fromentel 1856 — Po 1 : Mantoche Etallon 62.

DIPLOCŒNIA

corallina de Fromentel 1858 — R 2 : la Mouille Etallon 62.

stellata Etallon de Fromentel 1858 — R 2 : Belfort Parisot.

PSAMMOCŒNIA

Kœchlini Edwards et Haime 1856 — R 1 : Belfort Parisot.

PLEUROSTYLINA

corallina de Fromentel 1858 — R : Ecuelle — R 2 : la Mouille Etallon 62.

CYATHOPHORA

arcensis de Fromentel Etallon 62 — V 1 : Arc ; cette espèce ainsi que la suivante avaient été rangées par de Fromentel parmi les *Cryptocœnia*.

brevis de Fromentel, Etallon 1862 — R 1 : Champlitte Charcenne.

corallina de Fromentel 1858 — R 1 : Charcenne Etallon 62.

Fromentelli Etallon 1862 — R 1 : Charcenne.

Richardi Michelin 1843 — R 2 : Belfort Parisot ; Trepot Résal sous le nom de *Stylina Bourgueti* Edwards et Haime.

Thurmanni Koby *Polyp. jurass. Suisse.* — R 1-2 : Charcenne, Theuley-lez-Vars, la Mouille Etallon 62, sous le nom de *Bourgueti.*

CRYPTOCŒNIA

Cartieri Koby *Polyp. jurass. Suisse.* — R 1-2 : Belfort Parisot sous le nom de *Stylina Labechei.* — R 1 : Montbéliard Etallon 60, sous la même désignation.

castellum Michelin, Koby *Polyp. jurass. Suisse.* — R 1 : Charcenne Gy Etallon 62.

limbata Goldfuss, Koby *Polyp. jurass. Suisse.* — R 2 : Belfort Kœchlin-Schlumberger 56.

suboctonis d'Orbigny 1847 — R (R 1 probable) : Rupt 50.

PLACOCŒNIA

Perroni de Fromentel 1858 — R 2 : Ovanche Etallon 62.

LOBOCŒNIA?

sublævis d'Orbigny 1847 — R 2 : Besançon Musée.

HELIOCŒNIA

corallina Koby *Polyp. jurass.* 1881 — V : Aroz-Traves Petitclerc 88.

STYLINA

astroïdes Edwards et Haime — R 1 : Besançon Musée.

Bletryana Etallon *Lethea.* — V 1 : Montbéliard, r, 60.

Bourgueti Edw et Haime synonyme de *Cyathophora Richardi.*

Bucheti de Fromentel 1856 — Po 1 : Mantoche Etallon 62.

bullata de Fromentel 1858 — R 1 : Champlitte Etallon 62.

charcennensis de Fromentel 1858 — R 1 : Charcenne Etallon 62.

communis de Fromentel 1858 — R 1 : Charcenne Etallon 62.

constricta de Fromentel 1858 — R 1 : Champlitte Etallon 62.

Delucci Edwards et Haime — R 1 : Trepot Résal.

echinulata Lamarck 1816 de Fromentel 1858 — R 1 : Charcenne Etallon 62 — R : Gy, de Fromentel.

excentrica de Fromentel 1858 — R 1 : Charcenne Etallon 62.

Flottei de Fromentel 1856 — Po 1 : Mantoche, Gray Etallon 62.

gemmans de Fromentel 1858 — R 1 : Charcenne Etallon 62.

grandiflora de Fromentel 1858 — R 1 : Charcenne.

granulata de Fromentel 1858 — R 1 : Fontenois-lez-Montbozon, Choffat 78 — Po 1 : Gray Etallon 62.

grayensis de Fromentel 1856 — Po 1 : Gray Etallon 62.

hexaphyllia d'Orbigny, Edwards et Haime 1851 — Pt 2 : Montbéliard, ac, Etallon 60.

hirta de Fromentel 1858 — R 1 : Gy Etallon 62.

inflata de Fromentel 1856 — Po 1 : Mantoche Etallon 62.

insignis de Fromentel 1858 — R 1 : Charcenne Etallon 62.

intricata de Fromentel 1856 — Po 1 : Gray Mantoche Etallon 62.

kimmeridiensis de Fromentel 1858 — Kim : Pontarlier — V 1 : Arc Etallon 62.

lobata Münster d'Orbigny 1841 — R (R 1) : Salins Marcou sous le nom d'*Astræa decemradiata* Thurm.

 * **Maillei** de Fromentel, synonyme de *Flottei*.

magnifica Edwards et Haime — R 1 : Charcenne Etallon 62 — R : Gy, de Fromentel 58.

microcœnia de Fromentel 1858 — R 1 : Charcenne Etallon 62.

microcoma d'Orbigny 1847 — R 2 : Trepot Résal.

Mustoni Etallon 1860 — Pt 2 : Montbéliard, r.

octonaria Edwards et Haime — R 2 : Belfort Parisot.

Perroni de Fromentel 1856 — Po 1 : Mantoche Etallon 62.

pistillum de Fromentel 1858 — R 1 : Charcenne Etallon 62.

Pratensis Etallon 1860 — Pt 1 : Montbéliard.

semitumularis Etallon 1860 — A 3 : Montbéliard.

speciosa de Fromentel 1856 — Po : Gray — Po 1 : Mantoche Etallon 62.

splendens de Fromentel 1858 — R 1 : Charcenne Etallon 62.

sulcata de Fromentel 1858 — R 1 : Charcenne Etallon 62.

tubulifera Phillips, Edwards et Haime 1851 — R 1 : Champlitte Charcenne Etallon 62 — R 2 : Belfort Parisot.

tubulosa Goldfuss, Edwards et Haime 1851 — R 2 : Belfort Parisot — R 1 : La Vèze Résal.

tumularis Michelin, Edwards et Haime 1849 — R 2 : Montbéliard Etallon 60.

undata Edwards et Haime — R 2 : Belfort Parisot.

PLACOPHYLLIA

Schimperi Edwards et Haime — R 1 : Rupt Etallon 62.

DONACOSMILIA

corallina de Fromentel 1858 — R (R 2) : Ecuelle — R 2 : la Mouille Etallon 62.

ISOCORA

Thurmanni Etallon *Lethea* — A 1 : Autrey, r, 62.

STYLOSMILIA

Michelini Edwards et Haime 1848 — R (R 2) : Chaudefontaine, de Fromentel 58 — R 2 : Trepot Ornans Résal — V : Aroz Petitclerc 88.

PHYTOGYRA

Deshayesiaca Michelin d'Orbigny 1849 — R 1 : Belfort Parisot.

Fromentelli Etallon 1862 — V 1 : Montureux-lez-Gray.
magnifica d'Orbigny 1849 — R (R 2) : Gilley Koby 94.

RHIPIDOGYRA

crassa de Fromentel 1858 — R 1 : Champlitte Etallon 62.
flabellum Michelin, Edwards et Haime 1849 — R 2 : Epenouse Résal.
insignis de Fromentel 1858 — R 1 : Champlitte Etallon 62.
Jaccardi Koby 1894 — R (R 2) : Gilley.
percrassa Etallon — V : Aroz Petitclerc 88.

DENDROGYRA

angustata d'Orbigny, Etallon *Ray. du Coral.* — R 2 : La Mouille Etallon 62 ; Trepot Résal — Pt 1 : Montbéliard Etallon 60.
arcensis de Fromentel 1858 — V 1 : Arc Etallon 62.
rastellina Michelin, de Fromentel 1858 — R (R 2) : Ecuelle Selongey — R 2 : Montbéliard Etallon 60 ; la Mouille 62 ; Trepot Résal.

STENOGYRA

corallina de Fromentel 1858 — R 1 : Champlitte Etallon 62.
Perroni de Fromentel 1858 — R 1 : Champlitte.
plicata de Fromentel 1858 — R 1 : Champlitte Etallon 62.

APLOSMILIA

Buvigneri Michelin d'Orbigny 1849 — R 2 : Trepot Résal.
crassa de Fromentel 1858 — R 1 : Gy, Etallon 62.
distans de Fromentel 1858 — R 2 : Ecuelle; la Mouille Etallon 62.
dumosa de Fromentel 1858 — R 2 : Theuley Etallon 62.
elegans de Fromentel 1858 — R 2 : Ecuelle ; la Mouille Etallon 62.
gregaria de Fromentel 1858 — R 2 : Ecuelle; la Mouille Etallon 62.

magnificà de Fromentel 1858 — V 1 : Arc Etallon 62.

nuda d'Orbigny 1847 — R 2 : Trepot Résal.

semisulcata Michelin, d'Orbigny 1847 — R (R 2) : Ecuelle, de Fromentel 58 — R 2 : la Mouille Etallon 62 ; Belfort Parisot ; Plaimbois-Vennes Fraisans Résal.

CYMOSMILIA

conferta Koby 1894 — R 2 : Gilley Koby.

BLASTOSMILIA

Perroni de Fromentel 1858 — A 3 : Autrey, rr, Etallon 62.

TRISMILIA

triangularis de Fromentel 1858 — Po 1 : Mantoche Etallon 62.

PLEUROSMILIA

Cecillæ Etallon 1860 — Pt 2 : Arbouans, r.

corallina de Fromentel 1858 — R 1 : Charcenne Etallon 62.

cylindrica de Fromentel 1856 — Po 1 : Mantoche Etallon 62.

elongata de Fromentel 1856 — Po 1 : Mantoche Etallon 62.

graciosa de Fromentel 1856 — Po 1 : Mantoche Etallon 62.

grandis de Fromentel 1856 — Po 1 : Mantoche Etallon 62.

irradians de Fromentel 1856 — Po 1 : Mantoche Etallon 62.

Marcousi Etallon *Cor. Haut-Jura* — R : Besançon Salins, Marcou, sous le nom d'*Anthophyllum variabile*.

portlandica de Fromentel 1856 — Po 1 : Mantoche Etallon 62.

scaphium de Fromentel 1858 — Po 1 : Mantoche Etallon 62.

stylifera de Fromentel 1856 — Po 1 : Mantoche Etallon 62.

virgulina Etallon 1860 — Pt 2 : Montbéliard, ac.

EPISMILIA

Haimei de Fromentel 1858 — R 1 : Champlitte Etallon 62.

PEPLOSMILIA

portlandica de Fromentel 1856 — Po 1 : Mantoche Etallon 62.

TROCHOSMILIA

poculum de Fromentel 1858 — R 1 : Champlitte Etallon 62.

PLACOSMILIA

corallina de Fromentel 1858 — R (R 1) : Charcenne.

GONIOCORA

gemmata de Fromentel 1858 — R 1 : Malans Etallon 62.
Haimei de Fromentel 1858 — R 1 : Champlitte Etallon 62 ; Belfort Parisot.
kimmeridiensis de Fromentel 1858 — V 1 : Arc Etallon 62.
socialis Rœmer, Edwards et Haime *Brit. foss. corals.* — R 2 : Belfort Parisot — A 1 (R 1 *nobis*) : Dournon Choffat 78.

LATIMÆANDRA

caryophillata de Fromentel 1858 — R (R 2) : Ecuelle — R 2 : la Mouille Etallon 62.
Contejeani Etallon 1860 — Pt 2 : Montbéliard.
corallina de Fromentel 1858 — R 1 : Champlitte Etallon 62 — R 2 : Belfort Parisot.
disjuncta Etallon 1862 — O 2 (Chail.?) : Grandvelle, rr.
dumosa Etallon 1860 — Pt 1 : Montbéliard.
Edwardsii Michelin, d'Orbigny 1849 — R 2 : Beure Résal.
Etalloni de Fromentel 1858 — Po 1 : Mantoche Etallon 62.
Flemingi Edwards et Haime *Brit. foss. corals.* — Bj (Bj 1 probable) : Vesoul Petitclerc 1900.
gracilis de Fromentel 1858 — R : Champlitte Charcenne — R 1 : Charcenne Etallon 62.

Germaini Koby *Polyp. jurass. Suisse* — Bj 3 : Salins Koby.

linearis de Fromentel 1856 — Po 1 : Gray Etallon 62.

lotharingica Michelin, de Fromentel. *Polyp. Yonne* — R 2 : Ovanches Etallon 62 ; Besançon, Musée.

magnifica de Fromentel 1858 — R 1 : Charcenne.

mæandra d'Orbigny, Edwards et Haime 1856 — Bj (Bj 3 probable) : Voncourt d'Orbigny 50.

Pelissieri de Fromentel *Polyp. portland. Haute-Saône* 1856 — Po : Gray — Po 1 : Mantoche Etallon 62.

Perroni de Fromentel 1858 — Pt 2 : Seveux Etallon 62.

Raulini Michelin, Edwards et Haime 1849 — R (R 1 probable) : Salins d'Orbigny 50.

Salinensis Koby *Polyp. jurass. Suisse* — Bj 3 : Salins Koby.

sequana de Fromentel 1856 — Po 2 : Mercey Etallon 62.

Sœmmeringi Münster, Edwards et Haime 1849 — R 1 : Champlitte Gy Etallon 62.

sulcata de Fromentel 1858 — R 1 : Champlitte Etallon 62.

variabilis Etallon *Coral. Haut Jura.* — R 2 : Montbéliard 60.

ISASTRÆA

Bernardi d'Orbigny, Edwards et Haime 1851 — Bj 2-3 : partout, ac.

Conybeari Edwards et Haime *Brit. foss. corals.* — Bj 3 : Montbéliard Contejean 62.

explanata Edwards et Haime 1851 — R 1 : Charcenne Champlitte Gy Etallon 62 ; Fontenois-lez-Montbozon Choffat 78 ; environs de Salins 75 — A 1 (R 1 *nobis*) : Dournon Choffat 78.

foliacea de Fromentel 1856 — Po 2 : Mantoche Essertenne Etallon 62.

Gourdani de Fromentel 1856 — Po 1 : Mantoche Gray Etallon 62.

Grenoughi Edwards et Haime *Brit. foss. corals.* — R 1 : Montbéliard Etallon 60 ; Champlitte 62 ; Belfort Parisot.

helianthoïdes Goldfuss, Edwards et Haime 1856 — Bj 2 : Vesoul Petitclerc 94 — R 1 : Champlitte Etallon 62 ; Belfort Parisol — R 2 : la Vèze Fontain Besançon Trepot Mémont Résal.

Kœchlini Edwards et Haime 1851 — R 1 : Belfort Parisot.

limitata Edwards et Haime — Bt 1 : Belfort Beicher 97.

Marcousi Koby *Polyp. jurass. Suisse* — Bj 2 : Vesoul Petitclerc 1900.

Münsterana Edwards et Haime, de Fromentel 1858 — R 2 : Belfort Parisot.

oblonga Fleming, Edwards et Haime *Brit. foss. corals.* — Po 1 : Mantoche Etallon 62.

ornata d'Orbigny, Edwards et Haime 1851 — Bj (Bj 3 probable) : Morey d'Orbigny 50 — Bj 3 : Belfort Parisot.

portlandica de Fromentel 1858 — Po 2 : Noiron Etallon 62.

Richardsoni Edwards et Haime *Brit. foss. corals.* — Bj : Ruz-de-Vellemoz, près Port-sur-Saône Petitclerc 1900.

serialis Edwards et Haime *Brit. foss. corals.* — Bj 3 : Salins.

tenuistriata M'Coy, Edwards et Haime *Brit. foss. corals.* — Bj 2 : Vesoul Petitclerc 94.

CONFUSASTRÆA

Burgundiæ Defrance, d'Orbigny 1847 — R 1 : Charcenne Etallon 62 — R 2 : Déservillers Amancey Résal.

corallina de Fromentel 1858 — R 1 : Charcenne Etallon 62.

Cottaldina d'Orbigny 1847 — Bj 3 : Salins Koby 85. Plusieurs auteurs désignent aussi cette espèce sous le nom de *Cotteaui*.

rustica Defrance, Edwards et Haime 1851 — R (R 1) : Charcenne de Fromentel 64.

SYNASTRÆA ?

jurensis d'Orbigny 1849 — Bj (Bj 3 probable) : Salins d'Orbigny 50.

Moreana d'Orbigny 1849 — R 2 : Belfort Kœchlin-Schlumberger 56.

CENTRASTRÆA

Coquandi Etallon — R 2 : Belfort Parisot.
concina Goldfuss, de Fromentel 1858 — R 2 : Belfort Parisot.

HELIASTRÆA

corallina de Fromentel 1858 — R 1 : Charcenne Etallon 62.
Lifolensis Michelin, Edwards et Haime 1856 — R 1 : Fonte-
nois-lez-Monbozon, Choffat 78.
lævicostata de Fromentel 1858 — R 1 : Charcenne Etallon
62.

SEPTASTRÆA

dispar de Fromentel 1858 — Po 2 : Mercey Etallon 62.

FAVIA

grandiflora Etallon — Pt 2 : Montbéliard, rr, 60.
kimmeridiensis de Fromentel 1858 — V 1 : Arc Etallon 62.
Thurmanni Etallon 1860 — V 1 : Montbéliard, rr.

MÆANDRINA

corrugata Michelin 1843 — R 1 : Besançon Musée.
elegans d'Orbigny 1847 — R (R 1 probable) : Montbéliard
Contejean 62.

HYMENOPHYLLIA

corallina de Fromentel 1858 — R 1 : Charcenne Etallon 62.

BARYPHILLIA

Jaccardi Koby 1894 — R (R 2) : Gilley.

CLADOPHYLLIA

astartina Etallon 1862 — A 2 : Fahy, Vars, r.

Barbeauana Edwards et Haime *Brit. foss. corals.* — Bj 3 ;
Bt 2 : Belfort Parisot — Bj 3 : Résal Torpes.

calamiformis Etallon 1862 — Pt 1-2 : Montbéliard, r.

suprajurensis Etallon 1862 — Pt 1 : Montbéliard, c.

THECOSMILIA

acaulis Koby 1894 — R (R 2) : Gilley.

annularis Edwards et Haime *Brit. foss. corals.* — R (R 1
probable) : Montbéliard Contejean 62.

costata de Fromentel 1858 — R 1 : Champlitte Etallon 62.

dichotoma Koby *Polyp.* 1881 — V : Aroz Petitclerc 88.

gregaria M'Coy, Edwards et Haime *Brit. foss. corals.* — Bj :
Montbéliard Contejean 62 — Bj 1 : Coulevon Petitclerc 1900 —
Bj 3 : Belfort Bleicher 97.

Gresslyi Koby *Polyp. jurass. Suisse* — R : Champlitte, de
Fromentel 58 — R 2 : la Mouille Etallon 62. Cette espèce est in-
diquée par les deux auteurs sous le nom de *T. trichotoma*
E. H.

insignis de Fromentel, Etallon 1862 — R 1 : Charcenne.

Jaccardi Koby *Polyp. jurass. Suisse* — Bj (Bj 3 probable) :
Vesoul Petitclerc 1900.

Laurillardi Etallon 1860 — R 1 : Montbéliard, r.

laxata Etallon *Lethea* — R 1 : Dournon Choffat 78.

ramosa d'Orbigny 1847 — Bj 3 : Belfort Parisot.

socia de Fromentel 1858 — R (R 2) : Ecuelle — R 2 : la
Mouille Etallon 62.

sp. aff. plicata Koby *Polyp. jurass. Suisse* — Bj 1 : Vesoul
Petitclerc 94.

RHABDOPHYLLIA

cervina Etallon *Lethea.* — O 2 (Chail.?) : Gy Etallon 62.

elegans de Fromentel 1858 — R 1 : Champlitte Etallon 62 ;
Belfort Parisot.

Flamandi Etallon 1860 — Pt 2 : Montbéliard, r.

grandis de Fromentel 1858 — Po 1 : Mantoche Gray Arc
Etallon 62.

kimmeridiensis de Fromentel 1858 — V 1 : Arc-lez-Gray Etallon 62.

Micheloti de Fromentel 1858 — V 1 : Arc Etallon 62.

portlandica de Fromentel 1858 — Po 1 : Mantoche Etallon 62.

solitaria de Fromentel 1858 — R 1 : Champlitte Etallon 62.

trichotoma de Fromentel 1858 — R 1 : Champlitte.

CALAMOPHYLLIA

* **flabellum** Blainville synonyme de *striata*.

kimmeridiensis de Fromentel 1858 — V 1 : Arc Etallon 62.

sequana de Fromentel 1858 — Po 1 : Gray Etallon 62.

Stockesi Edwards et Haime *Brit. foss. corals.* — R 2 : Belfort Parisot.

striata Blainville 1830 — R 1 ; A 1 : Belfort Parisot.

LITHODENDRON ?

Allobrogum Thurmann — R (R 1 probable) : Grange-de-Vaivre, Vaulgrenans, c, Marcou.

EUNOMIA ?

grandis d'Orbigny 1847 — R 2 : Trepot Résal.

MONTLIVAULTIA

cf. **Bonjouri** Etallon *Ray. Haut-Jura* — R 1: Nans Choffat 75.

champlittensis de Fromentel 1858 — R 1 : Champlitte Etallon 62.

charcennensis de Fromentel 1858 — R 1 : Charcenne Etallon 62 ; environs de Salins, Choffat 78.

crassisepta de Fromentel 1858 — R 1 : Champlitte Etallon 62 ; Montbéliard 60, sous le nom de *pertruncata*.

' **cuneata** Etallon synonyme de *nana*.

cytinus de Fromentel 1858 — R 1 : Champlitte Etallon 62.

decipiens Goldfuss, Koby *Polyp. jurass. Suisse* — Bj 2 : Comberjon Petitclerc 94.

' **dispar** Edwards et Haime 1849 — R 1 : Belfort Parisot; synonyme p. p. d'*obconica* Mü, p. p. de *subdispar* From.

' **elongata** Edwards et Haime 1856, synonyme d'*Etalloni*.

Etalloni de Fromentel et Ferry *Pol. franc.* — R. 1 : environs de Salins, Choffat 78, sous le nom d'*elongata*.

Eugenia de Fromentel 1858 — R 1 : Champlitte.

gigas de Fromentel 1858 — R 1 : Champlitte Etallon 62.

gradata de Fromentel 1858 — R 1 : Champlitte Etallon 62.

inflata de Fromentel 1858 — R 1 : Champlitte ; environs de Salins, Choffat 78.

* **Labechei** Edwards et Haime synonyme de *decipiens*.

Melania de Fromentel 1858 — R 1 : Champlitte Etallon 62.

minor de Fromentel 1858 — R 1 : Champlitte.

montisclari de Fromentel 1858 — R 1 : Champlitte Etallon 62.

nana Koby *Polyp. jurass. Suisse* — Pt 1 : Montbéliard Etallon 60, sous le nom de *cuneata*.

obconica Münster, Edwards et Haime 1848 — R 1 : Besançon Musée : est synonyme p. p. de *dispar*.

orbitolites d'Orbigny 1847 — Bj 1 : Comberjon Petitclerc 1900.

' **pertruncata** Etallon synonyme de *crassisepta*.

plicata d'Orbigny, Edwards et Haime 1851 — R 1 : Montbéliard Etallon 60.

Sarthacensis d'Orbigny, Edwards et Haime 1851 — Bj 3 : Belfort Parisot.

sessilis Münster Edwards et Haime 1851 — Bj 2 : Coulevon ; Longevelle Petitclerc 94.

subdispar de Fromentel 1858 — R : Charcenne Champlitte — R 1 : Champlitte Etallon 62 : *M. subdispar* est synonyme p. p. de *dispar* E. H.

subrugosa d'Orbigny 1847 — R 2 : Belfort Parisot.

tortuosa de Fromentel 1858 — R 1 : Champlitte.

trochoïdes Edwards et Haime 1851 — Bj 2 : Coulevon Petitclerc 94.

* **truncata** Edwards et Haime 1851 synonyme de *gigas*.

tuba de Fromentel 1858 — R : Ecuelle — R 2 : la Mouille Etallon 62.

undulata de Fromentel 1858 — R 1 : Gy.

vasiformis Michelin, Edwards et Haime 1851 — R 1 : Nans Choffat 75.

AGARICIA ?

concinna Thurmann — R (R 1 probable) : Pagnoz, c, Marcou.

confusa Thurmann — R (R 1 probable) : Grange-de-Vaivre, c, Marcou.

fallax Thurmann — R (R 1 probable) : Grange-de-Vaivre, Vaulgrenans, cc, Marcou.

Salinensis Marcou 1846 — Bj 3 : Salins. cc.

SIDERASTRÆA

cavernosa Quenstedt *Jura* — V : Aroz-Traves Petitclerc 88.

OROSERIS

elegantula d'Orbigny. Edwards et Haime 1851 — Bj 3 : Belfort Parisot.

TROCHOSERIS

corallina de Fromentel 1858 — R 1 : Champlitte Etallon 62 : Belfort Parisot.

COMOSERIS

irradians Edwards et Haime *Brit. foss. corals* — R : Montbéliard Contejean 62 — R 2 : Besançon, Musée — A 3 : Montbéliard, ac, Etallon 60

mæandrinoïdes d'Orbigny. Edwards et Haime 1851 — R 2 : Theuley-lez-Vars Etallon 62.

PROTOSERIS

Waltoni Edwards et Haime *Brit. foss. corals* — R 1 : Champlitte Etallon 62.

THAMNASTRÆA

arachnoïdes Edwards et Haime 1851 — R 1 : partout, ac — A 1 (R 1 *nobis*) : Dournon Choffat 78.

Bauhini Etallon — R 1 : Montbéliard 60.

Bayardi Etallon 1862 — K 1 : Orain, rr.

Bouri de Fromentel 1856 — Po 1 : Mantoche Etallon 62 — Po 2 : Essertenne.

champlittensis de Fromentel 1858 — R : Gy — R 1 : Champlitte Etallon 62.

charcennensis de Fromentel 1858 — R 1 : Charcenne Etallon 62.

communis de Fromentel 1858 — R : Ecuelle — R 1 : Charcenne Champlitte Etallon 62 — R 2 : la Mouille.

concinna Goldfuss, Edwards et Haime *Brit. foss. corals* — R 1 : Charcenne Champlitte Gy, Etallon 62 ; Besançon Musée ; environs de Salins Choffat 75 — R 2 : Theuley-lez-Vars Etallon 62 — A 3 : Autrey, ar.

contorta de Fromentel 1858 — R 1 : Champlitte Etallon 62.

corallina de Fromentel, Etallon 1862 — R 1 : Champlitte.

corallinica Etallon 1862 — A 3 : Oyrières, c.

cristata Goldfuss — R 1 : Besançon Rollier.

Defranceana Edwards et Haime — Bj 3 : Belfort Parisot.

dendroïdea Lamouroux, Blainville 1830 — R : Ecuelle, de Fromentel 58 — R 2 : la Mouille Etallon 62 ; Belfort Parisot.

dimorphastræa de Fromentel 1858 — R 1 : Champlitte Etallon 62.

dubia de Fromentel 1858 — R 1 : Champlitte Etallon 62.

dumosa de Fromentel 1856 — Po : Mantoche, Gray-la-Ville — Po 1 : Mantoche Etallon 62.

Edwardsii de Fromentel 1858 — R : Gy — R 1 : Champlitte Etallon 62.

fallax Edwards et Haime — R 1 : Belfort Parisot.

fasciculata de Fromentel 1858 — R 1 : Champlitte ; Charcenne Etallon.

fungiformis Edwards et Haime *Brit. foss. corals* — Bj 3 : Belfort Parisot.

genevensis Edwards et Haime 1851 — A 1 (R 1 *nobis*) : Dournon Choffat 78.

Haimei de Fromentel 1858 — R 1 : Champlitte Etallon 62.

heteromorpha Quenstedt *Jura* — Bj 2 : Vesoul Petitclerc 94.

insignis de Fromentel 1858 — R 1 : Champlitte.

limitata de Fromentel 1858 — R : Champlitte — R 1 : Charcenne Etallon 62.

lomontiana Etallon *Lethea* — A 1 (R 1 *nobis*) : Dournon Choffat 78 — Arg. (R 1 *nobis*) : Dournon.

magnifica de Fromentel 1858 — R : Charcenne — R 1 : Champlitte Etallon.

mammosa Edwards et Haime *Brit. foss. corals* — Bj 3 : Salins Koby 87.

Marcousi Koby *Polyp. jurass. Suisse* — Bj 3 : Salins Koby 87.

Montis de Fromentel 1858 — R 1 : Mont-le-Franois Etallon 62.

Parisoti de Ferry — R 2 : Belfort Parisot.

parva Edwards et Haime 1856 — R : Belfort Champlitte Gy de Fromentel 58 — R 1 : Charcenne Etallon 62 ; Belfort Parisot.

Perroni de Fromentel 1856 — Po : Mantoche Esserienne — Po 1 : Gray-la-Ville Etallon 62.

portlandica de Fromentel 1856 — Po : Chargey — Po 1 : Mantoche Gray Etallon 62.

pratensis Etallon 1860 — Pt 2 : Montbéliard, rr.

Sahleri Etallon 1860 — Pt 2 : Montbéliard, r.

saliniensis Koby *Polyp. jurass. Suisse* — Bj 3 : Salins 87.

scita Edwards et Haime *Brit. foss. corals* — Bj 3 : Salins Koby 87.

? stricta de Fromentel 1857 — R 1 : Champlitte Etallon 62. L'espèce décrite par de Fromentel appartient au Néocomien : est-ce bien celle-là qu'Etallon a recueillie dans le Glypticien de Champlitte ?

tenuistriata Quenstedt — Bj 3 : Besançon Rollier.

Terquemi Edwards et Haime *Brit. foss. corals* — Bj 2 :
Feuille de Montbéliard Kilian ; Coulevon Petitclerc 94 — Bj 3 :
Belfort Parisot.

Thurmanni Etallon 1860 — Pt 2 : Montbéliard, r.

DIMORPHARÆA

Kœchlini J. Haime, de Fromentel 1858 — R 1 : Champlitte.
Belfort Chassigny ; Nans Choffat 75 ; environs de Salins 78.
M. Choffat signale cette espèce, sous le nom de *microsolena
expansa :* Etallon et Parisot, qui l'indiquent aussi dans les
mêmes localités de la Haute-Saône et de Belfort, le désignent
comme *Microsolena expansa* et *Microsolena Gresslyi*. M. V.
Maire l'indique au même niveau à Champlitte, sous le nom de
Dimorph. Kœchlini.

MICROSOLENA

corallina de Fromentel 1858 — R 1 : Champlitte Etallon 62.

champlittensis de Fromentel — Argovien à *Hemicidaris
crenularis* (R 1 *nobis*) : Dournon Choffat 78.

excelsa Edwards et Haime 1852 — C 1 : Besançon Choffat 78.

Kœchlini J. Haime 1855 — R 1 : Champlitte Belfort de Fromentel 58.

portlandica de Fromentel 1856 — Po 1 : Mantoche Gray
Etallon 62.

ANABACIA

orbulites Lamouroux, d'Orbigny 1849 — C 2 : Belfort Parisot.

THAMNARÆA

granulosa Koby *Polyp. Jurass. Suisse* — Bj 2 : Coulevon
Petitclerc 94.

MICROSMILIA

delemontiana Thurmann. Koby *Polyp. jurass. Suisse* —
O 1 : Arc-sous-Montenot Koby 88 ; Champlitte Etallon 62.

Erguelensis Thurmann, Koby *Polyp. jurass. Suisse* — O 1 : notre région Choffat 78.

SPONGIAIRES

BLASTINIA

costata Münster 1831 — R 1 : Champlitte, rr, Etallon 62.

TREMOSPONGIA

Parandieri Etallon *Mon. cor.* — R 2 : Theuley, rr, 62.
Sautieri Etallon 1862 — R 1 : Champlitte Charcenne, ar.

MAMILLIPORA ?

radiciformis Goldfuss Etallon 1862 — R 1 : Champlitte, r.

SPARSISPONGIA

tuberosa Goldfuss, d'Orbigny 1847 — C 2 : Tarcenay Résal.

CONISPONGIA ?

Thurmanni Etallon *Mon. cor.* — R 1 : Chassigny Champlitte, rr.

STELLISPONGIA

corallina Etallon *Lethea* — R 1 : Montbéliard 60 Champlitte, Charcenne Marnay, cc, 62 ; région de Salins Choffat 78. Espèce commune partout, souvent citée sous le nom de *Cnemidium pyriforme* Michelin.
cribrata Quenstedt *Jura* — Bj 2 : Coulevon Petitclerc 94.
glomerata Quenstedt *Jura* — Bj 2 : Coulevon Petitclerc 94 et 1900 — R 1 : Belfort Parisot.
hybrida Etallon *Lethea* — R 1 : Champlitte, ar, 62.
impressa Etallon 1862 — R 1 : Champlitte, r.

mantochensis Etallon 1862 — Po 1 : Mantoche, rr.

multistella Etallon 1860 — Pt 1 : Montbéliard, r.

prolifera Etallon 1862 — R 1 : Champlitte, ar.

radiata Quenstedt *Jura* — R 1 : Héricourt, r, Etallon 60.

rotula d'Orbigny 1847 — R 1 : Belfort Parisot ; Besançon Musée, sous le nom de *Cnemidium rotula* Goldfuss.

stellata d'Orbigny 1847 — C 2 : Tarcenay Résal.

LYMNOREA

mamillata d'Orbigny 1847 — Bj 1 : Belfort Parisot.

HIPPALIMUS?

verrucosus Goldfuss, d'Orbigny 1847 — R 1 : Belfort Parisot.

SIPHONOCŒLIA?

jurassica de Fromentel — R 1 : Belfort Parisot.

DISCŒLIA?

bullata de Fromentel — R 1 : Belfort Parisot.

pistilloïdes de Fromentel — C 2 : Belfort Parisot.

PAREUDEA

amicorum Etallon *Lethea* — R 1 : Salins Marcou ; Nans Choffat 75 ; région de Salins 78.

aperta Etallon 1862 — R 1 : Charcenne, r.

ararica Etallon 1862 — R 1 : Champlitte, ac.

brevis Etallon 1862 — Po 1 : Mantoche, rr.

Bronnii Münster, Etallon 1860 — R 1 : Montbéliard 60 — R (R 1) : Salins Marcou.

bullata Etallon 1860 — R 1 : Héricourt, ac.

dumosa Etallon 1862 — V 1 : Clans, rr.

floriceps Etallon *Lethea* — R 1 : Nans Choffat 75 ; région de Salins 78.

gigantea Etallon 1862 — R 1 : Champlitte, rr.

gracilis Etallon *Lethea* — R 1 : Champlitte, r. 62 — Argovien à *Hemicid. crenularis* (R 1 *nobis*) : Dournon Choffat 78.

mosensis Etallon *Haut-Jura* — R 1 : Montbéliard 60.

prismatica Etallon *Lethea* — R 1 : Champlitte, r, 62.

punctata Quenstedt, Etallon 1862 — R 1 : Champlitte, r.

tumida Etallon 1862 — R 1 : Champlitte, r.

EUDEA

clavata Lamouroux 1821 — Bj 3 : Belfort Parisot.

cribraria de Fromentel — Bj 3 : Belfort Parisot.

cymosa Lamouroux 1821 — C 2 : Tarcenay Maizières Résal : Laissey Henry.

lagenaria Lamouroux, d'Orbigny 1847 — C 2 : Tarcenay Résal.

lycoperdoïdes Lamouroux, d'Orbigny 1847 — C 2 : Maizières Résal ; Épeugney Henry.

mammosa d'Orbigny 1847 — Bt 1 : Burgille Résal.

pistilliformis Lamouroux, d'Orbigny 1847 — C 2 : Tarcenay Résal ; Épeugney Henry.

perforata Quenstedt, Etallon *Lethea* — R 1 : Montbéliard 60 ; Champlitte Marnay, ac, 62.

Perroni Etallon 1862 — R 1 : Gatey, r.

CNEMIDIUM

bullosum Münster — R (R 1) : Salins la Vèze Marcou.

' pyriforme Michelin synonyme de *Stellispongia corallina* [1].

CUPULOSPONGIA

helvelloïdes Lamouroux, d'Orbigny 1847 — C 2 : Belfort Parisot.

CLIONA

distans Etallon *Lethea* — A 2 : Oyrières, r, 62.

---

1. Nous avons indiqué, par erreur, en 1882 et en 1895, cette espèce sous le nom de *Cnemidium pisiforme* Michlin ; les échantillons du Musée de Besançon portaient alors cette désignation.

FORAMINIFÈRES

Les Foraminifères de notre région sont encore trop peu connus, pour qu'il soit utile d'en donner une liste, nous nous bornerons à renvoyer aux auteurs qui les ont étudiés, et à leurs ouvrages : Etallon *Jura graylois*, quelques citations ; W. Deecke *Foraminifères de l'Oxfordien des environs de Montbéliard*, étude très complète mais ne comprenant qu'un seul étage ; Deprat *Études micrographiques sur le Jura septentrional*, indications assez nombreuses ; Petitclerc *Contribution à l'étude du Bajocien*, mentions.

VÉGÉTAUX

clatropteris meniscoïdes Brong. — Bj 1 : Pagnoz Marcou.

Bois fossile — Bj 2 : Longevelle Petitclerc 1900. Grandes fougères non déterminées — Bj 3 : Pont-les-Moulins, Besançon, Musée de Besançon. Fragments de bois fossile empâtés de calcite — O 1 : Palente Laurent 1903.

Juncus? Thurmanni Etallon 1862 — O 2 (Chail.) : Grandvelle Etallon.

Chondrites astartinus Etallon 1862 — A 1 : Oyrières, ac

Chondrites Bavouxi Etallon 1862 — A 1 : Oyrières, ac.

Carpolithes Thurmanni Etallon 1862 — A 1 : Oyrières.

Goniolina geometrica Buvignier — A 1 : Etalans *nobis* — A 2 : Valdahon — A 3 : Belfort Parisot — Pt : Montbéliard Etallon 60 — V 1 : Chargey, ac, Etallon 62.

Empreintes de végétaux marins *(fucoïdes ?)* — Pt 2 : Fresne-Saint-Mamès *nobis*.

Nulliporites Hechingensis Quenstedt — Arg. (R 1 *nobis*) : Dournon Bief-des-Laizines Choffat 78.

TABLE ALPHABÉTIQUE

DES EMBRANCHEMENTS ET DES GENRES

Les classes et les genres sont placés en ordre alphabétique dans chacun des six embranchements, disposés dans le même ordre : Articulés (Crustacés), Échinodermes, Mollusques (Mollusques et Molluscoïdes), Vers (Annélides), Vertébrés et Zoophytes.

SYSTÈME LIASIQUE

	Pages			Pages
ARTICULÉS	12	Céphalopodes		13
Palinurus	12	Cerithium		24
ÉCHINODERMES	46	Chemnitzia		24
Astéroïdes	46	Cyprina		30
Cidaris	46	Cytherea		30
Crinoïdes	46	Dentalium		27
Diademopsis	46	Gervillia		35
Échinoïdes	46	Goniomya		29
Hyboclypus	46	Gastropodes		23
Ophiures	46	Homomya		29
Pentacrinus	46	Idmonea		44
MOLLUSQUES	13	Inoceramus		35
Actæonina	23	Leda		33
Alaria	23	Lima		37
Ammonites	15	Lingula		43
Anatina	28	Littorina		24
Anomia	39	Lucina		31
Arca	34	Lyonsia		28
Arcomya	30	Mactromya		28
Astarte	31	Modiola		35
Avicula	36	Monotis		35
Belemnites	13	Myacites		28
Bourguetia	24	Myoconcha		35
Brachiopodes	41	Myophoria		32
Bryozoaires	44	Mytilus		35
Cardinia	31	Natica		25
Cardita	30	Nautilus		22
Cardium	30	Nerinea		24

	Pages		Pages
Nucula	33	Acrodus	11
Ostrea	39	Acrolepis	11
Panopea	29	Amblyurus	10
Pecten	36	Colobodus	10
Pectunculus	34	Dapedius	10
Pelecypodes	28	Fasciodus	11
Phasianella	26	Gyrolepis	11
Pholadomya	29	Hybodus	12
Pinna	34	Icthyosaurus	9
Pleuromya	28	Lepidotus	10
Pleurotomaria	27	Megalosaurus	9
Plicatula	35	Nemacanthus	11
Posidonomya	36	*Poissons*	10
Pterocera	24	Pycnodus	10
Purpurina	35	Pygopterus	11
Rhynchonella	42	*Reptiles*	9
Spiriferina	43	Sargodon	10
Straparodus	26	Saurichthys	10
Terebratula	42	Semionotus	10
Thracia	28	Simosaurus	9
Trigonia	39	Spinax	11
Trochotoma	26	Strophodus	11
Trochus	25	Tetragonolepis	10
Turbo	26	Trematosaurus	9
Turritella	25	Zoophytes	48
Umbonium	25	Astraea	48
Unicardium	39	Anthophyllum	48
Venus	30	*Coralluaires*	48
Waldheimia	41	Hippalimus	48
Vers (Annélides)	45	Montlivaultia	48
Haimeina	45	*Spongiaires*	48
Serpula	45	Stellispongia	48
Talpina	45	Thecocyathus	48
Vertébrés	9	Végétaux	49

SYSTÉME OOLITHIQUE

Articulés (Crustacés)	53	Acrosalenia	186
*Enoploclytia	53	Antedon	191
Eryma	53	Apiocrinus	194
Eryon	53	Asterias	199
Gammarus	53	*Asteroides*	199
Glyphæa	53	Cainocrinus	192
Orhomalbus	54	Cidaris	188
Prosopon	53	Clypeus	180
Echinodermes	179	Collyrites	179
Acrocidaris	185	Crenaster	190

	Pages		Pages
Crinoïdes	191	Astarte	125
Cyclocrinus	192	Ataphrus	94
Diadema	185	Atreta	155
Diplocidaris	187	Avicula	143
Diplopodia	183	Belemnites	56
Discoïdea	182	Berenicea	172
Dysaster	179	Bourguetia	85
Echinobrissus	180	*Brachiopodes*	161
Echinoïdes	179	*Bryozoaires*	171
Eugeniacrinus	191	Bulla	75
Galeropygus	181	Bullina	76
Glypticus	183	Cardinia	127
Hemicidaris	185	Cardita	127
Hemipedinae	183	Cardium	118
Heterocidaris	186	Carpentaria	154
Holectypus	181	*Cephalopodes*	56
Hyboclypus	181	Ceriopora	172
Hypodiadema	186	Cerithium	89
Magnosia	183	Ceromya	103
Millericrinus	192	Chemnitzia	87
Pedina	183	Chenopus	78
Pentacrinus	191	Chilodonta	76
Psammechinus	183	Corbicella	122
Pseudocidaris	186	Corbis	121
Pseudodesorella	181	Corbula	101
Pseudodiadema	184	Crania	173
Pseudosalenia	185	Cucullaea	133
Pygaster	181	Cylindrites	76
Pyguras	179	Cypricardia	115
Rhabdocidaris	187	Cyprina	117
Stellaster	190	Cyrena	118
Stomechinus	182	Cytherea	115
Tetracrinus	191	Defrancia	174
Montlivaltia	56	Delphinula	94
Actaeon	75	Dentalium	100
Actaeonina	75	Diastopora	173
Akera	75	Diceras	123
Alaria	79	Ditremaria	96
Amberleya	84	Emarginula	99
Ammonites	58	Entalophora	173
Anatina	102	*Fusus*	92
Anisocardia	116	Gastrochaena	100
Anomia	133	*Gastropodes*	73
Aporrhais	78	Gervillia	141
Aptychus	72	Goniomya	108
Arca	133	Gresslya	104
Arcomya	113	Heteropora	171
Asaphis	114	Hinnites	149

	Pages		Pages
Homomya	107	Præconia	125
Hydatina	75	Proboscina	173
Inoceramus	141	Protocardia	118
Isoarca	133	Psammobia	114
Isocardia	115	Pseudomonotis	143
Leda	131	Pseudonerinea	87
Lichenopora	172	Pterocera	77
Lima	150	Pteroperna	142
Lingula	171	Purpurina	92
Lithophagus	137	Purpuroïdea	76
Lucina	122	Pustulipora	173
Lucinopsis	123	Quenstedtia	114
Macrodon	133	Reticulipora	172
Mactra	101	Retzia	171
Megerlea	164	Rissoa	89
Melania	87	Rostellaria	77
Modiola	138	Rhynchonella	168
Mya	101	Scalaria	92
Myoconcha	137	Spinipora	171
Mytilus	139	Spiropora	173
Natica	89	Spondylus	154
Nautilus	73	Stomatopora	173
Neæra	100	Tancredia	120
Nerinea	81	Tellina	115
Nerita	93	Terebratella	161
Neritopsis	93	Terebratula	163
Nucula	130	Teredo	109
Opis	124	Thecidea	167
Orbicula	171	Thracia	102
Ostrea	135	Trichites	136
Palæomya	120	Trigonia	127
Patella	99	Trochotoma	96
Pecten	144	Trochus	95
Pelecypodes	100	Turbo	95
Petricella	174	Turritella	92
Perna	140	Unicardium	120
Phasianella	96	Venerupis	115
Pholadomya	109	Waldheimia	164
Pholas	100	Xenophora	92
Pileolus	93	Vers ANNÉLIDES	175
Pinna	135	Chaetopterus	177
Placunopsis	135	Cobalia	178
Plectomya	107	Dendrina	178
Pleuromya	105	Galeolaria	177
Pleurophorus	127	Haguenovia	177
Pleurotomaria	92	Serpula	175
Plicatula	154	Spirorbis	177
Posidonomya	142	Talpina	178

	Pages		Pages
VERTÉBRES	50	Donacosmilia	200
Acrodus	52	Enallohelia	195
Emys	50	Epismilia	202
Eurysaurus	50	Eudea	216
Gyrodus	51	Eunomia	208
Icthyosaurus	50	Favia	206
Lepidotus	51	Goniocora	203
Machimosaurus	50	Heliastræa	206
Notidanus	52	Heliocœnia	198
Odontaspis	50	Hippalimus	215
Plesiosaurus	50	Holocœnia	197
Poissons	51	Hymenophyllia	206
Pycnodus	51	Isastræa	204
Reptiles	50	Isocora	200
Sphærodus	51	Latimæandra	203
Sphenodus	52	Lithodendron	208
Strophodus	52	Lobocœnia	198
Teleosaurus	50	Lymnorea	214
ZOOPHYTES	195	Mæandrina	206
Achilleum	195	Mamillipora	214
Agaricia	210	Microsmilia	213
Amorphospongia	195	Microsolena	213
Anabacia	213	Montlivaultia	208
Aplosmilia	201	Oroseris	210
Astrocœnia	179	Pareudea	215
Baryphyllia	206	Peplosmilia	203
Blastinia	214	Phytogyra	200
Blastosmilia	202	Placocœnia	198
Calamophyllia	208	Placosmilia	233
Centrastræa	206	Placophyllia	200
Cladophyllia	206	Placosmilia	233
Cliona	216	Pleurosmilia	202
Cnemidium	216	Pleurostylina	197
Comastræa	206	Prodhelia	195
Comoseris	210	Protoseris	211
Cladosastræa	208	Psammocœnia	197
Conispongia	214	Psammohelia	195
Convexastræa	179	Rhabdophyllia	207
Coralliaires	195	Rhipidogyra	201
Cryptocœnia	198	Septastræa	206
Cupulispongia	215	Siderastræa	210
Cyathophora	197	Siphonocœlia	213
Cyanocilia	202	Sparsispongia	214
Dactylogyra	201	Spongiaires	214
Dendrohelia	195	Stellispongia	214
Discosia	215	Stenogyra	201
Dimorphastrea	203	Stephanocœnia	195
Diplocœnia	197	Stylina	198

	Pages		Pages
Stylohelia	196	Thecosmilia	207
Stylophora	196	Tremospongia	214
Stylosmilia	200	Trismilia	202
Synastræa	205	Trochoseris	210
Thalaminia	195	Trochosmilia	203
Thamnaræa	213	Végétaux	218
Thamnastræa	214		

DEUXIÈME PARTIE

FAUNE DES ÉTAGES JURASSIQUES

Nous exposons la faune des différents étages jurassiques, dans quatre tableaux principaux : le premier de ces tableaux est consacré au Système Liasique, les trois autres au Système Oolithique ; le second renferme les fossiles de ses assises inférieures, Bajocien, Bathonien et Cornbrash ; le troisième, ceux du Callovien, de l'Oxfordien et du Rauracien ; le quatrième enfin, ceux des couches supérieures, Astartien, Ptérocérien, Virgulien et Portlandien. Nous employons, pour désigner ces étages, les mêmes abréviations que dans la première partie, et nous indiquons les sous-étages par les mêmes numéros, exprimés, ici, en chiffres romains, pour éviter toute confusion avec les degrés de fréquence que nous exposons comme il suit :

<pre>
Très rare   1
Rare.   2
Ni commun ni rare   3
Commun   4
Très commun   5
</pre>

Le signe + marque la simple présence d'une espèce dans un sous-étage.

Le signe × marque la présence d'une espèce dans un étage, quand il n'a pas été possible de préciser davantage son habitat.

Nous avons établi le degré de fréquence, d'après les indications fournies par les auteurs que nous avons cités, dans la première partie de cet ouvrage, et d'après nos propres observations ; mais le chiffre qui l'exprime ne le fait connaître, en général, que pour un point restreint de notre territoire, et par conséquent d'une manière insuffisante pour toute son étendue, car une espèce peut être très abondante à Gray ou à Montbéliard, par exemple, et manquer partout ailleurs, et réciproquement. En réalité, au point de vue de la région entière, un fossile doit être considéré comme commun, lorsqu'il se rencontre partout ou à peu près, et comme rare, lorsqu'il se trouve seulement dans une ou deux localités. Aussi, pour préciser le plus possible cette notion de la fréquence, il nous a semblé qu'il était nécessaire de réunir les indications de lieu aux indications de niveau, et de résumer dans ces tableaux ce que nous avons exposé, en détail, dans les pages précédentes. Pour y parvenir plus facilement, nous avons divisé la région en dix sections qui seront désignées par des lettres, dans nos tableaux, comme nous allons l'exposer (1).

Première section. — Nord de la région à l'est du prolongement triasique venant des Vosges : Belfort Fallon **Montbéliard** Mathay Rougemont Vougeaucourt etc.

Indication abrégée . . . . M

Deuxième section. — Nord de la région à l'ouest du prolongement triasique venant des Vosges : Aroz Calmoutier Chariez Clans Comberjon Fédry Flagy Gouhenans Mailleroncourt Ovanches Port-sur-Saône Rupt Scey-sur-Saône Serrigny Traves Velleminfroy Venisey **Vesoul** et ses environs etc.

Indication abrégée. V

Troisième section. — Localités situées à l'ouest de la Saône ou sur sa rive droite, en outre Gray et ses environs : Auvet Chassigny Champlitte Écuelle Essertenne Fahy Fresne-Saint-Mamès **Gray** Leffond Mantoche Montarlot Mont-le-Franois Mont-Saint-Léger la Mouille Noiron Oyrières Pierrecourt Pisseloup Raincourt Theuley-lez-Vars Vars etc.

Quatrième section. — Localités situées sur la rive gauche de la Saône et entre sa rive gauche et la rive gauche de l'Ognon, les environs de Vesoul et de Gray exceptés : Bucey Charcenne

(1) Ce sectionnement n'est pas établi au hasard, mais il est en rapport avec les différents faciès que présentent les dépôts jurassiques, et plus spécialement les assises oolithiques dans la région. Voir Système oolithique.

Fontenois-lez-Montbozon Gy Mailley Maizières (1) Montbozon Neuvelle-lez-Cromary Quenoche Rosey Sorans Velleclaire
Velloreille Virey etc.

Indication abrégée. . . . . F

Cinquième section. — Rive gauche de l'Ognon, vallée du Doubs
au-dessous de Vougeaucourt et au-dessus de Rochefort, localités
situées entre les deux rivières : Baume **Besançon** Beure
Chaudefontaine Clerval Corcelle Hôpital-Saint-Lieffroy Mar-
chaux Miserey Moncey Pouilley la Roche Torpes etc.

Indication abrégée. . . . . B

Sixième section. — Région des plateaux au nord de la Loue :
Avoudrey les Combettes Consolation Épeugney **Etalans**
Fuans Glères Indevillers Longemaison Maiche Mont-de-Laval
Pierrefontaine-les-Varans le Russey Saint-Hippolyte Tarcenay
Valdahon Vercel etc.

Indication abrégée. . . . . E

Septième section. — Au sud de la Loue et vallée de cette ri-
vière : Aiglepierre Amancey Doulaise Éternoz Fertans Lods
Longeville Maizières Mouchard Mouthier Nans-sous-Sainte-Anne
la Nantillère Ornans Pagnoz Pinperdu Pointevillers Quingey
Rennes **Salins** et environs Vaulgrenans etc.

Indication abrégée. . . . . S

Huitième section. — La haute vallée du Doubs et la haute mon-
tagne, au sud du Russey : Les Auberges Boujailles Colombières
la Gauffre les Lavottes Levier Montbenoit Morteau **Pontarlier** Sombacourt Villers-le-Lac.

Indication abrégée. . . . . P

Neuvième section. — Au sud de la région à l'est de Salins :
Abergement-du-Navois Crouzet Dournon.

Indication abrégée. . . . . A

Dixième section — Au sud de la région à l'ouest de Salins :
Amange **Dole** Champvans Eclans et localités situées dans le
massif de la Serre et autour de lui.

Indication abrégée. . . . . D

(1) Nous faisons suivre le nom de cette localité des lettres H.-S. (Haute-
Saône) pour la distinguer de Maizières de la vallée de la Loue.

PREMIER TABLEAU

SYSTÈME LIASIQUE

Indications données par les colonnes et abréviations : I-L = Infra Lias, S = Sinémurien, L = Liasien, T = Toarcien, Rh = Rhétien, H = Hettangien, I = inférieur, II = moyen, III = supérieur, S = espèces passant dans les étages supérieurs.

		I-L		S			L			T			S
		Rh	H	I	II	III	I	II	III	I	II	III	
REPTILES.													
Megalosaurus obtusus	D												
— sp.	B												
Simosaurus sp.	D												
Ichthyosaurus sp.	D — V — S									×	+		
Trematosaurus Alberti	D												
POISSONS.													
Saurichthys aculeatus	B												
— striatulus	BS.												
— subulatus	BS.												
Pycnodus priscus	B												
Sargodon cuneatus	B												
— incisivus	B												
— tomicus	B												
Lepidotus gigas	S											+	
— sp.	B												

Taxon		C1	C2	C3	C4	C5	C6	C7	C8	C9	C10	C11	C12
Colobodus milium	BS.	+											
Tetragonolepis serratus	B	+											
Amblyurus novus	S	+											
Dapedius inornatus	B	+											
Semionotus inornatus	S	+											
Gyrolepis Alberti	BS.	+											
— tenuistriatus	BS.	+											
— sp.	BS.	+											
Pygopterus concavus	BS.	+											
Acrolepis aff. Sedwickii	B	+											
Nemachanthus monilifer	S	+											
Spinax ellipticus	S	+											
— laevis	S	+											
Strophodus sp.	D	+											
— aff. subreticulatus	S										+		
• Acrodus sp.	B	+											
— acutus	B	+											
— minimus	BS.	+											
— nobilis	B	+											
— tricuspidatus	S	+											
Fasciodus pectinatus	S	+											
Hybodus apicalis	S	+											
— cuspidatus	B	+											
— minor	BS.	+											
— novus	S	+											
— sp.	D	+											

CRUSTACÉS.

Taxon		C1	C2	C3	C4	C5	C6	C7	C8	C9	C10	C11	C12
Palinurus sp.	S								+				

MOLLUSQUES.

CÉPHALOPODES.

		I-L		S			L			T			S
		Rh	H	I	II	III	I	II	III	I	II	III	
Belemnites abbreviatus	BPS — HsMB										+	+	+
— acuarius	S — BS — MG										+	+	
— acutus	MBS — BS — GBS				+	+	+						
— Bruguierianus	MBS — MB — MVBS						+	+	+				
— canaliculatus	V									×			+
— clavatus	BS — MBS — MV							+	+				
— compressus	MHsB — VB — S						+			×	+		
— conoideus	M											+	
— curtus	BS										+		
— Davæi	B						+						
— elongatus	MBS						+						
— exilis	VB									×			
— irregularis	MVGFBS										4		
— ? niger	M						+						
— Nodotianus	B									×			
— Oppeli	B						—						
— papillatus	B						—						
— Quenstedti	VB											2	
— rhenanus	MB											+	
— Tessonianus	M											+	
— tripartitus	MBS										+		
— umbilicatus	MVBS — S						4	—					
— unisulcatus	BS									×	+		

Espèce	Niveau	1	2	3	4	5	6	7	8	9	10	11	12	13
Belemnites virgatus	M						+							
Reineckia lacunata	VB — S.					+	+							
Cœloceras annulatum	V										×			
— Braunianum	S											+		
— commune	B											+		
— crassum	V — BS.											+	+	
— Desplacei	B											+		
— mucronatum	VBS											+		
— Raquinianum	BS.											+		
Hammatoceras fallax	B											+		
— insigne	MBS — M											+	?	+
Ludwigia aalensis	MBS											+		
— binus	BS.										×			
— costula	V										×			
— mactra	MB.											+	+	
— opalina	MBS											+	+	
Leioceras bicarinatum	V										×			
— complanatum	BS.										×			
— concavum	BS.											+	+	
— discoïdes	BS.											+		
— fluitans	B — M											+	+	
— subplanatum	MS.											+		
Grammoceras Eseri	M											+		
— fallaciosum	BS.											+		
— Levesquei	BS.											+		
— Normanianum	M								+					
— Orbignyi	M											+		
— radians	MVBS.											4		
— Thouarsensis	MVBS.											+	+	

		I-L		S			L			T			S
		Rh	H	I	II	III	I	II	III	I	II	III	S
Hildoceras bifrons	MVBS — MS												
— comense	V									×			
— iserense	B												
Harpoceras lotharingicum	M												
— Lythense	MVB												
— striatulum	M												
— subserrodens	M												
— variabile	VBS									×			
Cycloceras arietiforme	S												
— masseanum	BS												
Liparoceras Bechei	MB						×						
— Henleyi	B						×						
Deroceras armatum	B						×						
— Davæi	MBS												
— subarmatum	BS — B												
Microderoceras Buchi	V			×									
Microceras bifer	MS												
— capricornus	MB												
— planicosta	BS — S												
Schlotheimia angulata	BS — MBS												
— Boucaultiana	VB			×									
— Charmassei	MB												
— Moreana	GB — MB												
Cymbites globosus	B												
Ophioceras raricostatum	MVGBS												

		1	2	3	4	5	6	7	8	9	10	11	12	13	14	15	16
Agassiziceras scipionianum	BS.				×												
Arietites bisulcatus	*partout*					4											
— Brochii	S.					+											
— carusensis	S.					1											
— Conybeari	HsBS — B.						+	+									
— geometricus	B — VS — S.					+	+	+									
— Kridion	MBS						+										
— natrix	MS.								+	+							
— Nodotianus	S.								+								
— obtusus	B.								+								
— rotiformis	V.				×												
— stellaris	MS.				×												
— Turneri	S.						1										
Psiloceras Johnstoni	B.													+			
— planorbis	BS — MSB.			+	+												
— tortilis	V — BS.			+	+												
? Amalteus Engelhardti	S.										+						
— margaritatus	M — *partout*											+	4				
— spinatus	*partout*													4			
Oxynoticeras oxynotum	BS.							+									
Pleuracanthites hircinus	B — MBS						×										+
Lytoceras cornucopiæ	V.												×				
— fimbriatum	S — MHsS — M.									+	×		+				
— jurense	MBS															2	
— sublineatum	V.												×				
Phylloceras Calypso	B.												×				
— Lascombei	B.										×						
— Nilsonni	S.																+
— sternale	BS.															2	+

		I-L		S			L			T			S
		Rh	H	I	II	III	I	II	III	I	II	III	
? Ammonites Erbanensis	V									×			
— metaltarius	M										+		
Nautilus inornatus	S — M — S				+		+			×			
— intermedius	SB.				3								
— semistriatus	S									+			
— striatus	MVBS				+				+				
— toarcensis	VBS										+		
Gastropodes.													
Actaeonina glabra	B						×						
Purpurina Patroclus	MVBS.										+		
— Philiasius	MS.									×			
Alaria Parisoti	M										+		
Pterocera subpunctata	S						×						
Cerithium armatum	MBS											—	
— elongatum	M						×						
— etalense	B		—										
— Semele	B		—										
— sinemuriense	VB.			—									
Nerinea sp.	S						—						
Bourguetia striata	M			×			×						+
Chemnitzia globosa	BS.			—									
Littorina arduennensis	B		—										
— clathrata	B		—										
— duplicata	partout											5	

Species	Code	Distribution marks
Natica minima	B	+
— subangulata	B	+
Turritella Deshayesea	B	+
— echinata	BS	×
— Humberti	B	+
Straparollus involutus	B	× ×
— Renaudi	BS	× ×
Umbonium delphinuloïdes	B	×
Trochus Eolus	M	+
— monoplicus	B	×
— sinistrorsus	B	+
— vesuntieus	B	×
Turbo capitaneus	BS — BS	+ + +
— Chavanni	B	+
— Henrici lævis	B	+
— inornatus	B	+
— Midas	B	×
— nudus	V	×
— parvus	B	+
— Pietti	B	+
— triplicatus	B	+
— vicinalis	B	+
Phasianella nana	V	+
Trochotoma Chanoisi	B	+
Pleurotomaria anglica	MVBS — Hs	+ +
— basilica	B	+
— cœpa	B	×
— expansa	B	+
— gigas	BS	+

		I-L		S			L			T			S
		Rh	II	I	II	III	I	II	III	I	II	III	
Pleurotomaria Marcousana	BS.			×									
— multicincta	M						+						
— planula	B		+										
— princeps	M										+		
— Rouseti	B		+										
— Terquemi	B		+										
— zonata	S				2								
Dentalium giganteum	M					+							
PELECYPODES.													
Lyonsia Parandieri	B						×						
— unioides	M							+					
Thracia Neptuni	B			×									
Anatina praecursor	M				+								
? Myacites oxynoti	B					+							
Pleuromya crassa	S				2								
— Galathea	S				2								
— liasina	MB.			+									
— striatula	MVBS.				3								
Mactromya liasina	S					2							
Homomya ventricosa	BS.				2								
Goniomya Engelhardti	S					2							
Pholadomya castellinensis	B				+								
— decorata	SM.				+		+						
— foliacea	S											2	

Pholadomya glabra	MS.
— Idea	M
— prima	B
— Rœmeri	B
— reticulata	S
— Urania	BS — MBS
? Panopea depressa	B
— montignyana	B
— subelongata	M
Arcomya oblonga	S
Cytherea rhetica	BS.
Venus liasina	B
— trigonellaris	S
Cyprina antiqua	M
— pumila	B
Cardita Austriaca	V
Cardium cloacinum	B
— musculosum	B
— oxynoti	B
— submulticostatum	M
— Terquemi	B
Unicardium cardissoïdes	M
— inversum	M
— Janthe	BS.
Lucina liasina	V
— pumila	B — B — M
Astarte Heberti	B
— opalina	B
— postera	B

		I-L		S			L			T			S
		Rh	H	I	II	III	I	II	III	I	II	III	
Astarte saulensis	B												
— subtetragona	B									×			
— Voltzii	S — IIs — MVB.					?				+		+	+
Cardinia acuminata	B		+										
— concinna	MBS		+										
— contracta	B		+	+									
— convexa	B — S		+	+									
— Desoudini	B		+										
— hybrida	M			×			+						
— insignis	B		+										
— Listeri	M			×									
— Morisi	B		+										
— quadrangularis	B		+										
— securiformis	B — BS.		+	+									
— sublamellosa	VB — V		+										
— sulcata	S			×									
— ? trigona	B		+										
Trigonia Castani	B												
— navis	B									×			
— postera	VB												
— pulchella	MBS											+	
— pumila	B							×					
— Rebouli	B												
Myophoria Emmerichi	B												
— Retziæ	B												

Species		1	2	3	4	5	6	7	8	9	10	11	12	13
Leda acuminata	B						×							
— Borsoni	B	+												
— Delila	B									×				
— Diana	B									×				
— Doris	B — B — MV.					+	×		+					
— inflexa	B						+							
— lacryma	S										3			
— palmae	B						+							
— rostralis	B — MV — HsBS	+										+	+	
— subovalis	VB — S.											+	+	
Nucula claviformis	M													+
— Hammeri	MBS — M												+	+
— Hausmanni	BS.												+	
— Phalante	B									×				
— variabilis	B — M										+		+	+
Pectunculus pumilus	B									×				
Arca cancellina	M												+	+
— Colletoti	B		+											
— elongata	B										+			
— Münsteri	B — M										+		+	
— parvula	M												+	
— pulla	B		+											
— subliasina	VB — MBS												+	+
— Veziani	B		+											
Pinna diluviana	B		+											
— fissa	M												+	
— folium	V			×										
— Hartmanni	B — BS		+		2									
— opalina	M												×	

		I-L		S			L			T			S
		Rh	H	I	II	III	I	II	III	I	II	III	
Pinna semistriata	B		—										
— similis	B		+										
Myoconcha Oxynoti	M						×						
— scalprum	SB.			×									
Modiola Oxynoti	B							—					
— scalprum	B — MS.		—	×									
Mytilus dichotomus	B		—										
— glabratus	B	—											
— gryphoïdes	M									×			
— Gueuxii	S			×									
Inoceramus cinctus	M									×			
— dubius	MV									+			+
— fuscus	V									×			
Gervillia Hartmanni	M											+	
— Galeazzi	B	—											
— Oxynoti	B								—				
Monotis papyria	V			×									
Posidonomya Brounii	MVBS.									—			
— Voltzii	M									—			
Avicula contorta	MB												
— Dunkeri	BD	—											
— elegans	M									×			+
— Münsteri	S												
— praecursor	MB												
— sinemuriensis	MVHsB				5								

Species	
Pecten acutiradiatus	B
— aequivalvis	Hs — *partout* — S.
— ambiguus	S
— calvus	M
— cloacinus	M
— comatus	G
— disciformis	MS
— Hehlii	MVB
— lens	MHS
— Philenor	B
— priscus	VB — M
— pumilus	*partout*
— sabinus	M
— strionalis	B
— textorius	MVBS — B.
— valoniensis	B
— velatus	M — V
Lima acuticosta	VB.
— amoena	M
— antiquata	B — VBS — Hs.
— duplicata	MVBS — M
— Echo	BS.
— edula	V — B.
— Erina	BS.
— Erosne	V — B.
— Eryx	V.
— Galathea	MV
— gigantea	*partout* — MVGBS — Hs — M — V
— Gueuxii	B.

Species	Ref	I-L		S			L			T			S
		Rh	H	I	II	III	I	II	III	I	II	III	S
Lima Hermanni	M — BESM — S												
— hettangensis	B		3										
— pectiniformis	MB												
— pectinoïdes	V									×			
— punctata	B — MVBS — M — V.									×			
— succincta	V				2								
— toarcensis	VB										2		
— tuberculata	B												
— valoniensis	B												
Plicatula hettangensis	B												
— intusstriata	B — VB.												
— Neptuni	V									×			
— spinosa	B — *partout*								5				
Anomia opalina	M												
— Schafhaulti	B												
— striatula	B												
Ostrea arcuata	*partout*			5									
— anomia	B												
— arietis	M			×									
— cymbium	S — MGS — M												
— irregularis	V — M												
— laeviuscula	B												
— Marmorai	B												
— Marsignyana	B												
— obliqua	Hs — S — MB.												

MOLLUSCOIDES.

BRACHIOPODES.

Waldheimia cor	MVB — M	
— cornuta	MBS	
— indentata	MB	×
— numismalis	BS — MGBS — M	
— perforata	B	×
— quadrifida	S — BS	
— Sarthacensis	B	×
Terebratula basilica	V	2
— subpunctata	V	×
— sp.	B	
Rhynchonella Amalthei	M — B — B	
— belemnitica	MB	
— cynocephala	B	×
— Deffneri	B	
— Douvillei	B	
— furcillata	MS	
— jurensis	S	
— Moorei	M	
— oxynoti	V	×
— plicatissima	B	
— rimosa	S — M	
— aff. rimosa	S	×
— scalpellum	B	
— Schimperi	B	×
— serrata	M	
— spinosa	M	×

		I-L		S			L			T			S
		Rh	H	I	II	III	I	II	III	I	II	III	
Rhynchonella tetraedra	M												
— variabilis	MV — S — MVB — M												
Spiriferina Hartmanni	B — MS — M.			×									
— Munsteri	MS			×									
— pingnis	MVBS.					2							
— rostrata	MVS — B												
— Walcotti	partout — M												
— verrucosa	MS												
Lingula tenuis	E												
BRYOZOAIRES.													
Idmonea ramosa	V									×			
ANNÉLIDES.													
Serpula filaria	B												
— filiformis	VB.												
— flaccida	B												
— gordialis	V									×			
— nodifera	B												
— aff. ramentum	V									×			
— segmentata	V									×			
— tricarinata	V									×			
Haimeina Michelini	B												
— sporadea	B												
Talpina serpula	VB.												
— squamosa	B												

ECHINODERMES.

Echinoïdes.

Hyboclypus sp.	M	×
Diademopsis buccalis	B	
— sp.	VB	
Cidaris arietis	M	
— liasina	S	
— sp.	MV	×

Arteroïdes.

Ophiurus sp.	S

Crinoïdes.

Pentacrinus angulatus	VB	
— basaltiformis	M — BS	×
— lævis	B	×
— liasinus	S	×
— Oceani	S	×
— punctiferus	M	×
— scalaris	MB — V	×
— subangularis	S	
— subteroïdes	MHs	× ×
— tuberculatus	*partout* — M	
— vulgaris	V	×

ZOOPHYTES.

Coralliaires.

Thecocyathus mactra	*partout*	3

Espèce		I-L		S			L			T			S
		Rh	H	I	II	III	I	II	III	I	II	III	
Montlivaultia rodana	B . —		+										
— sinemuriensis	B — V		+	×									
— sp.	B		+										
? Astraea liasina	S			×									
? Anthophyllum sp.	S			×									
SPONGIAIRES.													
Stellispongia fasciculata	B									×			
— clavatulus	B									×			
VÉGÉTAUX.													
débris	S		+										
— empreintes, tiges, bois	VS — S.			×			+						
Odonpteris cycadea	D						+						
Sphærococcites crenulatus	S						+						
— empreintes, bois	M — V						×			×			
Chondrites, empreintes	S												

En dehors d'une mince couche de grès, située à la base de l'Infra-Lias (*bone bed*) et des assises du *calcaire à Gryphées*, épaisses de 10 à 15 mètres, le système liasique est entièrement constitué par des roches marneuses plus ou moins calcaires ou plus ou moins argileuses; il mesure, à Besançon, de 200 à 220 mètres, mais sa puissance est plus considérable dans l'ouest, vers Gray et surtout vers Langres, puis elle diminue, à partir de ces points, dans la direction de l'est. La distinction des différents étages du Lias est presque exclusivement basée sur la faune; celle-ci, d'ailleurs, est fort riche en individus, avec un nombre assez réduit d'espèces. Quelques-unes sont très répandues partout; l'une même, l'*Ostrea arcuata*, forme de prodigieux amoncellements dans le *Calcaire à Gryphées* que l'on peut suivre depuis Chalindrey, sur les confins de la Haute-Marne, jusqu'à Vaufrey, près de la frontière suisse, et à Mouthier, à l'extrémité est de la vallée de la Loue, et de Belfort à Salins.

Les céphalopodes se montrent assez nombreux dans tous les étages du système, sauf dans l'Infra-Lias; les gastropodes y apparaissent en plus petit nombre; les annélides, les échinodermes et les zoophytes se présentent plus rarement encore dans ses assises. Les pélécypodes y sont de beaucoup les fossiles les plus répandus, les brachiopodes le sont moins et les bryozoaires y sont presque inconnus. Les débris de vertébrés, très fréquents dans le Rhétien, font absolument défaut partout ailleurs, sauf dans le Toarcien où ils sont, du reste, peu communs. Des traces de végétaux ont été signalées aussi à peu près à tous les niveaux.

Les passages d'espèces d'une division à une autre du même étage se voient assez souvent, et il en est encore de même des passages d'un étage à un autre.

La faune du système liasique peut se résumer ainsi [1] :

---

1 Dans l'énumération des fossiles nous ne comptons pas les espèces douteuses, soit comme espèces, soit comme niveau.

	INFRA-LIAS	SINÉMURIEN	CHARMOUTHIEN	TOARCIEN
Reptiles	5			1
Poissons	33			2
Crustacés			1	
Céphalopodes	4	33	27	63
Gastropodes	23	12	9	13
Pélécypodes	61	78	40	35
Brachiopodes	3	20	14	6
Bryozoaires				1
Annélides	8			4
Echinoïdes	2	2	1	1
Astéroïdes	1			
Crinoïdes	1	3	7	4
Coralliaires	3	3		1
Spongiaires				2

DEUXIÈME TABLEAU

OOLITHE INFÉRIEURE

INDICATIONS DONNÉES PAR LES COLONNES ET ABRÉVIATIONS : I = espèces provenant des assises inférieures, Bj = Bajocien, Bt = Bathonien, C = Cornbrash, S = espèces passant dans les étages supérieurs.

		I	Bj			Bt		C		S
			I	II	III	I	II	I	II	
VERTÉBRÉS.										
Reptiles.										
Eurysaurus Raincourti	V	···	···	⋮						
Plesiosaurus sp.	V	···	+							
Icthyosaurus sp.	VS	···	+							
Poissons.										
Pycnodus sp.	D	···	···	···	···	···	···	⋮		
Odontaspis aff. subula	V	···	···	+						
Strophodus personati	M	···	···	···	···	···	···	···	+	
— reticulatus	V — B	···	+	···	···	···	···	···	+	
— sp.	V	···	+							
Nolidanus sp.	S	···	+							
CRUSTACÉS.										
Prosopon rostratum	V	···	+							
Eryma ornata	M	···	···	···	···	⋮				
Glyphæa Bedelta	M	···	×							

MOLLUSQUES.

CÉPHALOPODES.

		I	Bj			Bt		C		S
			I	II	III	I	II	I	II	
Belemnites abbreviatus	MVGB	+	—							
— Blainvillei	S		≡							
— canaliculatus	S — V — M			+		+				.
— ellipticus	V									
-- giganteus	*partout*		5							
— gingensis	MV									
opalinus	M									
— spinatus	G — B									
— subclavatus	M									
subgiganteus	V			1						
sulcatus	Hs — V			1						
— Trautscholdi	V									
— tripartitus	B									
— unicanaliculatus	MS									
Perisphinctes cf. arbustigerus	E									
? procerus	D						?			
subbackeriæ	MB									
Cosmoceras Garantianum	V									
Parkinsonia ferruginea	E									
— Parkinsoni	MBS — M									
— Parkinsoni gigas	M									
Macrocephalites macrocephalus	D — ME.									
Sphæroceras contractum	V									

Species					
Stephanoceras Brongniarti	MV		+		
— Sanzei	M			⊤	
Cœloceras Humphriesianum	BS — VB		?		
— nodosum	V				
plicatissimum	V		+		
polyschides	E — M				
vindobonense	M — V				
sp.	V		+		
Oppelia subradiata	MS — M		⊤		
Hammatoceras ? insignis	M	+	+		
— subinsignis	GS				
Sonninia cf. alternata	V				
— cf. corrugata	V — M		2	?	
cf. crassiuscula	M			?	
cf. decora	V		+		
dominans	V		1		
— dominata	V		+		
— cf gingensis	V		1		
magnispinata	V		2		
— propinquans	V — MV		+	:	
Sowerbyi	VS		+		
cf. sulcata	V		+		
Witchellia Edouardiana	V			1	
— cf. furlicarinata	V			1	
læviuscula	V			+	
aff. romanoïdes	V			+	
— aff. Sutneri	V			+	
— Tessoniana	V			+	
Pœcilomorphus Schlumbergeri	V		2		

	I	Bj			Bt		C		S
		I	II	III	I	II	I	II	
Ludwigia cornu — VS									
— Murchisonæ — *partout* — MB.				?					
— opalina — MVGS									
— opalinoïdes — S.									
Leioceras bradfortense — M.									
— concavum — G — MVS									
Hyperleioceras Desori — V — VS.									
— discites var. subdiscoïdes MV.									
Grammoceras sp. — V.									
Harpoceras decipiens — MS.									
— decipiens var. simile — S.									
— rude — S.									
Oxynoticeras discus — S.									
— subdiscus — M.									
Lytoceras torulosus — M.									
Nautilus Baberi — D.									
— bajocensis — V.									
— clausus — VS.									
— lineatus — M.									
— ? striatus — M.									
— subsinuatus — V — M.									
GASTROPODES.									
Actæonina Benoiti — B.									
— disjuncta — V.					2				

humeralis	V		2									
— olivacea	V					2						
— pulla	V											
— Thouetensis	V											
Cylindrites aequalis	V					2						
— conopsis	G											
Alaria hamus	V											
— lævigata	V											
— Lorieri	V											
— Lotharingica	V											
— rarispina	V											
— sp.	V											
Cerithium granulo-costatum	M				+							
— quadriseriatum	V											
— subscalariforme	V											
— triseriatum	M											
Nerinea acicula	V — M					×						
— acutisutura	G					+	+					
— axonensis	V — B						+		+			
— clavus	M											
— jurensis	BS.											
— scalaris	G					×						
— aff. tabularis	B								+			
Bourguetia Sæmanni	VB.											
— striata	partout		+	+								+
Chemnitzia altararis	V											
— lineata	V — MV — M		+	+	+							
— turris	M		+									
— sp.	V				+							

		I	Bj			Bt		C		S
			I	II	III	I	II	I	II	
Natica adducta	S									
— canaliculata	M									
— Lorieri	V — B									
— Verneuilli	B									
— Zetes	M									
— sp.	V									
Purpurina clathrata	V									
— inflata	V									
Xenophora pyramidata	V									
Turritella opalina	V									
— Schlumbergeri	V									
— sp.	V									
Neritopsis sp.	V									
Trochus Belus	V		4							
— dimidiatus	V		3							
— Zetes	V		1							
Ataphrus Acis	V									
— Acme	V									
— laevigatus	V									
Amberleya densinodosa	V									
— ornata	V									
Turbo ædilis	M									
— Bathis	V									
— Brutus	V									
— capitaneus	MS									

Ditremaria globulus	M									+
Trochotoma sp.	V									
Pleurotomaria abbreviata	V									
— Actaea	V	3	3							
actinomphala	V	2								
— Agathis	V	2								
– Ajax	V	1								
— Alcyone	V									
— Allica	V	4								
amoena	V	2								
— amata	V	2								
— Amyntas	V									
— armata	M — V									
— conoïdea	M — V									
— circumsulcata	V									
— elongata	V	2								
— Gevreyi	V	+								
— granulata	V	+							+	
— gyroplata	V	1								
— monticulus	V	1								
— ornata	V		+							
— punctata	V	+								
— strigosa	V	+								
— strobilus	V	+								
— sublineata	MV		+							
— subreticulata	MV	+								
— sp.	V					+				
Dentalium entaloïdes	V	+								

PÉLÉCYPODES.

		I	Bj			Bt		C		S
			I	II	III	I	II	I	II	
Gastrochæna sp.	B									
Ceromya bajociana	V									
— concentrica	B — B — M									
— gregaria	V									
— plicata	V									
— Sysmondii	M									
— undulata	M									
Gresslya abducta	MV — M — V — M									
— Eyricina	S									
— latirostris	S									
— lunulata	GD — B.									
— major	G									
— peregrina	E — M									
— sulcosa	B									
— unioïdes	M									
— Zieteni	S — V			2						
Pleuromya Agassizii	M									
— aranea	V		2							
— ? calceiformis	M									
— decurtata	M — V — M — V									?
— dilatata	V		+							
— elongata	MGS — V — M			2						
— ? gibbosa	B — M									
— aff. globata	V									

Espèce		C1	C2	C3	C4	C5	C6	C7	C8	C9	C10
— gracilis	V							+			
— jurassi	V		4								
— pholadina	V		+								
— recurva	M — GBES.					+		+			+
— sinistra	M		+								?
— subovalis	M		+								
— tenuistriata	VBS — A										+
Homomya calceiformis	V — M		+	+					+		
— crassiuscula	V — B		+					+			
— gibbosa	VGD — *partout*							4	4		
— obtusa	GS — V — B		+	+	+						
— Vezelayi	M — V — M — M			+		+	+		+		
Goniomya Duboisi	G — V		4	+							?
— V. scripta	V		+								+
Pholadomya angustata	VM		+								
— bavillersensis	M								+		
— bucardium	GM — GS — MP		+			+			+		
— crassa	B — E — B.				+		+	+			
— deltoïdea	G — E				+	+					
— fidicula	M Hs GBS — MV.		+	+							
— Murchisoni	MS — V — DM — E — B — ME		+	+	+		+	+	+	+	+
— nymphacæa	S		+								
— nuda	M								+		
— ovulum	V — S		+				+				+
— reticulata	B — V	+	+	+							
— rugata	M								+		
— socialis	M								+		
Arcomya lateralis	S		+								
Quenstedtia acuta	S		+								

Espèce		I	Bj I	Bj II	Bj III	Bt I	Bt II	C I	C II	S
Quenstedtia oblita	V — BS — M		+		+				+	
— sinistra	S					+				
— sp.	V		+							
Psammobia securiformis	G — E — M					+		+	+	
Cytherea dolabra	V		2							
Cypricardia acutangula	MV		2							
— acuticarinata	V					+				
— bathonica	M		+						+	
— gibberula	M		+							
— Lebruniana	V			+						
— rostrata	MV		2							
Isocardia aalensis	MV		+	+						
— bajocensis	V		+			+				
— clapensis	V					+				
— minima	V — M			+					+	
Anisocardia Clerei	V		3							
— nitida	V — G		+			+				
— tener	MV — D.		+			+				+
Cyprina depressiuscula	M								+	
Protocardia striatula	MV		+			+				
Cardium consobrinum	V					+				
— substriatulum	M		+							
Tancredia donaciformis	V		+							
— extensa	V		3							
Unicardium Calliope	M		+							

— depressum	M								+
— inflatum	V		+						
— inversum	M	+	+						
— parvulum	V		1						
Corbis Davoustiana	V		1						
Corbicella bathonica	V		+						
— subæquilatera	V		+						
Lucina jurensis	S					×			
— Orbignyana	M								+
— pisiformis	V		+						
— plana	M				+				
— tenuis	MV — M.		1	+					
— Zieteni	V			+					
Lucinopsis trigonalis	M		+						
Opis lunulata	V		+						
— similis	MV — V.		2	+					
— ? trigonalis	MS.		+						
Præconia gibbosa	V		1						+
— rhomboïdalis	V — M		+						+
Astarte bajociana	MV			+					
— detrita	M — V — V		+	+		+	+		
— elegans	V		+	+		+	+		
— excavata	M — V		+	+					
— exilis	V						+		
— minima	V		2	2					
— pumila	Hs.								+
— rustica	V		+						
— subtrigona	V		+						
— Tipha	V		1						

Species	Loc.	I	Bj I	Bj II	Bj III	Bt I	Bt II	C I	C II	S
Astarte Voltzii	M	+	+			+				
Cardinia oblonga	S		1							
— sp.	V					+				
Trigonia arduennensis	M					+				
— aff. Clytia	F		+							
— costata	M — VB — MB — V.		+	+	+	+				+
— ? duplicata	M		+							
— formosa	V		+							
— aff. gemmata	V		2							
— Goldfussi	V			+						
— hemisphærica	V		1							
— Lamberti	V		1							
— lineolata	V		+							
— Phillipsii	M		+							
— pulchella	B		+							
— signata	MV.		+	+						
— striata	MVS		+							
— subglobosa	V		1							
— undulata	B								+	
Nucula nucleus	MV — V.		+	+						
— suevica	G					+				
— variabilis	M	+							+	
Macrodon elongatum	V					1				
— hirsonensis	V		+			2				
— hirsonensis var. rugosa	V		1							

Espèce										
Arca Goldfussi	M		+							
— liasina	SB.		+							
— lineata	M		+							
— oblonga	MV — M.		+		+					
— rudis	M									+
— subconcinna	V		2							
— subreticulata	V		2							
Pinna ampla	V		4		+					?
— cuneata	V			1						?
Trichites bathonicus	M			+	+	+	+			
Myoconcha crassa	V		+							
— elongata	M		+							
— striatula	V		+							
Modiola bipartita	M		?							+
— gibbosa	G — V — V		+	+		+			+	+
— gigantea	M		+							
— gregaria	MV — V — M.		+	+	+					?
— imbricata	V — B		+		+					?
— plicata	partout		4	4	4	+				
— pulchra	M		1						+	
— scalata	V		2							
— striolaris	S						+			
— tenuistriata	G — M						+		+	
Mytilus asper	M — V — M			+	+	+			+	+
— compressus	M		+							
— essertinus	M				+					
— Lonsdalii	S								+	
— Parisoti	M				+					
— reniformis	V — M — M			2	+				+	

		I	Bj			Bt		C		S
			I	II	III	I	II	I	II	
Perna crassitesta	M				+					
— mytiloïdes	V		+							+
— rugosa	B							+		
Inoceramus dubius	V	+		+						
— Fittoni	M								+	
— fuscus	V — M			+			+			
Gervillia acuta	M								+	
— aviculoïdes	V — M			+					+	+
— consobrina	M		+		+					
— Hartmanni	G	+	+							
— lata	V — M			+					+	
— praelonga	V		+							
— tortuosa	V			+						
— Zieteni	M									
Pteroperna costatula	M								+	
— sp.	V			+						
Pseudomonotis echinatus	partout — V						+	+	+	
Avicula clathrata	V						+			
— costata	B							+		
— elegans	V	+	+	+						
— inaequivalvis	M — MS.		+	+					+	+
— Münsteri	MV — E.	+		+					+	+
Pecten aequistriatus	M						+			
— ambiguus	partout — M		+		+	+		+		
— arcuatus	G — B — Hs	+				+	+		+	

		1	2	3	4	5	6	7	8	9
— cinctus	V		2			+				
— cingulatus	V		2							
— clathratus	G — M					+	+		+	
— comatus	E	+						×		+
— Contejeani	EB						+	+	+	
— demissus	B — E						+	+	+	+
— Dewalquei	partout — SE		+	+				+		
— disciformis	MB — M		+		+	+				
— exaratus	V				+					
— fibrosus	M — MED								+	+
— hemicostatus	M								+	+
— intertextus	F								+	+
— laeviradiatus	V		2							
— lens	VM — MS	+	+	+	+	+			+	+
— aff. Luciensis	E								+	
— Palinurus	M								+	
— peregrinus	B							+	+	
— pumilus	partout	+	5	5						
— rapa	B			+						
— retiferus	M								+	
— Rhetus	SB						+			
— rigidus	V				+					
— Silenus	M — V		+	+						
— spatulatus	V — G		+			+				
— strictus	M					+			+	
— subspinosus	V — M			+					+	+
— subtextorius	V			+						+
— textorius	M — V	+	+	+						+
— vagans	M — G — partout		+				+		4	

		I	Bj			Bt		C		S
			I	II	III	I	II	I	II	
Pecten vimineus	Hs.								+	+
— Vollastonensis	G.					+				
Hinnites abjectus	M.							+		
— gingensis	V.		2							
— tuberculatus	V — M — B			+	+		+			
— velatus	V.			+						+
Lima Aalensis	M.		+							
— aciculata	B.							+	+	
— antiquata	Hs.		+							
— Boyer	M.	+	+							
— cardiiformis	MB — M.	+	+						+	
— duplicata Sow.	M — MV — V — B — EM.	+	+	+		+	+	+	+	+
— duplicata Münst.	V.					+				
— gibbosa	M — V — V — M.		+	+		+			+	+
— Hector	V.		+							
— impressa	V — B.						+	+		+
— lirata	B.							+		
— ovalis	V — MV — M.		+			+	+			
— pectiniformis	partout	+	+	+	+	+	+			+
— punctata	M — MB.	+	+			+			+	
— rigida	Hs.					×				+
— rigidula	M — MG — M.		+	+						
— semicircularis	M — V — M — E		+	+			+			
— striatula	M.					+				
— subcardiiformis	B.				+					

Espèce		1	2	3	4	5	6	7	8	9
— sulcata	M — V — M		+	3					+	
— ? Thiollieri	B							+		
Plicatula armata	V — M				+	+				
— Chavanni	B							+		
— subserrata	MS								+	+
Placunopsis gingensis	V					+				+
— jurensis	M		+							+
Anomia numismalis	M		+							
Ostrea acuminata	partout — M					5			+	
— bathonica	S					×				
— calceola	M — V		+	+		+				
— costata	V — MHs — partout					2	+		3	
— eduliformis	M — MV — E		+	+	+					+
— ferruginea	M		+							
— gregaria	M — B — E		?					+	+	+
— Knorri	M — B							?	+	
— Kunckeli	M		+							
— Marshii	partout		+	+	+	+	+		4	+
— Münsteri	M			+						
— obscura	M — V — M — BEM		+	+		+			+	+
— Parandieri	partout								+	
— polymorpha	M — V		+	+						
— rastellaris	V — E								+	+
— reniformis	G — B						+	+		+
— sandalina	V									+
— Sowerbyi	MED								+	
— subcrenata	MVG		+							
— sublobata	V		+							
— sulcifera	M		+							

MOLLUSCOÏDES.

BRACHIOPODES.

		I	Bj			Bt		C		S
			I	II	III	I	II	I	II	
Zeilleria digona	P *partout*						?		+	
— lagenalis	MD.								+	+
— obovata	B							+		+
— ornithocephala	MV — BE — E					+	4		?	
— subbucculenta	V — GBS			1	3					
Eudesia cardium	DS — B — D						+	+	+	
Waldheimia Waltoni	M					+				
Dicthyothyris coarctata	*partout*								3	
— dorsocurva	S								+	+
Terebratula circumdata	V					2				
— conglobata	B		+							
— dorsoplicata	E								+	+
— Faivrei	E								+	
— Fleischeri	MS						?		+	+
— globata	V — *partout* — B			+		4	4		+	
— globulus	S		+							
— intermedia	V — MVB — *partout*					+	+	3	3	+
— Kleinii	B									
— maxillata	M — MEG — B — M					+	+	4	+	
— orbicularis	E								+	
— ovoïdes	V		+							
— perovalis	S — V — M.		+	+	+					
— simplex	B				+					

Species	Loc.	1	2	3	4	5	6	7	8	9	10
— submaxillata	M						+				
— ventricosa	VE — M			+		+					
Rhynchonella angulata	*partout*		+	+							
— concinna	M — VM — *partout*			+	+		+				
— cuneata	B						+				
— decorata	VGB						+				
— aff. decorata	B							+			
— elegantula	B — S							4	4		
— Fischeri	E								+		
— Lotharingica	V						+				
— Morieri	B							+			
— obsoleta	B — MS — B — B						+		+	+	
— parvula	V		+								
— Petitclerei	V		+								
— plicatella	B								+		
— quadriplicata	V — *partout*		+	3	3						
— Rotpletzi	S								+		
— aff. Royeriana	V		+								
— stuifensis	E		+								
— variabilis	ES	+								+	
— varians	EP — B							?	1		+
— varians var. oolithica V							+				
— Zieteni	M		+				+	+		+	+
Acanthothyris Crossi	V		+								
— oligacantha	V		+								
— spinosa	M — VG — M — M — D	+	+	+		+	+			+	+
— tenuispina	B				+						
Lingula Beani	M		+								

BRYOZOAIRES.

		I	Bj I	Bj II	Bj III	Bt I	Bt II	C I	C II	S
Heteropora conifera	M — V — BES		+	+					+	
— corymbosa	M								+	
— dumetosa	B — E							+	+	
Ceriopora globosa	V			+					+	
Reticulipora dianthus	E								+	
Berenicea diluviana	V — B			+				+		
— Lucensis	B — BE.							+	+	
— microstoma	V -- B — B					+			+	
— striata	E								+	
— verrucosa	M — B — B		+			+	+		+	
Stomatopora dichotoma	S								+	
— Waltoni	B					+				
Diastopora Eudesana	E								+	
— foliacea	V		+							
— Lamourouxi	V		+							
— Michelini	E								+	
— mottensis	B						+			
— Terquemi	M		+							
Pustulipora arborea	V		+							
Eutalophora Tessoni	M			+						
Defrancia sp.	V		2							

ANNÉLIDES.

		I	Bj I	Bj II	Bj III	Bt I	Bt II	C I	C II	S
Serpula conformis	V — BE					+			+	+

— convoluta	M — V		+		+					+
— filaria	V	+	+							+
— flaccida	M — V — S.	+	+			+			+	+
— gordialis	V — M — V — partout.	+		+		+	+		+	+
— grandis	Hs — V — M.		+	+	+					+
— limax	MS		+							
— lumbricalis	B — M							+	+	+
— medusida	V			2						+
— plicatilis	V — M			+						+
— quadrilatera	M									+
— socialis	M — V — M — MV — M		+	2	+	+				+
— spiralis	M		+							+
— subtilaria	V		3							
— tetragona	V			1					+	+
— tricarinata	V — V — B — E.		+				2	+	+	+
— vertebralis	E.								+	+
Galeolaria ramosa	BE									+
Chætopterus incertus	V		2							
ECHINODERMES.										
ECHINOÏDES.										
Dysaster analis	S							+		
— ringens	BS — S.		×					+		
Clypeus Hugii	S							+		
— Osterwaldi	V			2						
— patella	Hs — BS.		+					+		
— Ploti	V			1						
— sinnatus	M		+	+					+	
— solodurinus	B							+		

		I	Bj			Bt		C		S
			I	II	III	I	II	I	II	
Echinobrissus clunicularis	V — VE — *partout*			+		+			+	
— latifrons	S								+	
— orbicularis	E — M						+		+	
Galeropygus agariciformis	V		+	+						
— cf. sulcatus	V		+							
Hyboclypus canaliculatus	S		1							
— Marcousi	VS — V.		3	3						
— subcircularis	V		+							
Pygaster granulosus	V		+							
— Trigeri	V		+	+						
Holectypus depressus	M — VES — B				+	+		+		+
Stomechinus bigranularis	M								+	
— sulcatus	V			+						
Hemipedina Chalmazi	V			+						
Pseudodiadema depressum	V			+						
— homostigma	D					+				+
— mamillanum	S				1					+
— pentagonum	M						+			
— subcomplanatum	M						+			
Hemicidaris langrunensis	B							+		
Heterocidaris Trigeri	M			+						
Acrosalenia ? decorata	M								+	
— spinosa	B — M							+	+	
Rhabdocidaris horrida	S — MV.		+	+						
— maxima	M		+	+	+					

Espèce	Loc.	1	2	3	4	5	6	7	8	9	10
Cidaris bathonica	M — M — ME.		+			+			+		
— Courteaudiana	V — M		+		+						
— cucumifera	MB			+							+
— Desori	V			+							
— glandifera Gdf.	S — M — M — S — S		+	+	+		+		+		
— Kœchlini	M							+	+		
— spinulosa	V			+							
— Zschokkei	VM			+							
ASTEROÏDES.											
Crenaster prisca	V			+							
CRINOÏDES.											
Pentacrinus bajocensis	partout		5	5							
— cristagalli	partout		5	5							
— Nicoleti	partout									4	
— stuifensis	M										+
Caïnocrinus Andreæ	BS								+		
Apiocrinus elegans	M — B							×		+	
— Parckinsoni	V — B — B							×		+	+
ZOOPHYTES.											
HYDROMÉDUSAIRES.											
Achilleum sp.	S	+									
CORALLIAIRES.											
Stephanocœnia Bernardina	G				+						
Latimæandra Flemingi	V		×								
— Germaini	S				+						
— mæandra	Hs.				+						

		I	Bj I	Bj II	Bj III	Bt I	Bt II	C I	C II	S
Latimæandra salinensis	S				+					
Isastræa Bernardi	partout			+	3					
— Conybeari	M				+					
— helianthoïdes	V			+						+
— limitata	M					+				
— Marcousi	V			+						
— ornata	MG				+					
— Richardsoni	V				+					
— serialis	S				+					
— tenuistriata	V			+						
Confusastræa Cottaldina	S				+					
Synastræa jurensis	S				+					
Cladophyllia Barbeauana	MB — M				+		+			
Thecosmilia gregaria	V — M				+					
— Jaccardi	V				+					
— ramosa	M				+					
— aff. plicata	V									
Montlivaultia decipiens	V			+						
— orbitolites	V									
— sarthacensis	M				+					
— sessilis	V			+						
— trochoïdes	V			+						
Agaricia salinensis	S				+					
Oroseris elegantula	M				+					
Thamnastræa Defranceana	M				+					

—	fungiformis	M
—	heteromorpha	V
—	mammosa	S
—	**Marcousi**	S
—	salinensis	S
—	scita	S
—	tenuistriata	B
—	Terquemi	MV — M.
Microsolena excelsa		B
Anabacia orbulites		M
Thamnaraea granulosa		V

SPONGIAIRES.

Sparsispongia tuberosa		E
Stellispongia cribrata		V
—	glomerata	V
—	stellata	E
Lymnorea mamillata		M
Discaelia pistilloïdes		M
Eudea clavata		M
—	cribraria	M
—	cymosa	BES
—	lycoperdoïdes	ES.
—	lagenalis	E
—	mammosa	B
—	pistilliformis	E
Cupulispongia helvelloïdes		M

VÉGÉTAUX.

Clathropteris meniscoïdes		S
Bois fossile		V
Grandes fougères		B

Le système oolithique, dont nous avons donné, en 1896, une description détaillée [1], sur laquelle nous ne reviendrons pas [2], est constitué par une série de puissantes assises de calcaires durs et compacts, entrecoupées de dépôts marneux importants. Sa faune est des plus riches ; les vertébrés, à la vérité, y sont rares, mais les invertébrés y sont représentés, dans chacun de ses étages, par de nombreux fossiles, appartenant à toutes leurs classes, à peu d'exceptions près. Parmi ceux-ci, 28 espèces proviennent du Lias, et de ce nombre sont : 4 céphalopodes, 2 gastropodes, 17 pélécypodes, 2 brachiopodes et 3 annélides qui, pour la plupart, se montrent dans le Bajocien, mais dont quelques-uns, cependant, ne réapparaissent que dans le Bathonien, ou même dans le Cornbrash.

La faune du Bajocien a été singulièrement enrichie, depuis 1896, par les recherches de M. Paul Petitclerc [3] aux environs de Vesoul, à Longevelle, Coulevon et Comberjon, dont il a décrit les affleurements en faisant connaitre les fossiles qu'il y a recueillis [4].

Nous devons au même auteur une importante adjonction à la faune du Bathonien [5] qui, néanmoins, demeure toujours beaucoup moins riche que celle du Bajocien. Celle du Bathonien supérieur est même réellement pauvre, et sa pauvreté est encore augmentée en apparence, par le fait de la dureté et de la compacité de la roche qui ne se désagrège, pour ainsi dire, pas et maintient les fossiles empâtés dans sa masse. La mer dans laquelle ce

---

(1) *Etudes géologiques sur la Franche-Comté septentrionale. Le Système oolithique.*

(2) Voir plus haut, pages 4 et 5, la subdivision du Système oolithique en étages et sous-étages.

(3) Paul Petitclerc, *Contribution à l'étude du Bajocien dans le nord de la Franche-Comté.* Troisième partie, 1900.

(4) Dans ces localités, les deux sous-étages inférieurs du Bajocien sont représentés : l'Oolithe ferrugineuse, par les couches, portant dans ses coupes les numéros de 3 à 10 à Coulevon, de 1 à 21 à Comberjon et de i à j à Longevelle, et le Calcaire à entroques, par les autres assises. La couche n° 3 de Coulevon renferme des fossiles des deux horizons ; nous le plaçons dans la zone inférieure, mais elle pourrait être aussi rangée dans l'autre.

(5) Paul Petitclerc, *Faunule du Vésulien (Bathonien inférieur) de la côte d'Andelarre,* 1902.

sous-étage s'est déposé renfermait certainement un grand nombre de coralliaires, dont les polypiers ne nous sont pas connus, soit en raison de la cause que nous venons d'indiquer, soit par suite d'un changement moléculaire qui les a transformés en calcaire compact, comme nous l'avons indiqué déjà [1]. Quant aux polypiers observés à ce niveau, ils sont pour la plupart indéterminables, comme espèces et même comme genres.

Le Cornbrash renferme 172 espèces, dont 80 (presque la moitié) proviennent du Bathonien et 40 seulement passent dans le Callovien. Si donc notre Cornbrash se rattache certainement au Callovien, par les fossiles bien caractéristiques de cet étage qu'il contient (*Am. macrocephalus, subbackeriæ Tereb. dorsoplicata Wald., obovata,* etc.), il conserve aussi des affinités bathoniennes très prononcées, dont il est impossible de ne pas tenir compte dans une étude de géologie locale.

A l'Oolithe inférieure, appartient aussi le « Calcaire roux sableux » que plusieurs géologues rangent dans le Cornbrash, et que nous avons rattaché au Bathonien supérieur. Cette formation est assez puissante, elle mesure de 17 à 35 mètres, et, partout où nous l'avons observée, elle supporte un Cornbrash bien développé, semblable à celui de Besançon, et repose sur la Grande Oolithe, moins puissante en ces endroits qu'en d'autres parties de la région ; c'est pourquoi, en l'absence d'indications paléontologiques bien précises, nous avons considéré ce dépôt comme un faciès de la partie supérieure de ce sous-étage [2]. Nous ne lui connaissons, en effet, que 12 espèces de fossiles : *Gresslya peregrina, Pholadomya crassa, Ostrea Knorri, Zeilleria digona, Terebratula Fleischeri, Rhynchonella varians,* qui n'ont jamais été rencontrées à un niveau inférieur, et : *Pholadomya Murchisoni, Zeilleria ornithocephala, Terebratula globata, T. intermedia, Acanthothyris spinosa, Rhynchonella concinna,* qui lui viennent certainement du Bathonien. Dans ces conditions, nous ne pouvons que maintenir, provisoirement au moins, nos conclusions de 1896.

---

(1) Voir : *Système oolithique,* p. 394.
(2) Voir : *Système oolithique,* p. 83.

La faune de l'Oolithe inférieure peut se résumer ainsi :

	BAJOCIEN	BATHONIEN	CORNBRASH
Reptiles	3		
Poissons	5	. . . . .	1
Crustacés	2	1	
Céphalopodes	62	6	6
Gastropodes	65	16	7
Pélécypodes	189	77	86
Brachiopodes	23	16	25
Bryozoaires	12	3	11
Annélides	14	5	11
Echinoïdes	28	14	11
Astéroïdes	1		
Crinoïdes	2	3	4
Hydromédusaires	1		
Coralliaires	37	2	2
Spongiaires	5	1	9

Des débris de végétaux ont été recueillis dans chacun des sous-étages du Bajocien.

TROISIÈME TABLEAU

OOLITHE SUPÉRIEURE

PARTIE INFÉRIEURE

INDICATIONS FOURNIES PAR LES COLONNES ET ABRÉVIATIONS : I = espèces provenant des assises inférieures; K = Callovien; O = Oxfordien; R = Rauracien, I = inférieur, II = supérieur; Ch = terrain à chailles; S = espèces passant dans les étages supérieurs.

		I	K		O			R		S
			I	II	I	II	Ch	I	II	
VERTÉBRÉS.										
REPTILES.										
Iethhyosaurus sp.	M		+							
POISSONS.										
Pycnodus sp.	M								+	
Sphenodus longidens	MBF — E				+	+				
Strophodus sp.	G — F — V		+		+			+		
Acrodus sp.	M		+							
Notidanus sp.	F				+					
CRUSTACÉS.										
Eryma insignis	GF						+			
— ornata	M	+			+					
— Perroni	VF						+			
— ventrosa	VFB						+			

		I	K I	K II	O I	O II	O Ch	R I	R II	S
Glyphæa Etalloni	V						+			
— Münsteri	VF						+			
— Perroni	G							1		
— Regleyana	M — VG					+	+			
— rostrata	VF						+			
— Udressieri	VGB						+			
Orhomalhus araricus	G						+			
— corallinus	G							+		
— Pidanceti	G								+	
Eryon Perroni	V									

MOLLUSQUES.

CÉPHALOPODES.

		I	K I	K II	O I	O II	O Ch	R I	R II	S
Belemnites astartinus	S — M							+		+
— calloviensis	G		1							
— elucyensis	S — BE — E		+		+	+				
— excentralis	G — B — E		1		2	2				
— hastatus	partout		3	3	4	3				
— latesulcatus	Hs. MBES — G		3		1					
— pressulus	B — F — A									
— Royeranus	G							1		
— Sauvanausus	B									
— subhastatus	A									
Aspidoceras Baleanum	B — partout — B				2					
— corona	V									

Taxon	Loc.	1	2	3	4	5	6	7	8
— faustum	BE					+			
— perarmatum	G — *partout* — MGB.		?	?	3	+			
Peltoceras annulare	B — *partout* — G.				2				
— arduennense	B — *partout* — GFE.				3				
— athleta	*partout* — M			3	?				
— athletulus	VE					+			
— caprinum	E.					+			
— Constantii	G — F — B.		?			+			
— Eugenii	*partout*				3				
— ? transversarium	E.				×				
Perisphinctes Achilles	MGBS						+	+	+
— Backeriæ	ESGF — F.		+		?				
— bernensis	VB		+		5				
— curvicosta	S — MVB		+		+				
— densicostatus	B.				+				
— Martelli	MBE — BE.						+		+
— Mathei	FBE.				3				
— Mœschi	F.				+				
— Nœtlingi	BE				3				
— Orion	GS.		2						
— perisphinctoïdes	BE				3				
— perisphinctoïdes var. armata	BE				3				
— plicatilis	*partout* — S					3		+	
— Pottingeri	A.		+						
— aff. promiscuus	B.				2				
— subbackeriæ	GH	+	4						
— ? sulciferus	GBA — VMGFE		3		4				
Cosmoceras calloviense	BS.		+						
— Duncani	MGHsF		2						

		I	K I	K II	O I	O II	O Ch	R I	R II	S
Cosmoceras Jason	*partout* — S.		3							
— Odysseum	B		+							
— ornatum	M			+						
Reineckia anceps	*partout* — S — V		3	+	?					
— Fraasi	BES		+							
— Greppini	MBE		—							
Œcoptychius oxfordianus	G		—							
— refractus	M		—							
— subrefractus	G							4		
Macrocephalites Herweyi	M			+						
— macrocephalus	ME — MS		—							
— tumidus	B		—							
— sp.	S							—		
Sphaeroceras Chaptuisii	B		2							
Stephanoceras Breikenridgi	MB					—				
— coronatum	*partout*		3							
— Goliathum	GS — BE.		—							
— modiolare	M		—							
Haploceras Erato	VBES.									
Creniceras Renggeri	*partout* — B				3	1				
Œkotranstes scaphitoïdes	VBE.				—					
Oppelia Baugieri	B									
— Baylei	E.					—				
— bicostata	GBS — B — M.		1	+		?				
— calcarata	VB		—							

Espèce				
denticulata	VBE			
— episcopalis	FBE		3	
— Eucharis	BES			
— Heimei	FBE		2	
— Henrici	BE		1	
— oculata	GS — VGBF — MVB	1	5	1
— Petitclerci	VF			
— Richei	BE		3	
— subclausa	A			
— subcostaria	B — V		2	
— suevica	VB F		3	
Hecticoceras Brightii	EB — MVB	+	1	
chatillonense	FBE		4	
— coelatum	MFB		4	
— hecticum	FBEA — M — MB	+	2	1
— ? lunula	GB S — VFB — VB	3	4	+
punctatum	MGB — VB — FB	1	4	
— scabridum	B			
Harpoceras arolicum	V — S		+	+
— delemontanum	B — BS		+	
— Hersilia	FBES		2	
— Mathayensis	M	+		
— Pidanceti	B			
— rauracum	FBE		4	
Quenstedticeras Mariæ	B — *partout*	+	3	
Sutherlandiæ	*partout* — A		+	+
Cardioceras cordatum	*partout*		5	3
— Lamberti	*partout* — VMBE — F	4	+	+
Amalteus cristagalli	BS		+	

		I	K I	K II	O I	O II	O Ch	R I	R II	S
Amalteus funiferus	G									
— Hermione	B									
— Hommairei	P									
— pustulatus	M — BE									
Phylloceras Puschi	M									
— tatricum	B									
— tortisulcatum	FBEP									
— zignodianum	B									
Aptychus berno-jurensis	MFB			4						
— latus	VGF				1					
— remus	G		4		1					
Nautilus aganiticus	G		2							
— calloviensis	partout — G		3		3	1				
— giganteus	B									
— granulosus	E — MFBES									
— hexagonus	BS.									
GASTROPODES.										
Actæon charcennensis	F							3		
Actæonina acuta	GE								2	
— sulcifera	V					2				
Purpuroïdea Cottes-nana	G							2		
— Lapierrea	G								2	
Chilodonta bidentata	G								2	
Pterocera aranea	B									

Species	Code									
— ararica	G		3							
semicarinata	M									
Chenopus mosensis	M								+	
Alaria Cassiope	M									
— cochleata	G — ME		2							
Danielis	FB — VBS				3					
Gagnebini	BS				3					
— trochiformis	F									
Cerithium buccinoïdeum	G								2	
— cingendum	VF									
— aff. contortum	E					+				
— corallense	G								4	
— aff. Girardoti	BE				3					
— limaeforme	G								2	+
— nodosocostatum	M		+							
— Rinaldi	E					+				
— russiense	B				4					
— septemplicatum	M		+							
— tortile	E — B							4		
Nerinea attica	F						+			
— ararica	G								4	
— bruntrutana	partout								3	
— Caecilia	G								4	
— Calypso	B								4	
— canaliculata	G								1	
— Castor	V — G							1	3	
— charcennensis	F — G						1		1	
— Clymene	VFB								4	
— Clytia	MG								+	

		I	K		O			R		S
			I	II	I	II	Ch	I	II	
Nerinea contorta	F — M									
— Cynthia	M									
— Danusensis	G								1	
— Defrancei	*partout*								3	
— depressa	G								2	
— Desvoydei	GB								2	
— elegans	MGB								4	
— fusiformis	G								2	
— Gosae	M									
— Jollyana	M									
— laevis	F									
— laufonensis	VG								3	
— Mariae	S									
— Moreana	G								2	
— Mosae	MF									
— nodosa	MGB								4	
— ornata	B									
— Roemeri	G								3	
— rupellensis	F							3		
— scalata	G							2	2	
— sculpta	G								2	
— ? semiturritella	G								1	
— sequana	Hs FB									
— speciosa	M								+	
— styloïdea	M									

Espèce		1	2	3	4	5	6	7	8
— subbruntrutana	M								+
— subelegans	F								4
— subpyramidalis	Hs.								+
— suprajurensis	MGF								3
— terebra	Hs.								+
— Thurmanni	G								+
— turritella	MG								4
— Ursicina	G							1	1
— vertebralis	VF — G							2	2
— virginea	F						3		
— visurgis	MG								3
Pseudonerinea blauenensis	F								+
Bourguetia striata	GFS							2	
Chemnitzia athleta	GB							2	
— Bellona	MG — B.				2		?		2
— ? Castor	G								2
— Cepha	M								+
— charcennensis	F							2	2
— Clio	G								2
— corallina	G							3	
— Delessei	F					3			
Heddingtonensis	MGFB							2	+
liesbergensis	BE							+	
— rupellensis	VG								3
Natica allica	G								2
— amata	G								2
— Calypso	M								+
— calypsoïdes	G							2	2
— Clio	G							2	

Species		I	K		O			R		S
			I	II	I	II	Ch	I	II	
Natica Clytia	B — FB					+		+		
— Daphne	M								+	
— Dejanira	G								2	+
— hemisphærica	M								+	
— mosensis	M								+	
— Zangis	G		1			—				
Pileolus radiatus	G								2	
Neritopsis cancellata	G							1	1	
— Lyautei	Dbs					—				
— undata	M								?	+
Nerita canalifera	G								2	
— Hermanciana	A								+	
— semipulla	G								1	
Trochus anguloplicatus	GB								2	
— crassicosta	G								3	
— Dædalus	M						—		+	
— Halesus	G		1							
— Helius	F						—			
— Magneti	B					—				
— Pollux	M								+	
— sublineatus	B						—			
Delphinula fumata	F								+	
Turbo araricus	G								2	
— Buvigneri	M						—			
— epulus	G								3	

		1	2	3	4	5	6	7	8	9
— Erinus	G									3
— globatus	F								+	
— Meriani	M — *partout* — B				3					
— princeps	F								2	
— Sejournanti	G		4							
— subfunatus	GM									3
— tegulatus	G									3
Phasianella Buvigneri	M									+
— orainsis	G		1							
Ditremaria discoïdea	G									2
— oxfordiana	F					1				
— quinquecincta	G									2
— Rathieriana	G									2
Pleurotomaria Agassizii	GF								2	
— aff. armata	A								+	
— Cerci	G					2				
— Cydippe	MGBS — S		2		+					
— Cypraea	MGSA — B		3		?					
— Cypris	GS — BS.		3		?					
— Cytherea	MGS — B		3		?					
— aff. discus	S					+				
— glypticiana	G								2	
— granulata	MS — M	+	+		+					
— grassana	G									1
— Gresslyi	G				4					
— Münsteri	F — G				+	2				
— Nesea	GS		2							
— Nyphe	G		1							
— Nysa	GFS		1							

		I	K		O			R		S
			I	II	I	II	Cb	I	II	
Pleurotomaria Vielbanci	GB		2							
Emarginula paucicosta	G								2	
Patella sublaevis	G								1	
— Voltzii	G								2	
Dentalium jurense	VE — F					4		+		
— sp.	E					+				
PÉLÉCYPODES.										
Teredo sp.	B				+					
Pholas astraearum	M								+	
Gastrochaena Moreana	G					1				
— oviformis	G								1	
Thracia corbuloïdes	S							+		
— incerta	B					?				
— pinguis	GS					2				
Anatina petrea	G					2				
— siliqua	S					+				
— aff. helvetica	M								+	
— undata	BES					+				
Gresslya abducta	M		+							
Pleuromya Alduinii	G		2							
— ararica	G					2				
— Buvigneri	M							+		
— donacina	E							+	+	+
— peregrina	M							+		

— recurva	GBES					2				
— sinuosa	B					+				+
— subelongata	G							2		
— tellina	M							+		
— tenuistriata	A	+	+							
— varians	GBE — E.					2		+		
Homomya hortulana	E							+		+
Goniomya constricta	GF — G.					2		+		
— ? Duboisi	M	+				?				
— inflata	B					+				
— major	S							+		
— proboscidea	E					+				
— sulcata	BD							+		
— aff. trapezina	B		+							
— V. scripta	BSD	+				+				
Pholadomya acuminata	G — E — BES		2		+	+				
— canaliculata	*partout* — BE					3		+		+
— carinata	M — BS		+		+					
— concentrica	S					+				
— decemcostata	M — B					+		+		+
— Escheri	A				+					
— exaltata	*partout* — E					4		+		
— hemicardia	*partout* — G					3		+		+
— lineata	*partout* — BDP					4		+		+
— Murchisoni	MFB	+	+							
— ornata	G		1							
— ovulum	FS.	+	+							
— paucicosta	*partout*					4		4	2	+
— tremula	G							2		

		I	K		O			R		S
			I	II	I	II	Ch	I	II	
Psammobia jurensis	F					1				
Venerupis corallensis	G								2	
Isocardia jurensis	G							2		
— lineata	G							1		
Anisocardia tenera	M	+	+							
Cyprina ararica	G								2	
— Bertrandi	F					3				
— Calliope	B		3			+				
— orainsis	G		2							
Cardium argoviense	B							+		
— corallinum	F — *partout*							1	4	+
— integrum	F					+				
— intertextum	M								+	
— intextum	V — M.					1			+	+
— septiferum	G								3	
— subdissimile	MG		2							
Unicardium globosum	G — MBS		3			+				
— intumescens	G					2				
Corbis Buvigneri	G								2	
— concentrica	G								2	
— decussata	MG								2	+
— episcopalis	E								+	
— gigantea	G								2	
— scobinella	G								2	
— subdecussata	M								+	

Species	Code	1	2	3	4	5	6	7	8
— ? trapezina	M							?	+
— ? ventilabrum	M							?	+
Lucina burensis	S						+		
— circumcisa	F					+			
— ingens	B								
— Thevenini	G						2		
— Zeta	M					+			
Diceras arietina	partout							4	
— cf. arietina	E						+		
— ? minor	G — B						+	+	
— sinistra	Hs — G					+			
— ursicina	G						1	2	
Opis Archiacina	S						+		
— arduennensis	M — G					+	2		
— cardissoïdes	M — G					+	1		
— fringeliana	S						3		
— longirostris	G						4		
— Phillipsiana	E						+		
— virdunensis	SD — M						3	+	
Astarte arduennensis	G							2	
— ? bruta	M							?	+
— bulba	M				+				
— carinata	M					+			
— ? cingulata	M							?	+
— multiformis	E						+		
— ? patens	M							?	+
— percrassa	B — GB				3	2			
— ? pesolina	M							?	+
— Renaudi	F				1				

		I	K		O			R		S
			I	II	I	II	Ch	I	II	
Astarte robusta	G								+	
— rotundata	M								+	
— Studeriana	G								+	
Cardita incurva	M								+	
— lævigata	M								+	
— ovalis	G							2		
— problematica	E								+	
Pleurophorus corallinus	G							2		
Trigonia aspera	VFB					4				
— Bronnii	BM							+		
— clavellata	MVGF					3				
— costata	M	+	+							
— costatula	G							2		
— elongata	MGS		2							
— interlævigata	SA		+							
— Julii	G							2		
— monilifera	BS					+				
— parvula	VBS					2				
— perlata	FES					+				
— radiata	F					2				
— spinifera	E					+				
— suprajurensis	MS — E					+		+	+	+
— truncata	B						+	+	+	+
Leda acuta	E				+					
— ? Doris	M				+					

— lacryma	G	.	.	.	4	.	.	.	.	.
— lacrymæformis	VB	.	.	.	+	.	.	.	.	.
— Moreana	M	.	.	.	+	.	.	.	.	.
— Oppeli	FBE	.	.	.	1	.	.	.	.	.
Nucula Calliope	MB — M	.	.	.	+	.	.	.	.	.
— Dewalquei	GS	.	.	.	3	.	.	.	.	.
— electra	B	.	.	.	+	.	.	.	.	.
— intermedia	F	.	.	.	+	1	.	.	.	.
— Menekei	E	.	.	.	+	.	.	.	.	+
— musculosa	S	.	.	.	+	.	.	.	.	.
— ornati	E	.	.	.	+	.	.	.	.	.
— pectinata	FB	.	.	.	+	.	.	.	.	.
— subovalis	BES	.	.	.	+	.	.	.	.	.
— subvariabilis	G	.	2	.	.	.	.	.	.	.
Macrodon alsaticus	E	.	.	.	.	2	.	.	.	.
Cucullæa concinna	GF — *partout*	.	1	.	4	3	.	.	.	.
Isoarca eminens	G	.	.	.	.	.	.	3	.	.
— striatissima	G	.	2	.	.	.	.	.	.	.
— textata	G	.	.	.	.	.	.	.	2	.
— tumida	G	.	.	.	.	.	.	.	2	.
Arca cucullata	S	.	.	.	+	.	.	.	.	.
— fracta	G	.	.	.	.	.	.	.	.	2
— Gagnebini	A	.	.	.	+	.	.	.	.	.
— Haliæ	M	.	+	.	.	.	.	.	.	.
— Janthe	G — S	.	.	.	.	+	.	+	.	.
— Parandieri	F	.	.	.	.	2	.	.	.	.
— parvula	ES	.	.	.	+	.	.	.	.	.
— pectinata	G	.	.	.	.	.	.	.	2	.
— Phillipsiana	M	.	.	.	+	.	.	.	.	.

Espèce		I	K I	K II	O I	O II	O Ch	R I	R II	S
Arca reticulata	G							2		
— ringens	S							+		
— subdecussata	B — M					+			+	
— aff. subdecussata	B					+				
— subparvula	M				+					
— ? texta	M								?	+
— Thurmanni	M								+	+
Pinna ? ampla	M	+						?		+
— granulata	A							+		+
— radiata	F					1				
— ? semigranulata	G							1		
— gigantea	partout							4		
Myoconcha crassirostris	G					4				
— perlonga	GB							2		
— pinguis	G		3							
— texta	G								1	
Lithophagus Buvigneri	G							2	2	
— gradatus	M								+	
— inclusus	G							2	2	
— incurvus	G					1				
— inornatus	G								4	
— minutus	G							2		
— ovulinus	F					3				
— socialis	A								+	+
— subcylindricus	G							+		+

		1	2	3	4	5	6	7	8	9
Modiola bipartita	E	+				+				
— ? imbricata	M	+	?			?				?
— semisulcata	M									+
— subcylindrica	M									+
— villersensis	B								+	
Mytilus asper	M	+	+							
— belfortinus	M								+	
— ? corrugatus	M								?	+
— falciformis	V								2	
— fornicatus	A									+
— Meriani	G								3	
— percrassus	F							1		
— semicuneatus	G								1	
— subpectinatus	D								+	
— trapeza	M								+	+
Perna mytiloïdes	MB — M	+				+			+	+
— quadrilatera	GF								1	
— subplana	A								+	+
Inoceramus Parisoti	M		+							
— Perroni	G		2							
Gervillia aff. angustata	F					+				
— aviculoïdes	MVF — B — MBS — Hs	+	+			3		+	+	+
Posidonomya ornati	M		+							
Avicula ararica	V								2	
— inæquivalvis	MV — M — M	+	+			+	+			
— Münsteri	GA — FB	+	+			+				
— polyodon	M									+
Pecten araricus	G								2	
— articulatus	M — *partout* — MG							+	+	1

Species		I	K I	K II	O I	O II	O Ch	R I	R II	S
Pecten Beaumontinus	F — M							+	+	+
— biplex	B							+	+	
— castellanus	M								+	
— comatus	G	+						3		
— demissus	S							+		
— dentatus	S — E							+	+	
— crinaceus	B							+		
— fibrosus	*partout*		3		3	+				
— globosus	*partout*							3		+
— gyensis	F					1				
— ? hemicostatus	M								?	
— ingens	S							+		
— intertextus	GHs							2		
— Laurae	B — GF							3		
— lens	*partout* — BS					3		+		+
— octocostatus	*partout* — MG					3		4	1	+
— palliiformis	F					1				
— perstrictus	G								2	
— Schnaitheimensis	F — *partout* — F							4	+	
— scobinella	G		2							
— ? semitextus	V					1				
— subarmatus	E									
— subcingulatus	A							+		
— sublibrosus	V — BE							+		
— subspinosus	BE — GM — GS	+				1		1		

		1	2	3	4	5	6	7	8	9
— subtextorius	M — FB — *partout* — VF.	+	+			+		3	+	
— testaceus	F					4				
— ? textorius	M	+							?	
— Thirriai	G		1							
— ? Veziani	B								+	+
— virdunensis	M								+	+
— vimineus	GBS — G								2	
— vitreus	B — E — GEPS — G		+			+		2	2	+
Hinnites ? clypeatus	M		+						?	+
— coralliphagus	M		+							
— ? inaequistriatus	M							?	+	
— ostreiformis	M							+		
— tenuistriatus	M — G					+		3		
— velatus	G — B — G		3			+		2		
Lima astartina	BA								+	+
— aviculata	D							+		
— brevirostris	F					4				
— corallina	*partout* — G							3	2	
— duplicata	MG — MFB.	+	2			4				+
— gibbosa	MB					+		+		+
— grandis	G							2		
— Halleyana	B — A					+		+		+
— impressa	M	+	+							
— interstincta	B					+				
— laeviuscula	M					+			+	+
— monsbeliardensis	M					+			+	+
— notata	M					+				
— obscura	MG		1							
— pectiniformis	M — *partout*	+	+			+		4	+	

		I	K		O			R		S
			I	II	I	II	Ch	I	II	
Lima Perroni	G							2		
-- perrigida	GF							2		
— planulata	G		2							
— Protei	G		4							
— pyxidata	G							1		
— Renevieri	V							+	+	
— rigida	M	+				+				
— ? rhomboïdalis	M								?	+
— semielongata	VF							2		
— semiscabrosa	G		1							
— ? spectabilis	M								?	+
— Streibergensis	M — G					+		1		
— subglabra	G							2		
— substriata	B							+		
— tegulata	G		3							
— tenuistriata	G		2							
— tumida	G								2	
— ? virgulina	M								?	+
Carpentaria Eudesi	G								2	
— ostreiformis	G								2	
— semivirgularis	G								2	
Spondylus dejectus	G								1	
— suprajurensis	G								1	
— tenuistriatus	G								2	
Plicatula ? horrida	M								?	+

	Loc.	1	2	3	4	5	6	7	8	9	10
— impressæ	M		+								
— peregrina	G		2		2						
— subserrata	VFBE		4	4	3						
— tubifera	BE					?					
Atreta imbricata	*partout*							4			
— Kelloviana	G		4								
Placunopsis gingensis	M	+	+								
— jurensis	M — G	+	+					2			
Anomia Nerinea	G								2		
— undata	M								+	+	
Ostrea alimena	GS		3								
— alligata	G							1			
— archetypa	G		2								
— Blandina	S								+		
— bruntrutana	BS						+		+		+
— caprina	S						+		+		
— dilatata	VB — *partout.*						+	4	2		4
— discoïdea	G								4		
— eduliformis	M — MS.	+	+				+		+		
— gigantea	B — S						+		+		
— gregarea	M — ES — MHs — ME.	+	+	+			+		+		
— gryphæata	S						+				+
— hastellata	E — GBS						+		+		
— Marshii	M	+	+								
— Moreana	M		+								
— multiformis	A								+		+
— nana	E						+				
— ? obscura	M	+							?		?
— pulligera	G — GE.								2	3	+

		I	K		O			R		S
			I	II	I	II	Ch	I	II	
Ostrea ? quadrata	BE — *partout*					2		4		÷
— rastellaris	FB — *partout*	÷	4			2		4		
— reniformis	E — *partout*	÷				2		4		+
— sandalina	M — G — S	÷	÷	÷	2			÷		+
— seminana	G		2							
— subnana	G							4		
— subnodosa	M		—							
— suborbicularis	G							2	4	
— ? subreniformis	B							+		
— Thurmanni	A							÷		
— undosa	M		÷							
— vallata	GF							2		

MOLLUSCOIDES.

BRACHIOPODES.

		I	K		O			R		S
			I	II	I	II	Ch	I	II	
Megerlea pectunculoïdes	MG									
— pectunculus	GA.								2	
Terebratella Fleuriausa	P							÷		
— hemisphærica	M					÷				
Aulacothyris impressa	*partout* — BE					4				
— pala	*partout*		3							
Zeilleria Bernardina	MBS					÷				
— biappendiculata	GS.		—							
— bucculenta	*partout*					4				
— delemontiana	*partout*						÷	4		

		1	2	3	4	5	6	7	8	9
— lagenalis	M	+	+							
— obovata	B	+	+							
— umbonella	G		3							
? Waldheimia hypocirta	G		4							
Diethyothyris coarctata	M	+	+							
— dorsocurva	B	+						+		
— Kurri	G — B — M — S.		+		+	+		+		
— ? retifera	G							+		
Terebratula Banbini	M								!	+
— bicanaliculata	BS.						+			
— ? bisuffarcinata	GB		2					+		
— Bourgueti	MGSD							3		
— calloviensis	B					+	+			
— dorsoplicata	*partout*	+	+	+	4	3				
— elliptoïdes	SD.							+		
— emarginata	M		+							
— farcinata	D							+		
— Galliennei	*partout*						+	+	3	
— insignis	GS — *partout* — G						+	+	3	2
— intermedia	M	+	+							
— longiplicata	S		+							
— moravica	G									4
— nutans	B						+		+	
— ? pentagonalis	M									+
— perglobata	F						4			
— Sæmanni	S		+							
— semifarcinata	M								+	
— Stuzii	BS — *partout* — B		+			4	3			
— subcanaliculata	G		2							

		I	K I	K II	O I	O II	O Ch	R I	R II	S
Thecidea antiqua	GF							4		
— cordiformis	G		1							
Acanthothyris senticosa	A					+				
— spinosa	S	+	+							
— spinulosa	B				+					
Rhynchonella Berschingeri	B		−					4	3	+
— corallina	partout									
— Ferryi	A		+							
— furcillata	M				+					
— minuta	GE — B — A		1		+	+		+		
— pectunculata	A									
— Royeriana	A		−							
— spathica	partout		3							
— striocincta	E									
— Thurmanni	partout					3	4	+		
— triplicosa	MGB — G		2			2				
— varians	B	−	+							
— Zieteni	M	−	+							
Retzia trigonella	V						+			
Crania jurensis	G							1		
— ? porosa	G							1		
BRYOZOAIRES.										
Spinipora Haimei	G								2	
Heteropora gradata	G								3	

	Loc.								
Lichenopora Orbignyana	G		2						
Berenicea laxata	G — M		3						+
— orbiculata	G							3	
— substriata	G		2						
Proboscina expansa	G							2	
— indivisa	G		1						
Stomatopora Bouchardi	G		4						
— intermedia	G							2	

ANNÉLIDES.

	Loc.								
Spirorbis clathratus	G							2	
— evomphaloïdes	B					+			
— scaphitoïdes	B					+			
— Thirriai	partout					5	+		
Serpula alligata	GA — G.							2	3
— conformis	M	+							
— convoluta	V				+			2	
— corallina	G							2	
— Deshayeri	V — E — G				+	+		2	
— dimorpha	BS.							+	
— flaccida	G — V — HsS.	+	3			2		+	
— gordialis	partout	+	+		+	3		3	
— heliciformis	partout							3	
— ilium	partout				+	+		4	
— interrupta	B							+	
— intricata	F							4	
— lacerata	partout					+		3	
— limata	B — G					+		4	
— lumbricalis	M	+	+						

Species		I	K		O			R		S
			I	II	I	II	Ch	I	II	
Serpula macaroni	partout							4		
— nodulosa	B					+				
— prolifera	S							+		
— pulchella	G		2							
— pustuliformis	G							4		
— quadristriata	G		3							
— quinqueangularis	M					+				+
— runcinata	G							2		
— semiplicatilis	G		3							
— spiralis	M — GA — M.	+				+		3	+	+
— strangulata	G								1	
— subflaccida	partout							3		
— subserpentina	G							4		
— subsimilis	G		3							
— subulata	F					1				
— tetragona	M	+				+				+
— tricarinata	G							2		
Hagnenovia Kelloviana	G		4							
— oxfordiensis	F						2			
Tulpina capillaris	G		3							
— reticulata	G		2							
Dendrina lichenoïdea	G		2							
Cobalia jurensis	G							4		

ECHINODERMES.

ÉCHINOÏDES.

Dysaster carinatus	M							+			
— granulosus	B — G							+			+
— ovalis	MBS							+			
Collyrites acuta	G		4								
— bicordata	*partout* — GE.						5	+	2		
— elliptica	M — E				+		+				
Pygurus Blumenbachii	G								3		+
— Hausmannii	G — MG.								2	2	
— pentagonalis	G								1		
Echinobrissus corallinus	E								+		
— Goldfussii	F							+			
— micraulus	MS						+				
— scutatus	E						+				+
Pseudodiesorella icaunensis	G									1	
Hyboclypus Wrighti	G								2		
Pygaster umbrella	G								3	2	
Holectypus corallinus	G — G								1	1	+
— depressus	VB — M.	+	+				+				
— punctulatus	V — B					+	+				
Stomechinus apertus	M		+								
— germinans	GM								3		
— gyratus	B — GD.							+	+		
— lineatus	*partout*								3		
— perlatus	BS								+		
Pedina sublævis	BS								+		?
Glypticus hieroglyphicus	B — *partout*							+	3		

		I	K		O			R		S
			I	II	I	II	Ch	I	II	
Glypticus regularis	M					+				
— sulcatus	G							2	1	
Magnosia nodulosa	G							3		
Diplopodia subangularis	GSD — M							3	+	
Pseudodiadema complanatum	S							+		+
— Flamandi	M							+		
— florescens	MB					+		+		
— hemisphæricum	M — G							+	2	+
— homostigma	M — S					+				
— inæquale	G		2							
— mamillanum	G							2		+
— princeps	G							+		
— priscum	S							+		
— superbum	M — M — *partout*		+			2	3	2	2	
Acrocidaris nobilis	F — G							2	2	
Hemicidaris crenularis	B — *partout*						+	3		?
— diademata	BS					+				+
— Hoffmanii	M								+	+
— intermedia	G — G							3	4	
— undulata	G							+		
Hypodiadema Pidanceti	G							2		
Pseudocidaris Renoiri	G							2		
— Thurmanni	S							+		+
Acrosalenia Girouxi	G				4					
Diplocidaris Desori	G							2		

Species		1	2	3	4	5	6	7	8	9
— gigantea	B — MGBS					+		2		
Rhabdocidaris caprimontana	G							+		
— copepoïdes	G		4					+		
— crassissima	G							+		
— cf. maxima	B							+		
— megalacantha	G							+		
— mitrata	G							4		
— Oppeli	G								2	
— Remus	G — M		4			+				
— aff. Thurmanni	G							+		
— tricarinata	B — G						+	4		
— trigonacantha	B						+	+		
Cidaris Blumenbachii	MB — *partout* — M						+	4	+	
— cervicalis	*partout*							4		
— cinnamomea	B — S						+	+		
— constricta	B						+			
— coronata	M — *partout* — M					+		4	+	
— cristata	B					+				
— crucifera	B						+	+		
— cucumifera	B	+					+	+		
— elegans	F — G						4	+		
— filograna	B					+				
— aff. flabellum	G							+		
— florigemma	B — B — *partout*						4	+	4	+
— gemmifera	G							2		
— gigantea	B						+			
— glandifera Ag.	S							+		
— Hugii	B					+				
— marginata	M — MG						+	2		

		I	K		O			R		S
			I	II	I	II	Ch	I	II	
Cidaris oculata	GS							2		
— Parandieri	B — GB — M						+	2	+	+
— propinqua	B — S						+	+		
— Schlonbachii	G							+		
— spatula	B						+			
— spinosa	M				+					
— subelegans	F						1			
— subspinosa	S							+		
— suevica	G							1		
ASTÉROÏDES.										
Asterias jurensis	B					+				
Stellaster araricus	V					+				
CRINOÏDES.										
Antedon costatus	B					+				
Tetracrinus moniliformis	A							+		
Eugeniacrinus Hoffii	F							4		
Pentacrinus amblyscalaris	GFS							3		
— astralis	B						+			
— cingulatus	partout — M — MB				3		+	+		
— granulosus	G		2							
— oxyscalaris	V					+				
— pendulinus	B						+			
— pentagonalis	GM — partout — VF		3	3	3	1				
— punctiferus	M		+							

— scalaris	HsGB					+		+	
— subteres	B — A					+		+	
Cyclocrinus macrocephalus	M		+						
Millericrinus alternatus	G					+		+	
— Archiacinus	G		3						
— armatus	G		4						
— Beaumontianus	MGB — GS.					+		2	
— calcar	B					+		+	
— conicus	G — GB.					+		+	
— convexus	G							+	
— dilatatus	GB					+		+	
— echinatus	MG — M — *partout*		+		+	4	4	4	
— Escheri	G — GB					+		+	
— cf. Etalloni	G							+	
— Goldfussii	B — G					+		+	
— Goupilanus	G		4						
— horridus	*partout*					4	4	4	
— Knorri	B							+	
— **Milleri**	GB — B — MB					+	+	+	
— **Munsterianus**	G — MGBS.					+		+	
— Nodotianus	GB — BS					+		+	
— Richardianus	G		+						
— Thirriai	G							2	
— Udressieri	GB — G.					+		1	
— vertebralis	G		2						
Apiocrinus polycyphus	M — MGBES — M					+		2	+
— Roissyanus	GF.							2	

ZOOPHYTES.

		I	K I	K II	O I	O II	O Ch	R I	R II	S
HYDROMÉDUSAIRES.										
Amorphospongia multistriata	F							2		
Thalaminia corallina	F							2		
CORALLIAIRES.										
Enallohelia compressa	G							+		
— crassa	G							+		
— minima	G							+		
Prohelia corallina	G							+		
Psammohelia gibbosa	M							+		
Dendrohelia coalescens	MGFS — G.							+	+	
Stylohelia mamillata	F							+		
— radiata	F						3			
Stylophora corallina	G								+	
Convexastraea dendroïdea	V								+	
— Jaccardi	S								+	
— minima	A							+		
— sexradiata	MGF							+		
Stephanocoenia trochiformis	MG								+	
Astrocoenia pentagonalis	FB								+	
Diplocoenia corallina	G								+	
— stellata	M								+	
Psammocoenia Koechlini	M							+		
Pleurostylina corallina	G								+	

Cyathophora brevis	GF	
— corallina	F	
— Fromentelli	F	
— Richardi	ME	
— Thurmanni	GF	
Cryptocœnia Cartieri	M	
— castellum	F	
— limbata	M	
— suboctonis	V	
Placocœnia Perroni	V	
? Lobocœnia sublævis	B	
Stylina astroïdes	B	
— bullata	F	
— charcennensis	F	
— communis	F	
— constricta	G	
— Delucci	E	
— echinulata	F	
— excentrica	F	
— gemmans	F	
— grandiflora	F	
— granulata	F	
— hirta	F	
— insignis	F	
— lobata	S	
— magnifica	F	
— microcœnia	F	
— octonaria	M	
— pistillum	F	

Species		I	K		O			R		S
			I	II	I	II	Ch	I	II	
Stylina splendens	F							+		
— sulcata	F							+		
— tuberculifera	GF — M							+	+	
— tuberculosa	B — M							+	+	
— tumularis	M								+	
— undata	M								+	
Placophyllia Schimperi	V							+		
Donacosmilia corallina	G							+	+	
Stylosmilia Michelini	BS — V								3	+
Phytogyra Deshayesiaca	M							+		
— magnifica	P								+	
Rhipidogyra crassa	G							+		
— flabellum	E								+	
— insignis	F							+		
— Jaccardi	P								+	
Dendrogyra angustata	GE								+	+
— rastellina	G — MGE							+	+	
Stenogyra corallina	G							+		
— Perroni	G							+		
— plicata	G							+		
Aplosmilia Buvigneri	E								+	
— crassa	F							+		
— distans	G								+	
— dumosa	G								+	
— elegans	G								+	

Species										
— gregarea	G									+
— nuda	G									+
— semisulcata	MGBE									+
Cymosmilia conferta	P									+
Pleurosmilia corallina	F								+	
— Marcousi	B								+	
Epismilia Haimei	G								+	
Trochosmilia poculum	G								+	
Placosmilia corallina	F								+	
Goniocora gemmata	F								+	
— Haimei	MG								+	
— socialis	A — M								+	+
Latimæandra caryophyllata	G									+
— corallina	G — M								+	+
— disjuncta	F							1		
— Edwardsii	B									+
— gracilis	GF								+	
— lotharingica	VB									+
— magnifica	F								+	
— Raulini	S								+	
— Sœmmeringi	GF								+	
— sulcata	G								+	
— variabilis	M									+
Isastræa explanata	GFSA								+	
— Grenoughi	MG								+	
— helianthoïdes	MG — BE	+							+	+
— Kœchlini	M								+	
— Münsterana	M									+
Confusastræa Burgundiæ	FS								+	+

		I	K		O			R		S
			I	II	I	II	Ch	I	II	
Confusastræa corallina	F							+		
rustica	F							+		
Synastræa Moreana	M								+	
Centrastræa Coquandi	M								+	
— concinna	M								+	
Heliastræa corallina	F							+		
— Lifolensis	F							+		
— lævicostata	F							+		
Mæandrina corrugata	B							+		
— elegans	M							+		
Hymenophyllia corallina	F								+	
Baryphillia Jaccardi	P								+	
Thecosmilia acaulis	P								+	
— annularis	M							+		
— costata	G							+		
— Gresslyi	G							+	+	
— insignis	F							+		
— Laurillardi	M							2		
— laxata	A							+		
— socia	G								+	
Rhabdophyllia cervina	F						+			
— elegans	MG							+		
— solitaria	G							+		
— trichotoma	G							+		
Calamophyllia Stockesi	M								+	

Species											
— striata	M								+	4	+
Lithodendron Allobrogum	S								+		
Eunomia grandis	E									+	
Montlivaultia cf. Bonjouri	S								+		
— champlittensis	G								+		
— charcennensis	FS.								+		
— crassisepta	MG								+		
— cytinus	G								+		
— ? dispar	M								+		
— Etalloni	S								+		
— Eugenia	G								+		
— gigas	G								+		
— gradata	G								+		
— infata	G								+		
— Melania	G								+		
— minor	G								+		
— monticulus	G								+		
— obconica	B								+		
— plicata	M								+		
— subdispar	GF								+		
— subrugosa	M									+	
— tortuosa	G								+		
— tuba	G									+	
— undulata	F								+		
— vasiformis	S								+		
Agaricia concinna	S								4		
— confusa	S								4		
— fallax	S								4		
Trochoseris corallina	MG								+		

		I	K		O			R		S
			I	II	I	II	Ch	I	II	
Comoseris irradians	MB							+	+	+
— maeandrinoïdes	G								+	
Protoseris Waltoni	G							+		
Thamnastraea arachoïdes	partout							3		
— Bauhini	M							+		
— Bayardi	G		1							
— champlittensis	GF							+		
— charcennensis	F									
— communis	GF — G							+		
— concinna	GFBS — G							+	+	+
— contorta	G							+		
— corallina	G									
— cristata	B							+		
— dendroïdea	MG								+	
— dimorphastraea	G							+		
— dubia	G							+		
— Edwardsii	GF							+		
— fallax	M							+		
— fasciculata	GF							+		
— genevensis	A							+		
— Haimei	G							+		
— insignis	G									
— limitata	CF							+		
— lomontiana	A							+		
— magnifica	GF							+		

— Montii	G			+	
— Parisoti	M				+
— parva	MGF			+	
— ? stricta	G			+	
Dimorpharaea Koechlini	MGS			+	
Microsolena corallina	G				+
— champlittensis	A			+	
— Koechlini	MG			+	
Microsmilia Delemontiana	GA		+		
— Erguelensis	B		+		
SPONGIAIRES.					
Blastinia costata	G			+	
Tremospongia Parandieri	G				1
— Sautieri	GF			2	
Mamillipora radiciformis	G			2	
? Conispongia Thurmanni	G			1	
Stellispongia corallina	partout			4	
— glomerata	M	+		+	
— hybrida	G			+	
— impressa	G			2	
— prolifera	G			2	
— radiata	M			2	
— rotula	MB			+	
? Hippalimus verrucosus	M			+	
Siphonocoelia jurassica	M			+	
Discoelia bullata	M			+	
Pareudea amicorum	S			+	
— aperta	F			+	

		I	K		O			R		S
			I	II	I	II	Ch	I	II	
Parceudea ararica	G							3		
— Bronnii	MS							+		
— bullata	M							3		
— floriceps	S							+		
— gigantea	F							1		
— gracilis	GA							+		
— mosensis	M							+		
— prismatica	G							2		
— punctata	G							2		
— tumida	G							2		
Eudea perforata	MGF							3		
— Perroni	G							+		
Cnemidium bullosum	BS							+		
VÉGÉTAUX.										
? Juncus Thurmanni	F						+	+		
Nulliporites Hechingensis	A							+		

Ce tableau peut se résumer ainsi :

	CALLOVIEN	OXFORDIEN	RAURACIEN
Reptiles	1		
Poissons		2	3
Crustacés. . . . . , ...		9	3
Céphalopodes	52	71	9
Gastropodes	20	28	103
Pélécypodes	64	114	172
Brachiopodes	26	19	19
Bryozoaires	5		6
Annélides.	12	16	25
Echinoïdes	10	28	53
Astéroïdes		2	
Crinoïdes.	10	22	24
Hydromédusaires			2
Coralliaires	1	2	185
Spongiaires			30

Des empreintes de végétaux ont été signalées dans l'Oxfordien supérieur et dans le Rauracien inférieur.

La faune du Callovien supérieur est certainement plus riche qu'elle ne le paraît, d'après le tableau précédent : ce sous-étage, partout peu épais, et presque constamment recouvert par les éboulis de l'Oxfordien, n'a pu être, en effet, aussi facilement exploré que le Callovien inférieur ; mais il nous semble très probable que tous les fossiles qui passent de la zone à *Rein. anceps*, dans l'Oxfordien, se rencontrent aussi dans la zone à *Pelt. athleta*.

Les récents travaux de M. P. de Loriol sur l'Oxfordien inférieur du Jura bernois et du Jura lédonien [1], nous ont permis de préciser nos connaissances sur la faune de nos assises à *Creniceras Renggeri*. Plusieurs espèces nouvelles, appartenant aux

1) Voir la *Bibliographie* à la fin de cet ouvrage.

genres *Harpoceras, Hecticoceras, Oppelia, Perisphinctes,* etc.,
qu'il a décrites et figurées, avaient été jusqu'ici négligées ou
rapportées à des espèces voisines. Rectifier toutes les erreurs
commises de ce fait nous était impossible, et nous avons dû
nous borner à en signaler plusieurs; peut-être même rappor-
tons-nous encore quelques indications inexactes, faute d'avoir
pu les contrôler (1).

Les fossiles de notre Oxfordien inférieur appartiennent, en
général, à des espèces de petite taille; ce sont de petites ammonites (2), de petits gastropodes et de petits bivalves. Les ammonites, ordinairement ferrugineuses, sont de beaucoup les
plus abondantes; parmi elles, au point de vue de leur fréquence,
les *Hecticoceras* tiennent le premier rang, les *Cardioceras cordatum* et *Perisphinctes bernensis* viennent ensuite, puis les
Peltoceras Eugenii et *arduennensis,* enfin *Creniceras Renggeri,*
les *Oppelia* et, en dernier lieu, les autres espèces. Ces divers
céphalopodes ne sont pas également répandus partout : *H. punc-
tatum* est plus rare à Besançon que *chatillonense,* et c'est l'in-
verse ailleurs: *P. bernensis* est plus commun en certains lieux
que *C. cordatum,* et moins commun en d'autres, et le même
fait s'observe pour les autres ammonites. On peut supposer, en
conséquence, que notre Oxfordien inférieur est constitué par
une série de petites assises, caractérisées chacune par une espèce dominante, ainsi que le pensent, d'ailleurs, plusieurs des
géologues qui l'ont étudié; mais il est difficile de vérifier cette
hypothèse, parce que l'étage ne s'observe guère, chez nous,
qu'à l'état d'éboulis ou, tout au moins, de désagrégation, dont
le résultat est le mélange des fossiles des divers petits niveaux.

(1) Nous avons cité, avec quelques auteurs, parmi les fossiles de notre Oxfordien inférieur, les *Hecticoceras hecticus* et *lunula* que nous confondions
avec des espèces très voisines, abondantes dans tous nos gisements (et nous ne
sommes probablement pas le seul à avoir commis cette erreur). Ces espèces
n'ont pas été reconnues par M. de Loriol, parmi celles qu'il a examinées :
cependant nous maintenons *hecticus* dans le Callovien, en spécifiant exactement
la figure de la *Paléontologie française* qui nous a servi de type pour nos déterminations.

(2) On y trouve aussi quelquefois, mais assez rarement, des débris de grosses
ammonites.

Le sous-étage supérieur de l'Oxfordien diffère beaucoup de l'inférieur par l'aspect de sa faune : il renferme, en effet, à côté d'un certain nombre d'espèces provenant de cette zone inférieure, de grosses pholadomyes et de grands *Perisphinctes*, associés à des échinoïdes, *Collyrites*, *Stomechinus*, *Pseudodia_dema*, et à des crinoïdes, *Millericrinus*, *Apiocrinus*, etc. ; mais nous n'y avons jamais observé, *en place*, ni un polypier ni un des nombreux échinoïdes du Rauracien, que plusieurs géologues lui ont attribués, par suite d'une confusion entre ces couches et les dépôts de *Chailles remaniées* (1). Nous avons indiqué, dans une colonne spéciale, la faune complexe de cette formation, mélange de fossiles siliceux, provenant de l'Oxfordien supérieur, du Rauracien et même de niveaux plus élevés.

Le Rauracien est de tous nos étages jurassiques celui qui présente la faune la plus riche et la plus variée ; il ne renferme pas moins de 624 espèces, dont 77 seulement lui viennent de l'Oxfordien. Celles-ci comprennent : 1 bélemnite, 2 ammonites (*Perisph. Martelli* et *plicatilis*), 3 gastropodes, 36 pélécypodes (8 siphonés et 28 non siphonés), 4 brachiopodes, 7 annélides, 8 échinoïdes et 16 crinoïdes. Parmi les fossiles qui lui sont spéciaux, le Rauracien possède de nombreux polypiers, et tous les êtres que l'on trouve généralement associés à eux, dans les assises coralligènes, dont le total s'élève à 265 espèces ainsi réparties : 185 polypiers, 30 spongiaires, 43 nérinées, 4 diceras, 1 *cardium* (*C. corallinum*). Si on déduit cette faune spéciale, due à l'arrivée des coralliaires dans la mer jurassique qui en était dépourvue à l'époque oxfordienne, des 624 espèces comptées dans le Rauracien, le reste, 359 espèces, est formé, pour près d'un quart, d'animaux qui vivaient déjà pendant le dépôt de l'Oxfordien.

(1. Voir pour les dépôts de chailles remaniées : GEORGES BOYER et ALBERT GIRARDOT, *Étude sur le Quaternaire dans le Jura bisontin. — Mém. Soc. Émul. du Doubs*. 1891, p. 362 et suiv.

ARGOVIEN

Nous n'avons pas indiqué la faune de l'Argovien dans le tableau précédent, nous réservant de lui consacrer une place à part, en raison de l'importance que présente cette formation, pour elle-même et pour les questions qui s'y rattachent. L'Argovien est un facies de l'Oxfordien qui se montre à l'est, au sud-est et au sud de notre territoire, se superposant d'abord au facies franc-comtois de cet étage que nous avons envisagé seul jusqu'ici, puis le remplaçant peu à peu, et arrivant en définitive à se substituer complètement à lui[1]. L'Argovien représente donc notre Oxfordien tout entier, ainsi que l'a démontré M. Choffat en 1878[2]; mais représente-t-il, en outre, notre Rauracien, comme le pensent beaucoup de géologues ? le fait n'est pas aussi généralement admis. Quoi qu'il en soit, nous avons pensé agir utilement en exposant la faune de cette formation plus en détail que nous ne l'avions fait précédemment.

Pour établir la liste des fossiles que nous allons exposer, nous avons, en dehors de nos propres observations, emprunté nos renseignements à l'ouvrage déjà cité de M. Choffat, aux notices des cartes géologiques de M. M. Bertrand et de M. Kilian, et principalement à l'étude de M. de Tribolet sur le Mont-Chatelu[3]. Nous avons maintenu les désignations génériques de cet auteur, et supprimé seulement quelques-unes des espèces qu'il cite, en raison de synonymies évidentes[4].

(1) Voir : *Système oolithique*, p. 203 et 204.

(2) *Esquisse du Callovien et de l'Oxfordien*

(3) MAURICE DE TRIBOLET, *Notice géologique sur le Mont-Chatelu — Mém. Soc. d'émul. du Doubs*, 1892.

(4) Le Mont-Chatelu est, suivant l'expression de M. de Tribolet, comme une borne plantée entre la France et la Suisse ; en réalité, il est compris dans le département du Doubs, mais, au point de vue géologique, il semble appartenir plutôt au Jura suisse, par l'aspect, la constitution et la faune de ses assises ; aussi ne citons-nous pas ses fossiles dans ce travail, en dehors des espèces de son Oxfordien, à facies argovien, que nous allons indiquer.

FAUNE DE L'ARGOVIEN

Indications fournies par les colonnes et abréviations : O = Oxfordien à faciès franc-comtois; Arg. = Argovien, I = Argovien inférieur, II = Argovien moyen, III = Argovien supérieur; R = Rauracien; S = assises supérieures au Rauracien. Les lettres majuscules placées à la suite des noms d'espèces désignent les sections de la région; ces abréviations sont les mêmes que dans les tableaux précédents; en outre Ch = Mont-Chatelu.

	O	I	II	III	R	S
Notidanus Münsteri — S		×				
Belemnites hastatus — Ch	—			—		
Aspidoceras Œgir — S		×				
Perisphinctes biplex (plicatilis) — Ch.	—			+	—	
— Martelli — PSA	—					
— Schillii — DAP		×				
— Tiziani — P		×				
Creniceras Renggeri — Ch		—				
Oppelia subclausa — A	—	—				
Ochetoceras canaliculatum — PSCh.		—				
— hispidum — A		—				
Harpoceras aroticum — PSCh.	?	—				
Cardioceras alternans — PSCh.		—				
Bulla cf. elongata — Ch				—		
Natica globosa — Ch						—
— plicata — Ch				—		
Bourguetia striata — Ch	—			—	—	
Turbo cf. funicularis — Ch				—		
Gastrochaena gracilis — Ch				—		
— cf. corallensis — Ch				—		
Thracia pinguis — Ch				—		
Anatina helvetica — Ch				—		
Gresslya sulcosa — Ch	—			—		—
Pleuromya donacina — Ch				—	—	
— recurva — PCh			+	—		
— tellina — Ch				—	—	
— varians — ACh	—	—		—	—	
Goniomya litterata — Ch				—		
— sulcata — PCh				—		
Pholadomya birostris — Ch				—		

		O	Arg			R	S
			I	II	III		
Pholadomya canaliculata	Ch						
— cincta	Ch						
— exaltata	Ch						
— hemicardia	Ch						
— lineata	Ch						
— paucicosta	Ch						
— Protei	Ch						
? Arcomya latissima	Ch						
Psammolia rugosa	Ch						
Tellina incerta	Ch						
Lucina elsgaudiæ	Ch						
Astarte communis	Ch						
— Couloni	Ch						
— Mayeri	Ch						
— vocetiva	Ch						
Trigonia cf. Bronnii	Ch				+		
— geographica	Ch						+
— maxima	Ch						
— reticulata	Ch		×				
Arca æmula	Ch						
— concinna	Ch						
— Contejeani	Ch						
— granulata	Ch						
— subtexta	Ch						
Pinna fibrosa	Ch						
— lanceolata	Ch						
Mytilus imbricatus	Ch						
— longævus	Ch						
— striatus	Ch						
— subæquiplicatus	Ch						
Avicula argoviensis	Ch						
Pecten articulatus	PCh						
— subcingulatus	Ch						
Lima astartina	Ch						
— notata	Ch	+					
— proboscidea	Ch						
— rigida	Ch						
— tumida	Ch						
Plicatula semiarmata	Ch						

Taxon		O	Arg			R	S
			I	II	III		
Ostrea Blandina	A		−			−	
— bruntrutana	Ch				−		−
— caprina	SP		×			−	
— dilatata	Ch	−			−	−	
— cf. gregaria	Ch	−			−	−	
— multiformis	Ch				−	−	
— nana	Ch	−			−		
— rastellaris	ACh	−	+		−	−	
— sandalina	SP.	−	×			−	
— solitaria	Ch				−	−	
— subnana	Ch				−	−	
Megerlea orbis	A		−				
— Friensis	A		+				
Terebratula bismendorfensis	Ch		−				
— bisuffarcinata	PA				−	−	
— bucculenta	Ch.	−			−		
— elliptoïdes	A		−			+	
— farcinata	P				−	−	
— humeralis	Ch				−		−
— insignis	P	−	×			+	
— Moeschi	A		−				
— suprajurensis	Ch				−		+
Thecidea antiqua	A		−			−	
Rhynchonella arolica	PCh		−		−		
— corallina	Ch				−	−	
— minuta	A		−				
— striocincta	A	−	−			−	
Berenicea foliacea	Ch						
Serpula Deshayesana	Ch	−			−	−	
— gordialis	Ch				−	−	
— ilium	Ch	−				−	
Pedina sublaevis	Ch					−	+
Pseudodiadema areolatum	Ch		−				
Magnosia decorata	Ch		−				
Asterias nodosa	Ch				−		
Eugeniacrinus caryophyllatus	Ch		−				
— Hoferi	Ch		−				
— nutans	Ch		−				
Cribrospongia obliqua	Ch		−				

Comme on peut le voir par ce tableau, l'Argovien renferme 108 espèces, dont 35 appartiennent à son assise inférieure, et 78 à son assise supérieure, avec 5 espèces communes à ces deux zones et comptées dans chacune d'elles; sa partie moyenne n'a fourni, jusqu'ici, que des débris indéterminables et en petit nombre. Parmi ces 108 fossiles, 34 se montrent dans l'Oxfordien, 37 dans le Rauracien, et 12 n'apparaissent, dans notre région, qu'à un niveau supérieur à ce dernier étage. L'Oxfordien, l'Argovien et le Rauracien possèdent 19 espèces communes; par suite, le Rauracien n'a, en réalité, que 18 espèces (37-19) qui se rencontrent chez lui, et dans l'Argovien, sans se trouver ailleurs. L'Argovien, enfin, compte 30 espèces, 18 du Rauracien et 12 d'un niveau plus élevé, qui se montrent exclusivement chez nous dans des couches supérieures à l'Oxfordien. Ces 12 espèces, et 13 des 18 du Rauracien, dont il vient d'être question, appartiennent à la zone argovienne supérieure.

QUATRIÈME TABLEAU

OOLITHE SUPÉRIEURE

PARTIE SUPÉRIEURE

INDICATIONS FOURNIES PAR LES COLONNES ET ABRÉVIATIONS : I = espèces provenant des assises inférieures; A = Astartien; Pt = Ptérocérien; V = Virgulien; Po = Portlandien, I = inférieur, II = moyen ou supérieur, III = supérieur.

	I	A			Pt		V		Po	
		I	II	III	I	II	I	II	I	II
VERTÉBRÉS.										
REPTILES.										
Machimosaurus Hugii G					×					
Teleosaurus sp. P									×	
Emys Jaccardi S									+	
Iethyosaurus sp. VG								+		
POISSONS.										
Pycnodus gigas S									+	
— Hugii MB		×								
— Picteti G								+		
— sp. G								+		
— sp. P									+	
Gyrodus jurassicus S									+	
Lepidotus gigas M		×								

		I	A			Pt		V		Po	
			I	II	III	I	II	I	II	I	II
Lepidotus sp.	P										
Sphærodus gigas	S									×	
Odontaspis sp.	V							×			
Strophodus reticulatus	S										
— subreticulatus	V — G — B					×		×			
— sp.	G					×					
Notidanus sp.	ED										
CRUSTACÉS.											
Eryma sp.	G							1			
Orhomalhus macrochirus	S										
— Oppeli	G										
— portlandicus	G										
— virgulinus	V							×			
— sp.	V							×			
Gammarus sp.	G										
— sp.	G										
MOLLUSQUES.											
CÉPHALOPODES.											
Belemnites astartinus	M			×							
— sp.	E			×							
Aspidoceras Lallierianum	M — MVG									2	
— longispinum	partout — G									3	3
— orthocera	MG										

Species												
Perisphinctes Achilles	MGD — M · M		2									
— Berryeri	G					×						
— biplex	G — V					×		×				
— Contejeani	M — G									1		
— Cymodoce	MG.											
— decipiens	M — MG.											
— Erinus	M											
— Eupalus	G					1						
— Eumelus	MV.											
— giganteus	G											1
— rotundus	G					3				×		
— Thurmanni	M											
— sp.	E											
Reineckia Endoxus	G										1	
— mutabilis	M									+		
— pseudomutabilis	V									+		
Oleostephanus gigas	M — M — G — G.				+	×					2	
— Gravesianus	BE — GF											2
Stephanoceras Irius	E											1
Hecticoceras ? lunuliformis	G											1
Harpoceras semicanaliculatum	G.								1			
— Yo	MV — G.								+	+		
? Ammonites semicoronatus	G								1			
— semigigas	G		1									
— semirotundus	G								1			
Aptychus latus	V	+						×				
Nautilus giganteus	G — M — MVG — M.	+	1		+	2		+				
— inflatus	MB — M.				+		+					
— Marcousanus	S							+				

		I	A			Pt		V		Po	
			I	II	III	I	II	I	II	I	II
Nautilus Moreanus	MG — MVG — M.					3		+	+		
— semiinflatus	G.							2			
GASTROPODES.											
Akera Baugrandi	V							×			
Bulla cylindrella	M — G									1	
— Dyonisea	V — G								1		
— Michelinea	M					+					
Hydatina suprajurensis	M — G							2			
Actaeonina acuta	G					1					
— astartina	G		1								
— carinella	G					1					
— collinea	G — M		1								
— granulum	G					1					
— Mariæ	M							2			
Bullina planospira	G							2			
Purpuroïdea gigas	S						2				
Pterocera icaunensis	G										3
— lævis	G										
— Oceani	M — *partout.*							3			
— portlandica	SEP — P										
— Thirriai	M — MG — MG						2	2	3		
Chenopus anatipes	M					+					
— angulicostatus	M — M — M — G.					+			1		
— barrensis	G									4	

Espèce		1	2	3	4	5	6	7	8	9	10	11
calvus	M											
— Dyoniseus	V — G							×			4	
filosus	M											
Galateus	S — M — B — G — M.								1			
— Gaulardeus	M											
— musca	M — M — M — G.								+		2	
ornatus	M											
Ponti	M — MGB — G.									1		2
— Raulineus	G										2	1
Sailleteus	M											
— Thurmanni	M — VG.											
Aporrhais intermedius	V									3		
Cerithium clavulus	G											1
— Duboisanum	G				1							
— inerme	G											1
— limaeforme	G — M — G	+			3						3	
mantocheuse	G											1
— perclathratum	G				2							
— pertortum	G				3							
— pygmaeum	G — M — G.		1	+	1							
— Renoiri	G				1							
— sociale	GF — BE		5	5								
— supracostatum	G										1	1
Nerinea Actæon	M		+									
— altenensis	M		+		+							
— arcensis	G										1	
— bacillaris	G											×
— Bruckneri	partout		4									
— bruntrutana	M — G — M.	+	+		3	+	+		+			

Nerinea		I	A I	A II	A III	Pt !	Pt II	V I	V II	Po I	Po II
Nerinea ?Cabanetiana	E						+				
— corallinica	G				2						
— cylindrica	Hs — G — GP.								+	×	1
— Danusensis	M	+	+								
— Defrancei	M	+	+								
— depressa	G — G — M — Hs — BP	+			1	2				×	4
— elea	B — GS — G								+	+	2
— elongata	G					+					
— elsgaudiæ	G				3		3				2
— Erato	E — SP — G		+						+	+	
— exilis	G		2	2							
— Gosæ	partout — MG	+				+			+	+	+
— grandis	partout									+	+
— macrogonia	BP.										
— monsbeliardensis	M					+					
— Moreana	G					1					
— mosæ	G — M		1			+					
— multistriata	G					1					
— Munsteri	MB.		5	5							
— ornata	M		+								
— Perroni	G									1	
— perstricta	G										1
— Pidanceti	G						3				
— punctata	G									+	
— pyramidalis	P									+	

Espèce	Localités	1	2	3	4	5	6	7	8	9	10
— Revoni	G									3	3
— Rinaldina	P										+
— Salinensis	E — *partout*								+	3	3
— Santonensis	B										+
— semicylindrica	G						1				
— sexcostata	M — MD — G		+		+		+				
— speciosa	MG — M	+			2		+		3		
— styloïdea	M — MG — G							+		3	3
— subcylindrica	M									+	
— subpyramidalis	Hs	+	×								
— suprajurensis	ME — MVG — V — Hs				+	+	+	+			×
— tabularis	MB		+	+							
— tortispira	G								+	3	
— trinodosa	*partout*								×	3	
— turritella	M	+						+			
— Visurgis	M	+			+						
— vittata	G							+			
Melania astartina	G		2								
— ? cristallina	S						×		×		
— Renaud-Comti	D		+								
Bourguetia striata	*partout*	+	+		+						
Chemnitzia abbreviata	S — G								1		
— bipartita	V								×		
— Bronnii	MG							3			
— Cephoïdes	G						2				
— Clioïdes	G									2	3
— Cho	M	+	+	+							
— Danae	MD — D — MG		+		+					2	
— Delia	MB — MVG							+	+	3	3

		I	A I	A II	A III	Pt I	Pt II	V I	V II	Po I	Po II
Chemnitzia ? dubiensis	E									×	
— Flamandi	MP		+								
— Heddingtonensis	S	+	+								
— limbata	M							+			
— portlandica	G									2	
Rissoa bisuntina	MB			4							
— granulum	G				1						
— subclathrata	M			+							
Natica amœna	D		+								
— astartina	G		1								
— athleta	partout									+	
— Barrotei	VG							+			
— barrensis	G									3	
— Dejanira	M	+									
— dubia	MGD — MB — MG		2					+		3	3
— elea	P — MB — M		+				+	+			
— Eudora	partout — MP — MEP — VG		2			+	+	2			
— Georgeana	G — MB — V		1			+		+			
— gigas	BES — M — G		+					+	1		
— globosa	S — M — G		+			+			1		
— grandis	partout — G — G		3			1			1		
— Hebertana	G									2	2
— hemisphaerica	G — M — MVG — MG — G	+	1			+	+	+	+	3	
— Marcousana	partout										3
— microscopica	ME	+	+								

— obesa	M	.	.	.	.	.	.	+	.	.	.	.	.
— prætermissa	M	.	.	.	.	.	+	+	.	.	.	.	.
phasianelloïdes	MG.	.	.	.	.	+	.	.	1	.	.	.	.
— ? pseudosphærica	G	.	.	.	.	.	.	.	.	.	.	3	3
— pugillum	D — B — EP	.	.	.	.	.	+	+	.	.	.	.	.
— semiglobosa	ESD — GBS — V.	.	.	.	.	.	.	1	.	.	.	.	.
— sequana	B	.	.	.	.	.	.	.	.	.	.	.	.
— suprajurensis	G	.	.	.	.	.	.	.	.	.	.	2	.
— Thurmanni	G	.	.	.	.	.	.	.	.	.	2	.	.
— turbiniformis	*partout* — MD — *partout* — MG.	.	.	.	.	.	+	+	3	.	+	+	.
— Veriotina	G	.	.	.	.	.	.	.	.	.	.	.	4
Purpurina astartina	G	.	.	.	.	.	.	1	.	.	.	.	.
Turritella portlandica	G	.	.	.	.	.	.	.	.	.	.	.	2
Scalaria minuta	*partout*	.	.	.	.	4	4	.	.	.	.	.	.
— suprajurensis	M	.	.	.	.	.	.	.	.	.	+	.	.
— delphinula	M	.	.	.	.	.	.	.	.	.	+	.	.
Neritopsis Renaudi	E	.	.	.	+	.	.	.	.	.	.	.	.
— undata	M	.	.	.	.	.	.	.	.	.	+	.	.
Nerita arenula	G	.	.	.	.	.	3	.	.	.	.	.	.
— jurensis	M	.	.	.	.	.	+	.	.	.	.	.	.
Trochus Eudoxus	G	.	.	.	.	2	.	.	.	.	.	.	.
— sequanicus	G	.	.	.	.	.	2	.	.	.	.	.	.
Turbo corallensis	G	.	.	.	.	.	1	.	.	.	.	.	.
— incertus	M	.	.	.	.	.	.	.	+	.	+	.	.
— personatus	G	.	.	.	.	.	.	.	.	.	.	.	4
— problematicus	M	.	.	.	+	+	.	.	.	.	.	.	.
— viviparoïdes	M	.	.	.	.	.	+	+	.	.	.	.	.
Phasianella Coquandi	MB.	.	.	.	+	.	.	.	.	.	.	.	.
— ornata	M	.	.	.	.	.	.	+	.	+	.	.	.

Espèce		I	A			Pt		V		Po	
			I	II	III	I	II	I	II	I	II
Phasianella portlandica	S									+	
suprajurensis	G				1						
Ditremaria mantochensis	G									1	
— mastoïdea	G									1	
— ? portlandica	G									3	
Pleurotomaria acutimargo	M					—					
— astartina	G			2							
— amica	M										
— Duboisana	G								2		
— Hesione	VG — V					×		×			
— Phædra	M — G							1			
— Philæa	M — MG							1			
— reticulata	G							1			
Patella Humbertina	MP										
— suprajurensis	M										
Dentalium Corneti	G									1	
— Normanianum	G								2		
PÉLÉCYPODES.											
Teredo astartinus	G				1						
Gastrochæna sp.	P										
Neæra mosensis	F										1
Corbula clavus	M								—		
— contorta	G									1	
— Deshayesana	M								—		

Species	Code	1	2	3	4	5	6	7	8	9	10
— dubia	MF.		+								
— fallax	M		+								
— grayensis	G — F									1	1
— inflexa	P										+
— Perroni	GF.										2
— pisum	partout		4	4							
— vomer	M				2						
? Mya decussata	M								1		
— fimbriata	M				2						
Mactra callosa	M										
— ovata	M							+	+		
— pertruncata	M							+			
— rostralis	M							+			
— sapientium	M — ME — P						+	+	+	+	
Thracia incerta	partout — P — GF							+	+	+	+
— depressa	M — MG — M							+	1	+	
Anatina arcensis	G								1		
— brevirostris	M								+		
— caudata	G — M — P — M — MG — P.		1				+	+	1	+	
— expansa	M							+	+		
— helvetica	partout — E					3	3	3	3	+	
— insignis	D — MD			+		+					
— parvula	G								3		
— piricola	G								2		
— quadrata	G									1	
— sequanica	G				4						
— sinuata	M		+								
— solen	F — M		+					+	+		
— spatulata	B							+			

		I	A			Pt		V		Po	
			I	II	III	I	II	I	II	I	II
Anatina striata	M — M — MVG					+		1			
— versipunctata	M										
Ceromya comitatus	M	?						+	+		
— cornucopiæ	M							+	+		
— excentrica	P — *partout*					4	4	+	+	+	
— globosa	G								1		
— nuda	M										
— percrassa	G									2	
— sphærica	M								+		
— suprajurensis	G							1			
? Gresslya astartina	G				1						
Pleuromya donacina	*partout*							3	3		
— dubiensis	B										+
— ? grayensis	G										+
— Gresslyi	S — V.							+			
— ovalina	M										
— robusta	M — MG — G — M					3	3	2	+		
— rugosa	M										
— ? sinuosa	M		?			?					
— subcylindrica	G								2		
— tellina	M — M - *partout* — G — B — P.				+	+		4	4	—	
— Voltzii	M — M — ME — M					+		+	+		
Plectomya rugosa	G — GP — G							2		1	
Homomya gracilis	MG — MG — F					2		2	2		
— hortulana	*partout*					4	3	4	3	—	

Espèce		1	2	3	4	5	6	7	8	9	10
— portlandica	G										3
— semirugosa	M — M — G							2			
Goniomya Contejeani	ME — M.								+	+	
— Cornuelana	G									1	1
— pudica	GM — M — G.					1				1	
— sinuata	BS.										
Pholadomya acuticostata	M — MGS — MG				1	4	3	3			
— canaliculata	G — M — M — G.		1							2	
— compressa	ME — M.								+	+	
— decemcostata	MGD — D — MD — MG		4						+	3	
— depressa	G — MG — MG M.		1	1	1					1	
— hemicardia	G				1		1		1		
— lineata	G — M — M		1							+	
— multicostata	partout — E						+	+	+	+	
— paucicosta	partout — GE — S	+	2	2	2	3	3	2		+	+
— pectinata	BS.										
— Protei	MG — MGB — partout				2	4	4	4	4		
— rugosa	M										
— simplex	Hs							×		×	
? Arcomya ararica	G									3	2
— gracilis	E — BPS — B.		3	3		3	3	+			
— mantochensis	G										2
— quadrata	M							+		+	
Psammolia compressa	G									1	
— portlandica	G										1
— virgulina	G								3		
Araphis Thurmanni	G						1			+	
Tellina barrensis	G									4	4
Cytherea gyensis	F										4

Espèce		I	A I	A II	A III	Pt I	Pt II	V I	V II	Po I	Po II
Cytherea Pandorina	M		+								
Venerupis ararica	G				1						
Isocardia cornuta	MVGBE — G					+	+	4			
— aff. Cottaldina	P										+
— striata	EP — *partout* — MGBE.				+	4	4	3	3		
Anisocardia Legayi	P										+
— veneriformis	P										+
Cyprina acornis	G										1
— Brongniarti	MBE — M — G — G						+		+	3	4
— cornucopiae	M — MG — M							2	+		
— Etalloni	M					+					
— globula	MES		3								
— grayensis	G									2	2
— parvula	MB — M — MG — MG — G.					+	+	3	2	2	
— securiformis	M					+	+				
— suevica	G — P							1			+
— tenuirostris	D		+	+							
— ? tumidicornis	G										1
Cyrena rugosa	GFP										1
— villersensis	P										
Protocardia purbeckensis	P										+
— vassiacensis	P										+
Cardium axino-elongatum	B					+					
— bannesianum	MG — MG — *partout* — G		1		2	4	4	4			
— ? bulliforme	G										1

— concinnum	M								+		
— corallinum	G — G — M.	+			2		+		+		
— dissimile	G					+					
— diurnum	ME.								+		
— Dufrenoyum	G									3	3
— fontanum	ED.		+		+						
— intextum	G	+						+			
— lotharingicum	MG — G.		3	4							
— Morriseum	G — F									2	2
— mosense	M				+						
— orthogonale	M — MG — M — GM	+			+			2	+		
— pesolinum	M — GBE — M — MG — M — EP.					2	+	4	+		2
— pigrum	G										2
— semiglobosum	M		+								
— sequanicum	G		2								
— suprajurense	MD — MG — M	+					3	+	2	+	
— trigonellare	M				+						
— Verioti	GEP — G									2	3
villersense	P										+
Tancredia grayensis	G										4
Corbis ararica	G										2
crenata	M				+						
— decussata	M	+			+						
— Dyonisea	M				+						
— grayensis	G										4
— subclathrata	S — MEP					+	+				
trapezina	M						+				
— ventilabrum	M						+				
Corbicella barrensis	P										+

		I	A			Pt		V		Po	
			I	II	III	I	II	I	II	I	II
Corbicella Moreana	P										+
— Pellati	P										+
Lucina balmensis	M						+				
bilunulata	G		2								
— ? densistriata	G				2						
discoïdalis	M				+		+				
elegans	M								+		
— grayensis	G										1
lamellosa	S — M						+				
mandubiensis	M				+		+				
— percrassa	G										
— perstriata	G									1	
— plebeia	M					+	+		+		
— radiata	M										
— rugosa	B — *partout* — GP					4	4	4	4	2	
striatula	M								+		
— substriata	*partout* — MD - GM — MG		4			2	+	+			
Diceras eximium	V								+		
— incrassata	G				2						
— portlandica	G									3	2
suprajurensis	M — MGBE — M — MB					3			+		
Opis bicarinata	M		+								
— Gaulardea	E				+						
— Michelinea	M				+						
— mosensis	M				+						

? sequanica	G					1				
Præconia gibbosa	M						+			
Astarte bruta	M						+			
celtica	M						+	+		
— cingulata	MV.							4	+		
cuneata	M										
— Michaudiana	M										
monsbeliardensis	M						+	+	+	
— patens	ME — G						1			
— pesolina	M			+	+			+	+	
— regularis	M										
— sequana	M					+	+	+	+	
— scalaria	M				+			+		
— submultistriata	*partout*		5	5	5					
— supracorallina	*partout*		5	5	5					
— suprajurensis	G						4			
— undulata	F								×	
Cardita astartina	M					+	×		×	
— carinella	M		+	+						
suprajurensis	M — G — M		+		2			+		
— virgulina	M					+				
Trigonia Alina	M — MV.					+	+			
— barrensis	G								3	
— boloniensis	P								+	
— concentrica	G — M — MBS — M — S				1	+	+	+	+	+
— Contejeani	GBS							2		
— cymba	M						+			
— geographica	MS.		+							
— gibbosa	M — FS				+			2		

		I	A			Pt		V		Po	
			I	II	III	I	II	I	II	I	II
Trigonia granigera	M						+		+		
— Greppini	GE		2								
— muricata	G — ME — M — GBE — M — G		+			+	+	2	+	2	
— Parkinsoni	E — M — M — M — B				+		+		+	+	
— Perroni	G									2	
— picta	S		+								
— plicata	M — BS				+	×					
— pseudocyprina	M							+			
— subconcentrica	E									+	
— subcostata	V							+			
— sublitterata	V							1			
— ? subtruncata	G			2							
— suevica	F								4		
— suprajurensis	MES — MG — MG — VMGBP.	—	—	1	2	+	+	3			
— Thurmanni	M — MS						+	+			
— truncata	partout — M — MGS — MG	+	2	1	3	+	+	4	2		
— Voltzii	B						+				
Nucula lenticula	M			+							
— Menckei	MV — G	+				+		2			
Arca castellinensis	M		—								
— cruciata	M							2			
— cuneolata	G				1						
— grayensis	G										1
— hians	M		1		1						
— longirostris	M — G				+	+	+	4			

— macropygia	M				4							
— minuscula	M	+	+	+								
— mosensis	M				+				+			
— nobilis	M — MVG — G				+	3		3				
— Nostradami	M		+									
— ovalis	M — G						+	4				
— portlandica	G									2		
— retusa	M							2				
— rhomboïdalis	M — MVG — G — M.				+	+	+	+	2	+		
— rugosa	M				+				+			
— rustica	MV.								+			
— semitexta	G										1	2
— sulcata	M						+					
— superba	M							+				
— texta	G — M — MVG — G — M.				1	+	+	+	3	+		
— Thurmanni	M	+	+									
Pinna bannesiana	M — MG.						+	+	+			
— barrensis	G											2
— intermedia	VG								2			
— lanceolata	M						+					
— obliquata	M						+					
— pesolina	M						+			+		
— socialis	G							4				
— suprajurensis	G									2		
— granulata	MG — M — MVG — M — G	+	4		+	2	2	+	+	2		
Trichites Saussurei	partout				4	4	4	4	4			
Myoconcha siliqua	M				1							
Lithophagus angustatus	G		2	2								
— gracilis	G											3

Taxon		I	A			Pt		V		Po	
			I	II	III	I	II	I	II	I	II
Lithophagus socialis	M				+						
— umbonatus	G									4	
— ventricosus	G									4	
Modiola acinaces	M								+		
— perplicata	*partout*					3	+	3	+		
— subæquiplicata	MESD — ME — *partout* — G.		+		+	3	3			+	
Mytilus æquistriatus	G									2	
— Cornueli	G										2
— corrugatus	M		+		+						
— furcatus	M						+				
— icaunensis	P										+
— intermedius	E		+								
— jurensis	MBES — M — *partout*		+		+	4	4				
— longævus	MG G		1		1				2		
— portlandicus	G									4	4
— Romei	G — GF									4	3
— subpectinatus	E — ME — MVG — MG — GB		+		+			2	3	2	1
— Tombecki	P										+
— trapeza	MD — M.	+	+						+		
— virgulinus	G							3			
Perna concentrica	G							5			
— ? mytiloïdes	Hs		+							×	
— obliquata	G									2	
— portlandica	G									2	
— rhombus	E		+								

Espèce	Loc.	1	2	3	4	5	6	7	8	9	10	11
— subplana	G	+				2						
— Thurmanni	M				+							
Inoceramus suprajurensis	M — G						+		1			
Gervillia aviculoïdes	M	+			+							
— kimmeridiensis	M MG — MG		+		+	+	+	+	+			
linearis	\ — G					×		×		4	4	
— striatula	M		+									
— tetragona	VMG							3	3			
Posidonomya suprajurensis	M							+				
Avicula Gesneri	M partout		+		+	+	+	+	+			
— gervilloïdes	M — G		+	+						1		
— ? Marcousi	G			+						4		
— modiolaris	M		+		+	+	+	+	+			
— oxyptera	M									1		
— Perroni	G											2
— sphinx	G									1		
Pecten annulatus	G											2
— astartinus	partout — D — G — G		5	5		1		1				
— Bavouxi	M								+			
— Beaumontinus	partout	+	5	3	2							
— Benedicti	M — S — M — M.		+		+	+		+				
— Billoti	M — G							2		1		
— circinalis	S							+				
— Delessei	G									1		
— Dionyseus	M					+		+				
— Flamandi	M — G									1	3	
— ? globosus	P	+			?							
— Gesneri	M — VM.		+		+	+	+	+	+			
— Kralikii	M — G		+	2								

Espèce	Loc.	I	A I	A II	A III	Pt I	Pt II	V I	V II	Po I	Po II
Pecten lens	MS	+			+	+					
— mantochensis	G									3	
— Nicoleti	M — G								4		
— nudus	V — G					×		×		3	3
— aff. nudus	E									+	
— Parisoti	M								1		
— sequanus	G									2	
— subconcentricus	G										
— sublævis	M					+	+	+	+		
— ? subvitreus	G					1					
— suprajurensis	M — V — MB — M — M — MGE — M		+	+	+	+	+	4	+		
— Thurmanni	M		4	4							
— varians	S — M		+		+						
— Veziani	P	+	+		+						
— virdunensis	M	+	+								
Hinnites clypeatus	M	+	+								
— inæquistriatus	M — MP *partout* — G — M — G		+		+	4	4	2	+	1	
Lima ? æquilatera	M						+				
— argonnensis	M							+	+		
— astartina	D — M — M	+		+	+	4					
— biradiata	G									2	
Contejeani	G								2		
— densipunctata	M — M — G					+	+		2		
— aff. gibbosa	P		+								
Greppini	G		4								

Espèce	Horizons	1	2	3	4	5	6	7	8	9	10
— Halleyana	G								2		
— laevinscula	M						+				
— Magdalena	M — MVB — M — MG					+	+	2			
— monsbeliardensis	M						+				
— pygmaea	S — MG				2						
— radula	M							2			
— rhomboïdalis	M — G						1	1			
— semicostata	G								1		
— semipunctata	D										
— spectabilis	M — VM — M — G — M						+	2	+		
— subantiquata	M						+				
— suprajurensis	M — G — G.							1	3		
— virdunensis	M								+		
— virgulina	M — V — M — M.		?			+	×	×	+		
Spondylus ovatus	M										
Plicatula horrida	M	+	2								
Anomia ararica	G									1	
— calvifrons	G								1		
— monsbeliardensis	MBE			4							
— pererassa	G									1	
— suprajurensis	FP.										2
— undata	M	+	+								
Ostrea astartina	G		4	4							
— bruntrutana	partout	+	3	3	3	4	4	2	2		
— catalaunica	B							1			
— cotyledon	ME — MDS — MD — M — MG — M		+	+	+	+	+	1	+		
— deltoïdea	M				+						
— dubiensis	M — MD — MV		+	+	+	+					
— Ermontiana	MS — MVS.				+	+					

		I	A			Pt		V		Po	
			I	II	III	I	II	I	II	I	II
Ostrea exogyroïdes	M			+							
— grayensis	G — P									5	+
— gryphæata	G							+			
— intricata	M							4			
— lapicida	G							4			
— monsbeliardensis	D — M — M — M.							+			
— multiformis	MGD — MGD	+	4	4							
— nana	GESD — GED — D	+	4	4							
— pulligera	M — M — MG — *partout* — MGM	+			2	4	4	2	+		
— ? quadrata	P	+			?						
— Rœmeri	M							+			
— sandalina	MS	+									
— sequana	G — S — MF					×		×			
— subhastellata	G									1	
— suprajurensis	G										2
— virgula	*partout* — P							5	5	?	
MOLLUSCOÏDES.											
BRACHIOPODES.											
Zeilleria egena	*partout*		4	4							
— humeralis	*partout*		3	3	4						
Waldheimia grayensis	G									4	2
Terebratula Bauhini	S	+									
— cincta	Dbs					×					
— Cotteaui	P										

— crassicornis	G				1					
— Gagnebini	P									
— Gesneri	G				1					
— insignis	M								+	
— ? portlandica	G				1					3
— subsella	*partout*		2	2	3	5	5	4	4	3
— ? aff. Zieteni	E									
Thecidea portlandica	G									1
— ? reticulata	M									
Rhynchonella corallina	*partout*		3	3	3	4	4	3	2	+
— subvariabilis	M									
Crania reticulata	M									
Orbicula Humphriesiana	M									
Lingula virgulina	G							1		
BRYOZOAIRES.										
Heteropora gibbosa	GF									+
— virgulina	V								2	
Berenicea densata	V							X		
— portlandica	G									+
— tenuissima	G							1		
Stomatopora elongata	G									+
Spiropora simplex	G									2
Petricella portlandica	G									4
ANNELIDES.										
Serpula funicula	G									5
— medusida	G	+						1		
— quinqueangularis	MG — VG	+				2		1		
— semiangularis	G		2	2						

		I	A — I	A — II	A — III	Pt — I	Pt — II	V — I	V — II	Po — I	Po — II
Serpula Thurmanni	M										
Galeolaria Lachesis	G			3							
Haguenovia minima	G										
Talpina astartina	G		3	3							
Dendrina dumosa	G			1							
— gracilis	G			1							
— punctata	G			3							
Cobalia grayensis	G									4	
ECHINODERMES.											
Echinoïdes.											
Pygurus Blumenbachii	D										
— Bonanomii	MG.					2		2			
— jurensis	MVG — V — GPS.					2		X			
— Royerianus	G										
Clypeus acutus	S										
Echinobrissus Bourgueti	G										
— lcaumensis	G								1		
— major	D — M — M										
— Perroni	G									4	
— scutatus	M	+									
Holectypus araricus	G									2	
— corallinus	VG								X		
— inflatus	M				—						
— Meriani	GM.					3					

Species										
Stomechinus monsbeliardensis M							1			
Psammechinus Contejeani M					1					
Glypticus affinis S			+							
Diplopodia Micheloti G										1
Pseudodiadema complanatum M	+	+								
— conforme M — VG.					+		2			
— Duvernoyi M		1								
— hemisphæricum S	+	+								
— mamillanum M — V.							+	×		
— neglectum D — M						+	+			
— Thirriai G									2	
Acrocidaris formosa S							1			
— subformosa G		1								
Hemicidaris Agassizii G								2		
— ? crenularis P							?			
— Desorana G								1		
— diademata S	+	+								
— Gagnebini D			+							
— Hofmanni V	+							×		
— Lestoquei M									1	
— mantochensis G										2
— mitra M							+			
— purbeckensis G										4
— simplex G	1									
— stramonium M							+	+		
Hypodiadema Four G									1	
— Rocheti M		+								
Pseudocidaris ararica G							1			
— ovifera M							+			

		I	A			Pt		V		Po	
			I	II	III	I	II	I	II	I	II
Pseudocidaris Thurmanni	VMS	+				+					
Pseudosalenia aspera	partout — G					4				4	
Acrosalenia angularis	D				+						
— decorata	M — G	+				+		4			
— tuberculosa	S — M				+	+					
Rhabdocidaris Orbignyana	VG							3			
Cidaris baculifera	D — GD — G	+		4	4	1					
— Flamandi	M										
— florigemma	partout	+			+						
— grayensis	G									2	
— Parandieri	M	+			+						
— philastarte	G — MG		2	3					2		
— Quenstedti	G										
CRINOÏDES.											
Antedon Desori	M										
— Jutieri	M						+				
Pentacrinus Desori	MG		2	3	2						
Millericrinus Hoferi	GB										
Apiocrinus Meriani	MGE — MGE — D — M		4	4	+				+		
— minimus	M				+						
ZOOPHYTES.											
CORALLIAIRES.											
Enallohelia elongata	G								+		
— grayensis	G									1	

Dendrohelia sequana	G							+		
Convexastræa hexaphyllia	M						+			
— ornata	M		+							
— portlandica	M									+
Astrocœnia Boisgeoli	M				1					
— Thurmanni	G							1		
— triangularis	G									+
Holocœnia arachnoïdes	G									+
— dendroïdea	G									+
— explanata	G									+
Cyathophora arcensis	G							+		
Heliocœnia corallina	V							×		
Stylina Bletryana	M							2		
— Bucheti	G									+
— Flottei	G									+
— granulata	G	+								+
— grayensis	G									+
— hexaphyllia	M						+			
— inflata	G									+
— intricata	G									+
— kimmeridiensis	PG					?		+		
— Mustoni	M						2			
— Perroni	G									+
— Pratensis	M					+				
— semitumularis	M					+				
— speciosa	G									+
Isocora Thurmanni	G		2							
Stylosmilia Michelini	V	+						×		
Phytogyra Fromentelli	G							+		

		I	A			Pt		V		Po	
			I	II	III	I	II	I	II	I	II
Rhipidogyra percrassa	V							×			
Dendrogyra angustata	M	+				+					
— arcensis	G							+			
Blastosmilia Perroni	G				1						
Trismilia triangularis	G									+	
Pleurosmilia Cæcilia	G						2				
— cylindrica	G									+	
— elongata	G									+	
— gratiosa	G									+	
— grandis	G									+	
— irradians	G									+	
— portlandica	G									+	
— scaphium	G									+	
— stylifera	G									+	
— virgulina	M						3				
Peplosmilia portlandica	G									+	
Goniocora kimmeridiensis	G							+			
Latimaeandra Contejeani	M						+				
— dumosa	M					+					
— Etalloni	G									+	
— linearis	G									+	
— Pelissieri	G									+	
— Perroni	G						+				
— sequana	G										+
Isastræa foliacea	G										+

Espèce											
— Gourdani	G										+
— oblonga	G										+
.. portlandica	G									+	+
Septastræa dispar	G									+	+
Favia grandiflora	M								1		
— kimmeridiensis	G									+	
.. Thurmanni	M									+	
Cladophyllia astartina	G		3								
— calamiformis	M					+	+				
— suprajurensis	M					+					
Thecosmilia dichotoma	V								×		
Rhabdophyllia Flamandi	M						2				
— grandis	M								+		+
— kimmeridiensis	G								+	+	
— Micheloti	G								+	+	
— portlandica	G								+	+	+
Calamophyllia kimmeridiensis	G							+		+	
— sequana	G										+
— striata	M	+	+								
Montlivaultia nana	M					+					
Siderastræa cavernosa	V							×			
Comoseris irradians	M	+			3						
Thamnastræa Bouri	G										+
— concinna	G	+			2						
— corallinica	G				4						
— dumosa	G										+
— Perroni	G									+	+
— portlandica	G										+
— pratensis	M					1					

		I	A I	A II	A III	Pt I	Pt II	V I	V II	Po I	Po II
Thamnastræa Sahleri	M						2				
— Thurmanni	M						+				
Microsolena portlandica	G									+	
Spongiaires.											
Sellispongia mantochensis	G									1	
— multistella	M					2					
Pareudea brevis	G									1	
— dumosa	V							1			
Clionia distans	G			2							
VÉGÉTAUX.											
Chondrites astartinus	G		+								
Carpolithes Thurmanni	G		+								
Goniolina geometrica	E — E — M — M — G		+	+	+	+	+				
Fucoides	G						+				

La faune des assises supérieures du système oolithique peut se résumer ainsi :

	ASTARTIEN	PTÉROCÉRIEN	VIRGULIEN	PORTLANDIEN
Reptiles.		1	1	2
Poissons.	4	3	4	7
Crustacés	2	1	2	3
Céphalopodes.	8	18	16	5
Gastropodes	95	57	56	42
Pélécypodes	177	142	158	103
Brachiopodes	13	3	4	4
Bryozoaires			2	5
Annélides	8	1	2	2
Echinoïdes.	23	17	14	9
Crinoïdes	4	2	1	
Coralliaires	9	18	20	44
Spongiaires	1	1	1	2

Un examen, même rapide, de ce quatrième tableau, fait voir combien les faunes des étages supérieurs du système oolithique présentent d'éléments communs. L'Astartien renferme 344 fossiles, dont 86, soit le quart, lui viennent du Rauracien, et il en transmet 107 au Ptérocérien. Celui-ci, qui en possède 264, en reçoit donc un peu moins de la moitié, du niveau inférieur, et il en fournit, à son tour, 167 au Virgulien, sur 281 que contient ce dernier étage, c'est-à-dire plus de la moitié, presque les deux tiers. Ainsi se justifie la réunion du Ptérocérien et du Virgulien, et même de l'Astartien, en un seul groupe, le Kimméridien.

Le Portlandien n'emprunte guère plus du cinquième de ses espèces aux couches inférieures, c'est-à-dire 42 sur les 228 qu'on lui connaît. Sa partie supérieure présente un facies d'eau saumâtre, dans la plus grande partie de la région, et un facies franchement marin, et même coralligène, aux environs de Gray [1].

(1) Voir : *Système oolithique*, p. 371 et suiv.

Il est probable que ces couches marines représentent seulement la partie supérieure de notre Portlandien inférieur, et que le district de Gray était déjà émergé à l'époque où les dolomies portlandiennes se déposaient dans l'est.

Après les travaux très complets de M. Gustave Maillard sur le Purbeckien du Jura, il nous semble inutile de donner à nouveau le tableau de sa faune, et nous nous bornerons à renvoyer aux études publiées par ce géologue, de 1884 à 1886 [1].

(1) Voir : *Système oolithique, Bibliographie*, p. 411.

TROISIÈME PARTIE

CONSIDÉRATIONS DIVERSES

LA FAUNE ET LA FLORE JURASSIQUES

DE LA FRANCHE-COMTÉ SEPTENTRIONALE

DISTRIBUTION DES ESPÈCES DANS LA RÉGION

La répartition des espèces sur toute l'étendue de notre territoire mérite de fixer l'attention, car elle peut nous fournir des indications sur leur distribution dans les mers jurassiques, et, par suite, sur le régime de ces mers. Les dix sections que nous avons établies dans la région n'ont pas été explorées également et ne peuvent être toutes comparées entre elles, mais il en est quelques-unes, telles que celles de Montbéliard, de Vesoul, de Gray, de Besançon et de Salins, qui ont été bien étudiées et peuvent faire légitimement l'objet d'une comparaison. Le district de Montbéliard a été minutieusement scruté par MM. Contejean, Parisot, Etallon et d'autres encore ; celui de Vesoul par MM. Thirria, Petitclerc et Kilian ; celui de Gray par MM. de Fromentel, Etallon, Perron et Maire; celui de Salins par MM. Marcou, Choffat, Georges Boyer et Abel Girardot ; celui de Besançon enfin, par les nombreux géologues qui, depuis les temps de MM. Parandier et Numa Boyé jusqu'à cette année même, ont habité ou visité ce pays, parmi lesquels nous nous bornerons à citer M Coquand, le créateur de l'importante collection du musée de Besançon.

En vue d'établir cette comparaison, nous exposerons, pour chacun de nos quatre tableaux principaux, les nombres des espèces recueillies aux différents niveaux qu'ils indiquent, dans chacune des sections désignées plus haut.

Premier tableau (système Liasique), Besançon 316, Salins 180, Montbéliard 171, Vesoul 94.

Deuxième tableau (Bajocien, Bathonien, Cornbrash), Vesoul 329, Montbéliard 286, Besançon 99, Salins 79, Gray 32.

Troisième tableau (Callovien, Oxfordien, Rauracien), Gray 469, Montbéliard 320, Besançon 271, Salins 142, Vesoul 67.

Quatrième tableau (Astartien, Kimméridien, Portlandien), Montbéliard 512, Gray 464, Vesoul 64, Salins 62, Besançon 56.

Dans le premier tableau, Besançon prend la tête, et Vesoul occupe cette place dans le deuxième ; Gray ne figure dans ce dernier qu'avec un petit nombre d'espèces, et ne se trouve pas dans le premier, en raison de la rareté des affleurements de l'Oolithe inférieure et de l'absence presque absolue des affleurements liasiques dans ce district.

Dans le troisième et dans le quatrième tableau, Montbéliard et Gray tiennent les premiers rangs.

Ce classement de nos sections, d'après la richesse de leur faune, demeure à peu près le même, quand on envisage séparément les grands groupes de fossiles [1]. Il montre que si, pendant la période liasique, le district de Besançon était le mieux doté, sous le rapport du nombre des espèces, pendant la période oolithique, il le fut bien moins que ceux de Gray, de Vesoul et surtout de Montbéliard, avec lequel il est plus exactement comparable. Toutes les assises jurassiques sont représentées à Montbéliard, comme à Besançon, mais les fossiles sont toujours plus nombreux dans le premier district que dans le second, probablement parce qu'il était plus rapproché du rivage.

En établissant nos tableaux, nous n'avons tenu compte ni des espèces douteuses ni des espèces très communes que l'on trouve partout. Ces dernières sont, pour toute notre faune, au

---

(1) Cependant, dans le troisième tableau, les Céphalopodes sont plus nombreux à Besançon que partout ailleurs

nombre de 196 qui se distribuent ainsi : Infra-Lias 2, Sinémurien 3, Charmouthien 4, Toarcien 4, Bajocien 13, Bathonien 4, Cornbrash 12, Callovien 14, Oxfordien 34, Rauracien 33, Astartien 27, Ptérocérien 25, Virgulien 12, Portlandien 9. Ces nombres sont en rapport avec le chiffre de la faune de chaque étage.

NOMBRE DES ESPÈCES. — ESPÈCES PASSANT D'UN ÉTAGE DANS UN AUTRE

Les espèces qui constituent la faune jurassique de notre région sont au nombre de 2,723, en ne comptant pas celles qui sont douteuses, pour quelque motif que ce soit ; sur ces 2,723 espèces, 460 appartiennent au Lias et 2,263 à l'Oolithe ; elles se répartissent ainsi :

	SYSTÈME LIASIQUE	SYSTÈME OOLITHIQUE
Reptiles	5	6
Poissons	36	17
Crustacés	1	25
Céphalopodes	115	222
Gastropodes	53	380
Pélécypodes	176	833
Brachiopodes	36	120
Bryozoaires	1	38
Annélides	11	63
Échinoïdes	6	169
Astéroïdes	1	3
Crinoïdes	11	52
Hydromédusaires	. . . .	3
Coralliaires	6	312
Spongiaires	2	48
	460	2,291

Le total 2,751 des nombres 460 et 2,291, placés au bas des colonnes précédentes, ne donne pas le chiffre exact de nos espèces jurassiques, en raison de celles qui sont communes aux deux systèmes, et qui sont portées dans les deux colonnes. Pour obtenir ce chiffre exact, il faut déduire de 2,751 les 28 espèces qui passent du Lias dans l'Oolithe et consistent en 2 céphalopodes, 2 gastropodes, 17 pélécypodes, 2 brachiopodes et 3 annélides. Le reste 2,723 représente le nombre réel de nos espèces jurassiques, tel que nous l'avons indiqué plus haut.

Ces espèces ne sont pas exclusivement renfermées dans un étage déterminé, beaucoup d'entre elles s'élèvent au-dessus du niveau où elles ont apparu et passent dans des assises qui lui sont supérieures, comme nous l'indiquons ici.

Le Sinémurien	possède	151	espèces dont il reçoit	13	d'un niveau infér., soit	8,60 °/₀ de sa faune.	
Le Charmouthien	—	99	—	30	—	30,30	—
Le Toarcien	—	133	—	11	—	8,46	—
Le Bajocien	—	449	—	28	—	6,23	—
Le Bathonien	—	144	—	58	—	40,27	—
Le Cornbrash	—	173	—	80	—	46,24	—
Le Callovien	—	201	—	40	—	19,90	—
L'Oxfordien	—	313	—	77	—	24,60	—
Le Rauracien	—	634	—	93	—	14,66	—
L'Astartien	—	344	—	86	—	25	—
Le Ptérocérien	—	264	—	107	—	40,53	—
Le Virgulien	—	281	—	167	—	59,43	—
Le Portlandien	—	228	—	42	—	18,42	—

La proportion des espèces que chaque étage reçoit d'un niveau inférieur, au nombre total de ses fossiles, varie beaucoup, comme le montre le tableau précédent ; elle est comprise entre 6 et 47 °/₀ pour les étages bien définis, car le Virgulien peut, à la rigueur, être considéré comme un simple sous-étage du Kimméridien.

Le Rauracien compte 634 espèces, dont 265 appartiennent exclusivement aux formations coralligènes, et n'ont pu, en conséquence, lui venir de l'Oxfordien. Si on déduit ce dernier nombre du premier, le reste, 369, figure sa faune non coralligène, constituée en partie par les 83 espèces d'origine oxfordienne [1] qui représentent 22,49 °/₀ du chiffre total de ces derniers

(1) Voir à la fin de l'ouvrage : *Additions et rectifications*, à propos de la page 321. Le Rauracien reçoit 83 espèces de l'Oxfordien et 10 de niveaux plus inférieurs.

fossiles. L'Argovien contient 108 espèces, dont 34, soit 31,48 %, proviennent de l'Oxfordien ; son assise supérieure renferme 78 fossiles, dont 25, soit 32 %, ne se rencontrent chez nous qu'à un niveau plus élevé que l'Oxfordien.

Les espèces qui passent ainsi d'un étage dans un autre appartiennent aux diverses catégories de fossiles, principalement aux échinodermes, aux annélides, aux brachiopodes et surtout aux mollusques et à leurs trois groupes, même aux ammonites. Ces céphalopodes ne restent pas immuablement fixés dans une position stratigraphique déterminée, comme on a pu le croire, mais passent assez fréquemment, non seulement dans un même étage, d'une assise dans une autre, mais quelquefois aussi, d'un étage dans un autre.

Les quatre espèces de l'Hettangien, *Schlot. angulata*, *Moreana*, *Psiloc. tortilis* et *planorbis*, se rencontrent aussi dans le Sinémurien, et trois autres ammonites dans deux au moins des sous-étages de ce dernier. On a signalé *Microc. planicosta*, *Arietit. natrix* et *Lytoc. fimbriatum* dans le Sinémurien et dans le Charmouthien, puis *Pleurac. hircinus* et *Deroc. subarmatum* dans le Charmouthien et dans le Toarcien. Une espèce occupe deux niveaux dans le premier de ces étages et quatre autres espèces, deux niveaux aussi chacune, dans le second. Le Lias, enfin, envoie à l'Oolithe inférieure au moins une ammonite, *Ludwig. opalina*, si ce n'est deux [1].

Quatre de ces céphalopodes s'élèvent de l'Oolithe ferrugineuse dans le Calcaire à entroques, et un de cette assise dans le Calcaire à polypiers. Le Bathonien ne reçoit pas d'ammonites du Bajocien, mais il transmet *Peris. procerus* [2] au Cornbrash. Celui-ci et le Callovien ont en commun *Mac. macrocephalus* et *Peris. subbackeriæ*. Sept espèces sont communes aux deux couches du Callovien, douze, au moins, au Callovien et à l'Oxfordien inférieur [3] et quatorze aux deux subdivisions de l'Oxfordien. La

<hr>

1. Voir plus haut *Amm. insignis*.

(2) Voir cette espèce et *arbustigerus* dans la première partie.

3. Parmi celles-ci, les *Ammonites Baleanus*, *annularis*, *Arduennensis*, *bernensis*, *Goliathus*, *modiolaris*, *oculatus*, *subcostarius*, *punctatus*, *Lamberti*, *pustulatus*, *Brightii*, *curvicosta*.

zone à *Pholad. exaltata* envoie *Peris. Martelli* et *plicatilis* au Rauracien inférieur. *Peris. Achillei* se montre dans le Rauracien inférieur, dans l'Astartien inférieur et dans l'Astartien supérieur, et s'éteint dans le Ptérocérien inférieur. *Aspid. Lallierianum, Perisph. biplex* et *decipiens* se voient dans le Ptérocérien et dans ₁e Virgulien ; *Olcostephanus gigas* débute dans l'Astartien supérieur, traverse le Kimméridien puis le Portlandien inférieur, et s'arrête dans le Portlandien supérieur. Ce dernier étage marin du jurassique reçoit encore *Perisph. rotundus* du Ptérocérien.

NOMBRE DES GENRES, LEUR DISTRIBUTION STRATIGRAPHIQUE

Les 2,723 espèces de notre faune jurassique se répartissent entre 336 genres ; le Lias renferme 105 genres et l'Oolithe 299 : les deux systèmes en possèdent 72 qui leur sont communs, et qui ont été comptés dans chacun d'eux, mais une seule fois dans le nombre total de 336. Quelques-uns se rencontrent dans tous les étages, d'autres dans une partie d'entre eux seulement. A ce point de vue, les genres et groupes, anciens genres actuellement subdivisés (*Ammonites, Belemnites*), se distribuent ainsi. Se trouvent dans :

14 étages : *Ammonites, Pecten, Lima, Ostrea, Rhynchonella.*

13 étages : *Pleurotomaria, Pholadomya, Trigonia, Mytilus.*

12 étages : *Nautilus, Trochus, Cardium, Arca, Pinna, Gervillia, Avicula, Terebratula, Serpula.*

11 étages : *Cerithium, Natica, Pleuromya, Lucina, Nucula, Modiola, Waldheimia.*

10 étages : *Belemnites, Hinnites, Hyboclypus, Pentacrinus.*

9 étages : *Strophodus, Nerinea, Homomya, Goniomya, Plicatula, Echinobrissus, Pseudodiadema, Cidaris.*

8 étages : *Turbo, Isocardia, Cyprina, Astarte, Anomia.*

7 étages : *Pterocera, Anatina, Myoconcha, Ceromya, Inoceramus, Berenicea.*

6 étages : *Alaria, Unicardium, Diceras, Hemicidaris.*

5 étages : *Phasianella, Dentalium, Arcomya, Psammobia, Cardita, Cardinia, Leda, Trichites, Pygurus. Apiocrinus, Stellispongia.*

Le nombre des genres les plus répandus dans nos assises jurassiques est ainsi de 63, soit exactement 18,15 % de leur
nombre total (336). Ces genres sont encore parmi ceux qui fournissent le plus d'espèces à notre faune. Dans le Lias, ils lui en
donnent : *Belemnites* 23, *Ammonites* 87 [1], *Cerithium* 5, *Trochus* 5, *Turbo* 10, *Pleurotomaria* 12, *Pholadomya* 9, *Cardium* 5,
Astarte 6, *Cardinia* 14, *Trigonia* 6, *Leda* 10, *Nucula* 5, *Arca* 8,
Pinna 7, *Gervillia* 3, *Avicula* 6, *Pecten* 14, *Lima* 22, *Ostrea* 9,
Waldheimia 8, *Rhynchonella* 18, *Serpula* 8, *Pentacrinus* 11 ; et
dans l'Oolithe : *Belemnites* 26, *Ammonites* 184 [2], *Nautilus* 13,
Chenopus 15, *Alaria* 10, *Cerithium* 26, *Nerinea* 87, *Natica* 43,
Trochus 13, *Turbo* 19, *Pleurotomaria* 48, *Anatina* 17, *Ceromya*
14, *Pleuromya* 31, *Homomya* 9, *Pholadomya* 33, *Isocardia* 9,
Cyprina 15, *Cardium* 28, *Unicardium* 9, *Astarte* 36, *Trigonia* 52,
Nucula 14, *Arca* 42, *Pinna* 12, *Modiola* 17, *Mytilus* 26, *Gervil-
lia* 10, *Avicula* 13, *Pecten* 80, *Lima* 62, *Ostrea* 36, *Waldheimia* 18,
Terebratula 47, *Rhynchonella* 38, *Berenicea* 10, *Serpula* 44,
Echinobrissus 11, *Pseudodiadema* 15, *Hemicidaris* 15, *Cidaris* 35,
Pentacrinus 16, *Stellispongia* 11.

L'importance de ces genres qui représentent 1,625 espèces,
dont 311 pour le Lias et 1,314 pour l'Oolithe, soit 59,67 % du
nombre de nos espèces, et leur persistance pendant la totalité,
ou du moins pendant une notable partie de l'époque jurassique,
montrent que les conditions d'existence ne se sont pas beaucoup
modifiées, pendant toute la durée de cette période, au sein de la
mer où ils vivaient. Pour se rendre compte de ces conditions,
autant que cela est possible, il est nécessaire d'examiner la répartition stratigraphique de quelques-uns de nos groupes de
fossiles les plus importants.

Les Vertébrés ne peuvent guère fournir d'indications utiles à
ce sujet, leur mobilité ne permet pas d'attacher une significa-

---

1 Parmi les Ammonites, les genres *Ludwigia*, *Leioceras*, *Grammoceras*,
Harpoceras, *Schlotheimia*, *Arietites* et *Lytoceras*, fournissent le plus grand
nombre d'espèces.

2) Parmi les Ammonites du système oolithique, les genres les plus riches
en espèces sont : *Aspidoceras*, *Perisphinctes*, *Cosmoceras*, *Stephanoceras*,
Oppelia, *Harpoceras* et *Amaltheus*.

tion précise à la présence ou à l'absence de leurs débris dans un dépôt ; d'ailleurs, les traces qu'ils ont laissées dans nos assises sont, en dehors du Rhétien, peu nombreuses et très dispersées. Cette première zone jurassique renferme trente-trois espèces de poissons, et le genre *Strophodus*, qui s'y rencontre déjà, en fournit encore à huit autres étages.

Les Crustacés ne sont pas plus aptes à nous renseigner que les Vertébrés, et pour les mêmes motifs, sauf la mobilité ; ils sont assez nombreux dans l'Oxfordien supérieur, mais un seul de leurs genres, *Orhomalus* (que tous les paléontologistes ne reconnaissent pas) est représenté dans cinq étages.

Les mollusques sont les plus nombreux et les plus répandus de tous nos fossiles, et parmi eux, à ce point de vue, les pélécypodes tiennent le premier rang, et les céphalopodes ne viennent qu'ensuite ; cependant ces derniers méritent de fixer plus particulièrement l'attention, en raison de leur importance stratigraphique.

Les Bélemnites débutent dans le Sinémurien, et le nombre de leurs espèces atteint son plus grand développement dans le Toarcien et dans le Bajocien, puis décroît jusque dans l'Astartien supérieur, où s'éteignent chez nous les espèces jurassiques.

Les Ammonites que nous considérons, ici, comme un seul groupe, apparaissent dans l'Hettangien, où on en trouve quatre espèces, mais leur nombre s'accroît dans le Sinémurien entier, puis il diminue dans le Charmouthien et le Toarcien inférieur pour redevenir plus important dans le Toarcien moyen et s'atténuer ensuite légèrement dans le supérieur. Les espèces sont nombreuses dans le Bajocien inférieur, mais elles le deviennent moins dans les couches supérieures, jusqu'au Callovien. Cet étage et l'Oxfordien inférieur en renferment beaucoup plus que les niveaux précédents, mais le chiffre de leurs ammonites s'amoindrit dans la zone *Pholad. exaltata*, et se réduit à cinq pour le Glypticien, et à trois pour l'Astartien inférieur. Le Rauracien supérieur et l'Astartien moyen en semblent dépourvus [1].

---

(1) Il est probable que *Peris. Achilles*, qui se rencontre au-dessus et au-dessous de ces niveaux, doit s'y trouver aussi.

Le Ptérocérien et le Virgulien sont encore assez riches en espèces, mais le nombre en décroît dans le Portlandien inférieur, et se réduit à deux dans le supérieur.

Ainsi les ammonites se rencontrent dans tous les étages et sous-étages du terrain jurassique, sauf sur les deux horizons que nous venons d'indiquer. Elles sont surtout nombreuses à quatre époques (Sinémurien, Toarcien-Bajocien, Callovien-Oxfordien, Kimméridien), suivies par des périodes où elles le sont beaucoup moins (Charmouthien, Bathonien, Cornbrash, Rauracien-Astartien, Portlandien). Chacun de ces moments d'expansion, si l'on peut s'exprimer ainsi, du groupe des ammonites, coïncide avec l'apparition de genres assez riches en espèces ; dans l'Hettangien et le Sinémurien, se montrent *Microceras, Schlotheimia, Arietites, Psiloceras* ; dans le Toarcien et le Bajocien : *Cœloceras, Ludwigia, Leioceras, Grammoceras, Harpoceras* ; dans le Callovien et l'Oxfordien : *Aspidoceras, Peltoceras, Cosmoceras, Oppelia*. Le genre *Olcostephanus* est le seul qui se montre pour la première fois, chez nous, après l'Oxfordien ; il se trouve dans l'Astartien supérieur, puis dans le Portlandien. *Perisphinctes* se rencontre d'abord dans le Bathonien ; il est bien représenté dans le Callovien et l'Oxfordien, et dans les deux assises du Kimméridien ; *Lytoceras* se voit dans tous les étages du Lias et dans le Bajocien, *Phylloceras* dans le Charmouthien, le Toarcien et l'Oxfordien, et *Reineckia* dans le Sinémurien, le Callovien et le Virgulien.

Les autres Mollusques, les Gastropodes, les Pélécypodes, ainsi que les Brachiopodes, parmi les Molluscoïdes, forment, comme nombre, la partie la plus importante de notre faune, mais ils se différencient profondément les uns des autres, au point de vue de leurs conditions d'existence et d'habitat ; aussi ne peut-on les envisager dans leur ensemble, sous ce rapport. Nous avons déjà nommé leurs genres les plus répandus, indiqué le nombre de leurs espèces et les positions qu'elles occupent dans nos assises ; nous n'ajouterons rien ici à ce que nous avons dit à leur sujet, nous réservant d'y revenir plus loin, à propos de leur distribution bathymétrique.

Des huit genres d'Annélides que possède notre faune, les

Serpules forment le groupe le plus nombreux ; on en compte quarante-huit espèces, représentées dans tous les étages, sauf dans le Sinémurien et dans le Charmouthien. Le Bajocien inférieur, l'Oxfordien supérieur et le Rauracien inférieur, ce dernier surtout, sont les assises les mieux pourvues, les autres n'en renferment qu'un petit nombre chacune.

Le Glypticien est de beaucoup la zone la plus riche en Echinoïdes, l'Oxfordien à *Pholad. exaltata*, puis le Bajocien moyen, viennent ensuite, puis le Ptérocérien inférieur et l'Astartien inférieur ; les autres étages en possèdent moins.

Les Crinoïdes sont très abondants, comme individus mais non comme espèces, dans le Calcaire à entroques qui est entièrement constitué par les débris de deux pentacrines, les deux autres sous-étages du Bajocien présentent aussi des bancs formés de la même roche. Le Rauracien inférieur est le plus riche en genres et en espèces, l'Oxfordien supérieur, le Callovien inférieur et l'Astartien inférieur le sont un peu moins, les autres formations le sont moins encore ; le Bathonien et le Portlandien en manquent complètement. Le Lias renferme des *Pentacrinus* à tous ses niveaux.

Les Coralliaires apparaissent en très petit nombre dans l'Hettangien et le Sinémurien, un *Thecocyathus* se montre aussi dans le Toarcien, mais ils ne prennent de l'importance que dans l'Oolithe. On en rencontre quelques-uns dans le Bajocien inférieur, un peu plus dans le moyen, et davantage dans le supérieur qui constitue déjà un véritable coralligène. Le Bathonien et le Cornbrash sont apparemment assez pauvres en polypiers, mais, en réalité, ils sont beaucoup plus riches qu'ils ne le paraissent. Le Callovien et l'Oxfordien en sont absolument dépourvus ou ne comptent que des espèces insignifiantes, mais le Rauracien en contient cent quatre-vingt-cinq : c'est le coralligène le plus important de la région, à tous les points de vue. Au-dessus de lui, l'Astartien possède quelques coralliaires dans son niveau inférieur, et surtout dans son niveau supérieur ; le Ptérocérien supérieur et les deux assises virguliennes en contiennent encore davantage, et le Portlandien inférieur beaucoup plus encore.

Les Spongiaires débutent réellement dans le Bajocien, car on n'en connaît qu'un seul dans le Lias, et se montrent dans ses trois sous-étages, principalement dans le Calcaire à Polypiers ; quelques-uns se voient dans le Cornbrash, mais ils se rencontrent en grand nombre dans le Rauracien inférieur. Au-dessus de cette assise, on en trouve encore un dans chacun des trois étages qui lui sont immédiatement supérieurs, et deux dans le Portlandien.

Le tableau suivant complétera les indications que nous venons de donner sur les genres.

TABLEAU DES GENRES

Les colonnes de ce tableau représentent les étages jurassiques, désignés par les mêmes lettres que précédemment ; dans chacune d'elles le nombre des espèces, propres à l'étage qu'elle indique, est inscrit vis-à-vis du nom du genre auquel elles appartiennent.

	I-L	S	L	T	Bj	Bt	C	K	O	R	A	Pt	V	Po
VERTÉBRÉS.														
REPTILES.														
Machimosaurus												1		
Megalosaurus	2													
Teleosaurus														4
Eurysaurus ?					1									
Emys														1
Plesiosaurus					1									
Simosaurus	1													
Ichthyosaurus	1				1			1					1	
AMPHIBIENS.														
Trematosaurus	1													
POISSONS.														
Saurichthys	3													
Pycnodus	1						1			1	1	1	2	2
Gyrodus														1
Sphaerodus												1		1

Sargodon	3														
Lepidotus	1														
Colobodus	1														
Tetragonolepis	1														
Amblyurus	1														
Dapedius	1														
Semionotus	1														
Gyrolepis	3														
Pygopterus	1														
Acrolepis	1														
Nemacanthus	1														
Spinax	2														
Odontaspis					1								1		
Sphenodus								1							
Strophodus	4			1	1				1	1		2	1		2
Acrodus	5								1						
Fasciodus	4														
Hybodus	5														
Notidanus					1								1		
CRUSTACÉS.															
Prosopon					1										
Eryma						1				4		1			
Glyphæa					1					5	1				
Palinurus				1											
Orhomalhus										1	2	1		2	2
Eryon										1					
Gammarus															1

MOLLUSQUES.

CÉPHALOPODES.

	I-L	S	L	T	Bj	Bt	C	K	O	R	A	Pt	V	Po
Belemnites		3	10	14	14	1	1	7	6	3	2			
Aspidoceras								1	4			1	3	
Peltoceras								3	5					
Perisphinctes						1	1	6	10	2	2	8	5	2
Cosmoceras						1		5	1					
Parckinsonia						3								
Reineckia		1						3				3		
Olcostephanus											1	1	2	
Oecoptychius								2		1				
Macrocephalites							1	3		1				
Sphæroceras						1		1						
Stephanoceras						2		3	3					1
Cœloceras				7	6									
Haploceras									1					
Creniceras									1					
Oekotranstes						1			1					
Oppelia								3	13					
Hammatoceras				2	1									
Sonninia					11									
Witchellia					6									
Pœcilomorphus					1									
Ludwigia				5	4									
Leioceras				6	2									

Hyperlioceras.					2									
Grammoceras .			1	6	4									
Ochetoceras.													?	
Hecticoceras								3	5					?
Hildoceras .				3										
Harpoceras .				5	3			4	5				2	
Cycloceras .			1	4										
Liparoceras.			2											
Deroceras .		4	2											
Microderoceras.		1												
Microceras .		2	2											
Schlotheimia	2	3												
Cymbites.		1												
Ophioceras .		4												
Agassiziceras		4												
Arietites .		12	1											
Psiloceras .	2	2		1										
Quenstedticeras								1	2					
Cardioceras.								1	2					
Amalteus.				3				3	3					
Oxynoticeras		1			1		1							
Pleuracanthites			1	1										
Lytoceras			1	1	4	1								
Phylloceras .			1	3					4					
Ammonites ?				2							1	2		
Aptychus.								2	2				4	
Nautilus .		3	2	3	5		1	4	3	1	2	3	3	1

Gastropodes.	I-L	S	L	T	Bj	Bt	C	K	O	R	A	Pt	V	Po
Akera													1	
Bulla												3	1	1
Hydatina											1		1	
Actæon										1				
Actæonina			1		3						6			
Cylindrites						2								
Bullina													1	
Purpuroïdea										2			1	
Chilodonta										1				
Pterocera								1	1	1	2	3	2	3
Chenopus											7	11	8	3
Aporrhais													1	
Alaria				1	4	1	1	3	4					
Cerithium	3		1	4	4			1	7	5	7	1	1	3
Nerinea			1		2	4	3		2	44	28	12	12	48
Pseudonerinea										1				
Melania											2	1	1	
Bourguetia		1	1		2		1			1	1			
Chemnitzia		1			3	1			1	8	6	4	6	2
Rissoa											3			
Littorina	2			1										
Natica	2			1	2	4		1	1	10	17	12	12	6
Purpurina				2	2						1			
Xenophora				1	1									

Turritella	2				3								4
Scalaria											1		1
Straparollus				1									
Pileolus										1			
Neritopsis					1					1	1		2
Nerita										3		2	
Umbonium			1										
Trochus	9	1	1	3	3			2	2	4	5	2	1
Delphinula										1			
Ataphrus					3								
Amberleya					2								
Turbo	7		1	1	1	4		2	2	7			
Phasianella	1								1		1	3	1
Ditremaria							1			1	3		2
Trochotoma	1				1								
Pleurotomaria	5	7	4	4	24	4	4	9	6	4	4	4	4
Emarginula											1		
Patella											2		2
Dentalium			1		1					2	1		1
PÉLÉCYPODES.													
Teredo										1		1	
Pholas											1		
Gastrochæna					1					1	1		1
Neæra													1
Corbula											6		6
Mya ?											1		1
Mactra										3	4	2	2
Lyonsia			2										

	I-L	S	L	T	Bj	Bt	C	K	O	R	A	Pt	V	Po
Thracia		1							1	1		2	2	1
Anatina		1							3	1	7	4	10	3
Myacites ?		1												
Ceromya					2	2	4				1	2	6	2
Gresslya					6	4	3	1			?			
Pleuromya		4			10	5	2	2	4	6	5	5	6	2
Mactromya ?		1												
Plectomya													1	4
Homomya		1			4	3	2			1	2	3	3	1
Goniomya		1			2			1	3	3	1	3	3	3
Pholadomya	2	6	2		9	5	7	6	10	7	9	11	10	2
Panopea ?	2	1												
Arcomya ?		1			1						1	2	2	2
Quenstedtia					3	1	1							
Psammobia							1			1	1		3	1
Asaphis											1		1	
Tellina														1
Cytherea	1				1						1			1
Venus		1	1											
Venerupis										1	1			
Cypricardia					5	1	1							
Isocardia					3	1	1		2	1	2	2	2	1
Anisocardia					3	2		1						2
Cyprina			2						2	2	1	4	3	6
Cyrena														2

Protocardia					4									2
Cardium	2	3	1		4	1		1	2	5	11	10	8	6
Tancredia					2								1	
Unicardium		1	2		4		1	1	2					
Corbis					1					7	3	4		2
Corbicella					2									3
Lucina		2	1		4	1	1		2	3	11	7	4	3
Lucinopsis						1								
Diceras									1	4	2	1	1	1
Opis					2				3	6	4			
Praeconia					2		1					1		
Astarte	3			3					4	5	9	7	9	1
Cardita	1									4	4	3	2	
Pleurophorus										1				
Cardinia	9	8	1		4	1								
Trigonia	3		4	2	13	2	4	3	9	5	11	10	14	7
Myophoria	2													
Leda	2	3	4	5					5					
Nucula		4	2	3	4	1	1	4	3	9		1	4	1
Pectunculus			1											
Macrodon					2	2		1						
Cucullaea								1	1					
Isoarca								1		3				
Arca	3	2	4	5	6	1		1	8	7	6	11	3	
Pinna	4	2	1	1	2	1			1	2	4	3	4	3
Trichites					1	1						1	1	1
Myoconcha		1	1		3			1	1	2	1			
Lithophagus										2	7	2		3
Modiola	4	2			7	4	1	1	1	3	4	2	2	1

	I·L	S	L	T	Bj	Bt	C	K	O	R	A	Pt	V	Po
Mytilus	2	4			5	4	3	4	1	7	6	3	5	7
Perna					2	1			2	2	2	1	1	2
Inoceramus				3	2	1	1	2				1	1	
Gervillia	1	1		1	7		3	1	2	1	4	3	3	1
Monotis		1												
Posidonomya				2				1					1	
Pteroperna					1		1							
Pseudomonotis						1	1							
Avicula	3	2		1	3	1	3	3	2		3	2	5	2
Pecten	2	9	5	5	17	13	19	5	14	24	12	11	12	5
Hinnites					3	1	1	2	2	3	2	1	4	1
Lima	8	14	5	5	14	11	10	9	10	18	10	10	11	6
Carpentaria										3				
Spondylus										3	1			
Plicatula	3		1	1	1		2	3	3		1			1
Atreta								1		1				
Placunopsis					2			2		1				
Anomia	3		1	1	1					2	2		1	3
Ostrea	4	6	2		12	9	9	9	11	19	15	8	11	3

MOLLUSCOIDES.

BRACHIOPODES.

	I·L	S	L	T	Bj	Bt	C	K	O	R	A	Pt	V	Po
Megerlea								1		1				
Terebratella									1	1				
Aulacothyris								1	1					

Zeilleria					1	1	3	4	2	1	2			
Eudesia						1	4							
Waldheimia		5	4	1		1		1						1
Diethyothyris							2	2	1	2				
Terebratula	1	2			8	6	6	7	8	9	7	2	2	1
Thecidea								1		1				1
Acanthothyris					4	1	1	1	2					
Rhynchonella	1	7	8	5	9	6	12	8	3	3	2	1	1	1
Retzia									1					
Spiriferina	6	2												
Retzia									4					
Crania										4	1			
Orbicula											1			
Lingula	1				1								1	
BRYOZOAIRES.														
Spinipora									1					
Heteropora					1	3				1			1	1
Ceriopora					1									
Lichenopora								2		2				
Reticulipora							1							
Berenicea					3	2	4	2		2			2	1
Proboscina								1		1				
Stomatopora						1	1	1		1				1
Diastopora					4		2							
Pustulipora					1									
Entalophora					1									
Spiropora														1
Idmonea				1										

	I-L	S	L	T	Bj	Bt	C	K	O	R	A	Pt	V	Po
Defrancia					1									
Petricella														1
ANNÉLIDES.														
Spirorbis									3	1				
Serpula	4			4	13	5	10	8	12	22	2	1	2	1
Galeolaria							1				1			
Chetopterus					1									
Haguenovia								1	1		1			
Haimeina	2													
Talpina								2			1			
Dendrina								1			3			
Cobalia										1				1
ECHINODERMES.														
ECHINOÏDES.														
Dysaster					1	2		3		1				
Collyrites								2	3	1				
Pygurus										3	1	2	2	2
Clypeus					4	3	1				1			
Echinobrissus					1	2	3				2	1	2	1
Pseudodesorella										1				
Galeropygus					2									
Hyboclypus				1	3					1				
Pygaster					2					1				

Holectypus					1	1	1	2	2	1	1	1	1	1
Stomechinus					1		1		1	4			1	
Psammechinus														1
Pedina										1				
Glypticus										1	2	1		
Magnosia										1				
Hemipedina					1									
Diademopsis	2													
Diplopodia										1				1
Pseudodiadema					2	3		3		6	4	3	2	1
Acrocidaris										1	2			
Hemicidaris							1			4	3	5	3	2
Hypodiadema										1	4		1	
Pseudocidaris										2		3		
Heterocidaris							1							
Pseudosalenia												1		1
Acrosalenia								1		1		3		1
Diplocidaris										1	2			
Rhabdocidaris					2			2	3	9		1		
Cidaris		2	1		7	3	3		8	17	4		1	1
ASTEROÏDES.														
Asterias										1				
Stellaster										1				
Crenaster								1						
Ophiurus					1									
CRINOÏDES.														
Antedon										1			2	
Tetracrinus										1				

	I-L	S	L	T	Bj	Bt	C	K	O	R	A	Pt	V	Po
Eugeniacrinus										1				
Pentacrinus	1	3	7	4	2		2	3	7	3	4			
Cainocrinus						1								
Cyclocrinus								1						
Millericrinus								6	13	17	1			
Apiocrinus						2	2		1	2	2			
ZOOPHYTES.														
HYDROMÉDUSAIRES														
Achilleum					1									
Amorphospongia										1				
Thalaminia										1				
CORALLIAIRES.														
Thecocyathus				1										
Enallohelia										3			1	1
Prohelia										1				
Psammohelia										1				
Dendrohelia										1			1	
Stylohelia										1				
Stylophora										1				
Convexastræa										4	1	1		1
Stephanocœnia										1				
Astrocœnia										1	1		1	1
Holocœnia														3

	1	2	3	4	5	6	7	8	9	10	11	12	13	14
Diplocœnia										2				
Psammocœnia										1				
Pleurostylina										1				
Cyathophora										5			1	
Cryptocœnia										4				
Placocœnia										1				
Lobocœnia										1				
Heliocœnia													1	
Stylina										24		4	2	8
Placophyllia										1				
Donacosmilia										1				
Isocora											1			
Stylosmilia										1		1	1	
Phytogyra										2			1	
Rhipidogyra										4			1	
Dendrogyra										2		1	1	
Stenogyra										3				
Aplosmilia										8				
Cymosmilia										1				
Blastosmilia											1			1
Trismilia														1
Pleurosmilia										2		1	1	9
Epismilia										1				
Peplosmilia														1
Trochosmilia										1				
Placosmilia										1				
Goniocora										3				1
Latimæandra					4					11		3		5
Isastræa					8	1	1			5				4

	I-L	S	L	T	Bj	Bt	C	K	O	R	A	Pt	V	Po
Confusastræa					1					3				
Synastræa					1					4				
Centrastræa										2				
Heliastræa										3				
Septastræa														1
Favia												1	2	
Mæandrina										2				
Hymenophyllia										1				
Baryphyllia										1				
Cladophyllia					1	1					1	2		
Thecosmilia					4					8			4	
Rhabdophyllia										3		1	2	2
Calamophyllia										2	1		1	1
Lithodendron										1				
Eunomia										1				
Montlivaultia		3	1		5					21		1		
Agaricia					1					3				
Siderastræa													1	
Oroseris					1									
Trochoseris										1				
Comoseris										2	1			
Protoseris										1				
Thamnastræa					9					25	2	3		5
Dimorpharæa										1				
Microsolena								1		3				1

Anabacia.							1						
Thamnaræa.				1									
Microsmilia.									2				
? Anthophyllum		1											
? Astræa.		1											
SPONGIAIRES.													
Blastinia.									1				
Tremospongia.									2				
? Mamillipora.									1				
Sparsispongia.							1						
? Conispongia.									1				
Stellispongia.				2	2				7		1		1
Lymnorea.					1								
Hippalimus.									1				
Siphonocœlia.									1				
Discœlia.							1		1				
Pareudea.									12			1	4
Eudea.					2	1	4		2				
Cnemidium.									1				
Cupulispongia.							1						
Cliona.										1			

LA FLORE JURASSIQUE

Les renseignements que nous possédons sur la flore jurassique de notre région sont de trois ordres : les uns ont trait aux empreintes végétales vagues et aux débris mal définis, rencontrés dans l'Hettangien, le Sinémurien et le Charmouthien, et n'ont pas d'importance ; d'autres se rapportent à de véritables plantes marines, algues floridées et fucacées et *fucoïdes* (?) observées dans le Sinémurien, le Toarcien, le Bajocien, l'Oxfordien, le Rauracien, l'Astartien et le Ptérocérien, et n'ont aucune signification bien précise. Les autres enfin concernent des végétaux terrestres, bois, tiges et feuilles de Fougères, fruits de Pandanés et autres, recueillis dans le Sinémurien, le Toarcien, le Bajocien, l'Oxfordien (1), l'Astartien, le Ptérocérien et le Virgulien, qui dénotent certainement l'existence d'une terre voisine de notre région, émergée pendant toute la durée de l'époque jurassique.

CONDITIONS BATHYMÉTRIQUES DE LA MER JURASSIQUE SUR LA RÉGION

Les diverses assises du système oolithique, dans la Franche-Comté septentrionale, renferment presque toutes de nombreux polypiers ; seuls, en effet, le Callovien et l'Oxfordien, en entier, le Cornbrash inférieur et le Portlandien supérieur en sont dépourvus, ou à peu près. Ces polypiers forment de véritables coralligènes, sur lesquels nous n'insisterons pas ici, les ayant déjà étudiés en détail (2), formations analogues aux récifs coralliens des océans actuels qui attestent le peu de profondeur de la mer, à l'époque où ils existaient, et sur les lieux où on les trouve aujourd'hui.

Les genres, assez nombreux dans notre faune, qui se sont perpétués jusqu'à nos jours, fréquentaient, aux temps juras-

---

(1) Nous avons recueilli à Quenoche, dans l'Oxfordien inférieur, un fossile allongé fuselé, à section triangulaire, qui ne peut être que le fruit d'une plante terrestre.

(2) *Système oolithique*, p. 304 et suiv.

siques, des eaux peu profondes, à en juger par leurs habitudes
actuelles. Tel sont les : *Pecten, Ostrea, Anomia, Modiola, Myti-
bus, Arca, Cardium, Lucina, Natica, Cerithium, Pterocera,
Trochus, Phasianella*, que l'on rencontre entre le rivage et les
fonds de 27 à 28 mètres; puis *Avicula, Pinna, Nucula, Isocardia,
Cardita, Astarte, Cyprina, Terebratula, Waldheimia*, qui se
tiennent à une profondeur un peu plus grande, mais faible encore. Tous ces genres sont parmi les plus répandus dans nos
étages, et parmi ceux qui leur fournissent le plus grand nombre
d'espèces. On peut encore citer : *Mactra, Bulla, Akera, Rissoa,
Xenophora, Littorina, Patella, Leda, Cytherea, Chenopus, Tellina, Corbula* et *Neæra*, qui vivent encore dans les mêmes
conditions, mais sont moins fréquents chez nous que les précédents.

A côté de ces genres, il en est d'autres, moins nombreux sans
doute, mais aussi riches en espèces, et aussi répandus dans nos
assises, qui sont considérés comme habitant constamment les
grands fonds. De ce nombre sont : *Ammonites, Nautilus, Pleurotomaria, Pholadomya*, pour citer seulement ceux-là, en raison
de leur importance. On considérait autrefois les ammonites
comme des êtres pélagiques, dont les coquilles avaient été
poussées par les vents vers le rivage, après la mort de l'animal
qu'elles renfermaient. Plusieurs géologues pensent aujourd'hui
qu'elles rampaient sur les fonds vaseux, dans les grandes pro-
fondeurs ; leur abondance dans le Lias, le Callovien et l'Oxfordien justifie bien cette hypothèse, en ce qui touche à la nature
du fond, et on l'admet généralement, mais on est moins d'accord
au sujet de la profondeur. M. Kilian a fait voir dès 1896 que si
certains genres, tels que *Lytoceras* et *Phylloceras*, se tenaient
dans les grands fonds, d'autres, en grand nombre, habitaient
pius près de la surface [1], et M. Douvillé a montré que le flottage
des coquilles avait dû nécessairement se produire, quel qu'ait
été, d'ailleurs, l'habitat de ces mollusques [2]. Les Pholadomyes
vivent aussi dans la vase, et, dit-on, dans la zone abyssale et les

[1] *Bull. Soc. géol.*, 3ᵉ série, t. XXIII, p. 773 et suiv., et 4ᵉ série, t. III, p. 668.
[2] *Bull. Soc. géol.*, 4ᵉ série, t. III, p. 654.

Pleurotomaires se pêchent entre 145 et 320 mètres. Quant aux nautiles, on peut leur appliquer entièrement ce qui vient d'être dit pour les ammonites.

En présence de ces derniers faits, qui sont quelque peu en contradiction avec ceux qui ont été exposés plus haut, on est en droit de se demander si les conditions de la nature du fond et de la profondeur ne seraient pas distinctes, et si les premières ne primeraient pas les secondes. Il est, en effet, bien évident, d'après les indications que nous avons données précédemment [1], que, pendant la période jurassique, une mer peu profonde recouvrait notre région, et baignait une terre émergée, située quelque part sur l'emplacement des Vosges.

(1) Voir plus haut, p. 388, et *Système oolithique*, p. 403 et suiv.

SUPPLÉMENT

Ammonites Taylori (*Deroceras*) Sowerby *Min. Conch.* —
L : Cubry-lez-Faverney, Petitclerc 96.

Ammonites Baylei, voir p. 59, en outre : O 1 : Tarcenay,
Épeugney, Trepot, Eternoz, Villers-sous-Montrond, Petitclerc
1904.

Au moment où s'achevait l'impression de cet ouvrage, M. V.
Maire a fait paraître une notice sur le Rauracien inférieur du Prélot (1), dans laquelle il cite, sans désignation de noms d'auteurs,
un assez grand nombre de fossiles, dont 15 espèces n'avaient
pas encore été signalées, à ce niveau, dans notre région. Parmi
celles-ci, 4 espèces (*Plicatula subarmata Ostrea Moreana*, *O.
nana*, *Millericrinus Goupilanus*) n'avaient été recueillies jusqu'ici
que dans des assises inférieures au Rauracien et 2 autres (*Pecten virdunensis*, *Terebratula Zieteni*) ne l'avaient été que dans
des couches plus élevées que lui ; quant aux 8 autres, elles n'a-
vaient jamais été indiquées chez nous (2) ; ce sont :

> *Astarte Colleauana* d'Orbigny 1850.
> *Prorochia Choffati* de Loriol 1894.
> *Opis censoriensis?*
> *Arca Liesbergensis* de Loriol 1894.
> *Pecten subarmatus* d'Orbigny 1850.

---

1. Coupe nouvelle du Rauracien inférieur prise au Prélot, dans la tranchée
de la route de Champlitte à Talmay *Bulletin de la Société grayloise d'émulation*, 1904.

2 Toutefois, comme les noms des auteurs de ces espèces n'ont pas été indiqués, il peut rester quelque doute au moins pour certaines d'entre elles.

Rhynchonella pectunculus Schlotheim *Petrefact.*
  — *triloboides* Quenstedt 1851.
Diplopodia aroviensis Etallon *Lethea.*
Apiocrinus Munsterianus?

Par suite de ces additions, notre Rauracien compte non plus 634, mais 649 fossiles, et il en reçoit non plus 93, mais 97 de l'Oxfordien, c'est-à-dire 14,94 % de sa faune totale.

On peut ajouter encore à nos listes de fossiles :

Pseudosalenia tuberculosa Agassiz *Cat. syst.* — V (probablement V 1) : Gray (Perron) Cotteau 1860.

Pseudodiadema portlandicum Cotteau *Rev. de zool.* 1841. — Po (Po 1 probablement) : Fresne-Saint-Mamès (Perron) Cotteau.

ADDITIONS ET CORRECTIONS

Page 23, ligne 19 : Le genre *Purpurina* a été mis ici par erreur, il doit être placé à la suite du genre *Natica.*

Page 25, ligne 17, lisez : *Straparollus*, au lieu de *Straparodus.*

Page 30, ligne 13 : le genre *Cardita* a été mis ici par erreur, il doit être placé à la suite du genre *Astarte.*

Page 52, ligne 20, lisez : *Acrodus*, au lieu d'*Acrodon.*

Page 65, ligne 1, après *Irius*, lisez : *Stephanoceras*, au lieu de *Macrocephalites.*

Page 120, ligne 4, lisez : *pseudo-axinus.* au lieu de *pseudo-uxinus.*

Page 205, ligne 16, *Isastræa serialis.* — Bj 3, Salins, est une indication douteuse.

Page 206, ligne 22, lisez : *Baryphyllia*, au lieu de *Baryphillia.*

Page 268, ligne 21, lisez : *Entalophora*, au lieu de *Eutalophora.*

Page 291, ligne 22, lisez : *Bulla*, au lieu de *Bulba.*

Page 303, ligne 18, lisez : *Desahesi*, au lieu de *Deshaeri.*

Page 304, ligne 20, lisez : *Talpina*, au lieu de *Tulpina.*

Page 308, ligne 16, lisez : *Hoferi*, au lieu de *Hoffii.*

Page 321, lignes 14 à 30 : Le nombre des fossiles que le Rauracien reçoit de l'Oxfordien est plus considérable qu'il n'est indiqué page 321, et monte à 83 espèces : 3 céphalopodes, 3 gastropodes, 41 pélécypodes (11 siphonés, 30 non siphonés), 3 brachiopodes, 8 annélides, 9 échinoïdes et 16 crinoïdes; le Rauracien reçoit, en outre, 10 espèces provenant d'assises plus anciennes que l'Oxfordien. La faune du Rauracien comprend 634 espèces, et non 624 comme il a été dit, et le nombre de ses fossiles non coralligènes est de 369 et non de 359.

Page 324, ligne 9, et page 339, ligne 24, lisez : *Psammobia*, au lieu de *Psammolia.*

Page 347, ligne 11, lisez : *Gervillioïdes*, au lieu de *Gervilloïdes.*

Page 372, ligne 8, lisez : *Plesiosaurus*, au lieu de *Pleriosaurus.*

BIBLIOGRAPHIE [1]

AGASSIZ. Description des Échinodermes fossiles de la Suisse.
— Études critiques sur les Mollusques fossiles.
BLEICHER. Compte rendu des excursions des 2 et 4 septembre (de la Société géologique de France à Belfort), et Observations à la note complémentaire de M. Rollier. — B. S. G., 3e s., t. XXV, 1897.
CAREY (Dr) et LAURENT (A.). Observations nouvelles sur le Bathonien inférieur des Prés-de-Vaux. — Soc. Hist. nat. du Doubs, 1903.
COLLOT. Observations sur les terrains secondaires des alentours de Belfort. — B. S. G., 3e s., t. XXV, 1897.
COSSMANN. Contribution à la paléontologie française : Nérinées. — Mém. Soc. géol. de France, t. VIII, 1898.
DEPRAT. Études micrographiques sur le Jura septentrional. — Soc. Hist. nat. du Doubs, 1900.
— Esquisse stratigraphique des environs de Besançon. — Soc. Hist. nat du Doubs, 1902
DESOR. Synopsis des Echinides fossiles, 1855-1858.
GIRARDOT (Louis-Abel). Matériaux pour la géologie du Jura. Jurassique inférieur lédonien. Coupe des étages inférieurs du système jurassique dans les environs de Lons-le-Saunier, 1890-1896.
GIRARDOT (Dr Albert). Études géologiques sur la Franche-Comté septentrionale. Le système oolithique. — Paris, 1896.
— Matériaux pour la Paléontostatique de la Franche Comté septentrionale. Les Mollusques du système oolithique. — Mém. Soc. d'émulation du Doubs, séance du 14 mai 1898. Besançon, 1900.
HENRY (J.). L'Infralias dans la Franche-Comté. — Mém. Soc. d'émulation du Doubs, 1876.

____

(1) Cette liste des principales publications, renfermant des indications sur la faune jurassique de la Franche-Comté septentrionale, complète celle que nous avons déjà publiée en 1895 (Système oolithique, p. 407), mais ne la reproduit pas à nouveau.

Koby. Monographie des Polypiers jurassiques de la Suisse. — Mém. Soc. paléont. suisse, 1880-1889.

Laurent (Armand). Compte rendu des excursions géologiques faites par les étudiants des Facultés de province, sous la direction de M. le professeur Fournier. — Soc. Hist. nat. du Doubs, 1903.

Loriol (P. de). Monographie des Crinoïdes fossiles de la Suisse. — Mém. Soc. paléont. suisse, 1877-1879.

— Étude sur les Mollusques et Brachiopodes de l'Oxfordien (zone à *A. Renggeri*) du Jura bernois. — Mém. Soc. paléont. suisse, 1898-1899.

Maire (V.). Sur la présence de l'*Ammonites orthocera* dans le Kimméridien graylois. — Bull. Soc. grayloise d'émulation, 1899.

— Rectification à la carte géologique (feuille de Gray). — Bull. Soc. grayloise d'émulation, 1900.

Meyer (Lucien). Note sur l'Infralias des environs de Belfort. — Bull. Soc. belfortaine d'émulation, 1893.

Nicklès (René). Note sur quelques Ammonites du Bajocien des environs de Belfort. — B. S. G., 3e s., t. XXV, 1897.

Parisot (L.). Description géologique et minéralogique du territoire de Belfort. — Bull. Soc. belfortaine d'émulation, 1877.

Petitclerc (Paul). Gisement de Creveney (Haute-Saône). Calcaires et Marnes du Lias supérieur. — Bull. Soc. d'agricult., sciences et arts de la Haute-Saône, 1885.

— Note sur le Lias inférieur. — Bull. Soc. d'agricult., sciences et arts de la Haute-Saône, 1887.

— Note sur la présence de l'*Ammonites* (*Deroceras*) *Taylori* Sow. dans le Lias moyen à Cubry-lez-Faverney (Haute-Saône). — Bull. Soc. d'études des sciences naturelles de la Haute-Saône, 1896.

— Contribution à l'étude du Bajocien dans le nord de la Franche-Comté. Vesoul, 1900.

— Faunule de Vésulien (Bathonien inférieur) de la côte d'Andelarre. — Feuille des jeunes naturalistes, 1er avril 1902.

— Note sur l'*Ammonites* (*Oppelia*) *Baylei*, Coquand, de l'Oxfordien inférieur des environs de Besançon (Doubs). — Feuille des jeunes naturalistes, 1er mai 1904.

Tornquist (Dr). Ueber Macrocephaliten in terrain à Chailles. — Mém. Soc. paléont. suisse, 1894.

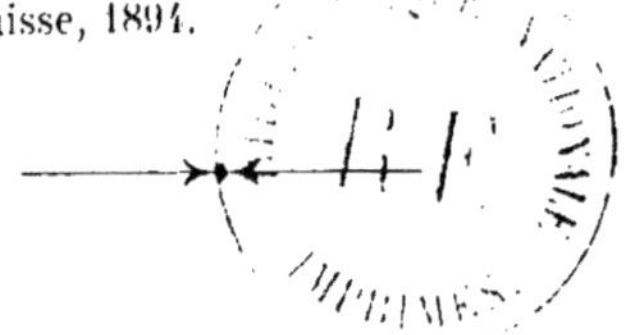

TABLE DES MATIÈRES

	Pages
Préface.	V
Introduction	1
Divisions stratigraphiques	3
Indications bibliographiques et abréviations	7
PREMIÈRE PARTIE : Liste paléontostatique	9
Système liasique	9
Vertébrés	9
Crustacés	12
Mollusques	13
Molluscoïdes	41
Annélides	45
Echinodermes	46
Zoophytes	48
Végétaux	49
Système oolithique	50
Vertébrés	50
Crustacés	53
Mollusques	56
Molluscoïdes	161
Annélides	175
Echinodermes	179
Zoophytes	195
Végétaux	218
Table des embranchements et genres	219
DEUXIÈME PARTIE : Faune des étages jurassiques	225
Division de la région en sections	226
Premier tableau : système liasique	228
Deuxième tableau : Bajocien, Bathonien, Cornbrash	249
Troisième tableau : Callovien, Oxfordien, Rauracien	277
Faune de l'Argovien	323
Quatrième tableau : Astartien, Ptérocérien, Virgulien, Portlandien.	327
TROISIÈME PARTIE : Considérations diverses sur la faune et la flore jurassiques de la Franche-Comté septentrionale.	361

Pages

Distribution des espèces dans la région 361
Nombre des espèces. Espèces passant d'un étage dans un autre. . 363
Nombre des genres. Leur distribution stratigraphique 366
Tableau des genres. 372
La flore jurassique 388
Conditions bathymétriques de la mer jurassique sur la région . . 388

SUPPLÉMENT 391
ADDITIONS ET CORRECTIONS. 393
BIBLIOGRAPHIE. 395
TABLE DES MATIÈRES 397

BESANÇON. — IMPRIMERIE JACQUIN.

PRINCIPALES PUBLICATIONS DU MÊME AUTEUR

Note sur les bracelets en bois d'if du musée de Besançon. — *Mém. Soc. d'émulation du Doubs* **1881**

Rapport sur la fouille d'une grotte de la citadelle de Besançon. — *Mém. Soc. d'émulation du Doubs* **1881**

Le terrain à chailles dans le Doubs et la Haute-Saône. — *Bull. de la section du Jura du C. A. F.* **1882**

La Société d'émulation du Doubs en 1882. — *Mém. Soc. d'émulation du Doubs.* **1882**

L'étage corallien dans la partie septentrionale de la Franche-Comté. — *Mém. Soc. d'émulation du Doubs* **1882**

Revue de géologie jurassienne. — *Bull. de la section du Jura du C. A. F.* . . **1883**

Station de la Pierre polie de la grotte de Courchapon. — *Mém. de la Soc. d'émulation du Doubs* **1883**

Le Gault de Rozet (en collaboration avec M. Petitclerc) — *Mém. Soc. d'émulation du Doubs* **1884**

La glacière de Chaux-lez-Passavant (en collaboration avec M. le capitaine L. Trouillet). — *Mém. Soc. d'émulation du Doubs* **1885**

Compte rendu de l'excursion de la Société géologique de France aux environs de Besançon, le 2 août 1885 — *Bull. Soc. géol.*, 3ᵉ série **1885**

Les derniers travaux du capitaine L. Trouillet à la glacière de Chaux-lez-Passavant — *Mém. Soc. d'émulation du Doubs* **1886**

Note sur les travaux de géologie publiés par les sociétés savantes de Franche-Comté avant 1886. — *Annuaire géologique universel* **1886**

Note sur les coralligènes jurassiques supérieurs au Rauracien dans le Jura du Doubs — *Bull. Soc. géol.*, 3ᵉ série **1887**

Notice sur Charles Lory. — *Mém. Soc. d'émulation du Doubs* **1889**

Les premières études géologiques en Franche-Comté. — *Académie des sciences, belles-lettres et arts de Besançon* **1890**

Étude sur le Quaternaire dans le Jura bisontin en collaboration avec M. Georges Boyer. — *Mém. Soc. d'émulation du Doubs* **1891**

Note sur l'Oolithe inférieure de la Franche-Comté septentrionale. Besançon. . **1891**

Notice sur les travaux géologiques de M. Georges Boyer. — *Mém. Soc. d'émulation du Doubs* **1892**

Le préhistorique en Franche-Comté — *Besançon et Franche-Comté* . . . **1893**

Formations coralligènes jurassiques du Doubs et de la Haute-Saône. — *Ass. franç. pour l'avancement des sciences. Congrès de Besançon* **1893**

Les relations de la géologie avec la médecine dans le Jura franc-comtois. — *Académie des sciences, belles-lettres et arts de Besançon.* **1894**

L'œuvre du Frère Ogérien, naturaliste. — *Académie des sciences, belles-lettres et arts de Besançon* **1894**

Études géologiques sur la Franche-Comté septentrionale. Le système oolithique. Paris **1896**

La Société d'émulation du Doubs en 1898. — *Mém. Soc. d'émulation du Doubs.* **1898**

Matériaux pour la paléontostatique de la Franche-Comté septentrionale Les Mollusques du système oolithique - *Mém. Soc. d'émulation du Doubs* . . **1898**

Notice sur J. Marcou, géologue. *Académie des sciences, belles-lettres et arts de Besançon* **1899**

La légende du Châtaignier — *Mém. Soc. d'émulation du Doubs* **1900**

M. Alfred Milliard de Fedry et sa collection d'objets préhistoriques. — *Mém. Soc. d'émulation du Doubs* **1901**

M. A. Parandier, inspecteur général des ponts et chaussées — *Académie des sciences, belles-lettres et arts de Besançon.* **1902**

Quelques mots sur les âges préhistoriques en Franche-Comté à l'occasion d'une publication récente. — *Annales franc-comtoises.* janvier-février **1905**